微体古生物学及其应用

赵秀丽　李守军　编

科学出版社
北　京

内 容 简 介

本书为了满足高等院校古生物地层学专业和地质类专业的教学要求而编写，以帮助学生加强基础知识、掌握基础理论和基本技能，了解科技发展的前沿。本书共七章，介绍主要微体古生物门类有孔虫、介形虫、牙形石、硅藻、孢粉、沟鞭藻及疑源类，系统阐述每个门类的基本形态构造、分类、地史分布和演化及古生态，增加近年来国内外研究新成果，介绍其研究意义及应用。并简要介绍了各门类化石的样品采集和处理分析方法。

本书可作为地质类专业本科生和研究生的教材使用，也可供古生物学研究者及爱好者学习参考。

图书在版编目（CIP）数据

微体古生物学及其应用/赵秀丽，李守军编. —北京：科学出版社，2017.3

ISBN 978-7-03-052416-4

Ⅰ. ①微…　Ⅱ. ①赵…　②李…　Ⅲ. ①微体古生物学　Ⅳ. ①Q913

中国版本图书馆 CIP 数据核字（2017）第 054176 号

责任编辑：孟美岑/责任校对：赵桂芬

责任印制：吴兆东/封面设计：北京图阅盛世

科学出版社 出版

北京东黄城根北街 16 号

邮政编码：100717

http://www.sciencep.com

北京厚诚则铭印刷科技有限公司 印刷

科学出版社发行　各地新华书店经销

*

2017 年 3 月第 一 版　开本：720 × 1000　B5

2022 年 1 月第六次印刷　印张：11 1/2　插页：1

字数：224 000

定价：98.00 元

（如有印装质量问题，我社负责调换）

前　　言

随着地质科学的发展和研究的不断深入，微体古生物学已经在基础地质理论和矿产勘查实践中成为非常实用的学科，随着先进设备和研究手段的提高，微体古生物学迎来了发展的好时机。但我国真正从事微体古生物基础研究的科技人员不多，远不能满足学科维持的基本需要，有必要在地质类专业院校本科生培养计划中增加“微体古生物学”课程，故编写《微体古生物学及其应用》一书，可作为地层古生物学、矿产普查与勘探、海洋地质学专业本科生和研究生的教材使用，也可供一般地质人员和科研人员参考。

本书扼要介绍微体古生物学基本原理和研究意义，对地层意义较大且常见的生物门类有孔虫、介形虫、牙形石、硅藻、孢粉、沟鞭藻和疑源类作较为详细的介绍。着重于各生物门类的基本理论、分类、演化以及在地质、能源、古海洋、古环境等方面的应用。为了更具实用性，对各门类重要化石属进行描述并附清晰的图片。近年来，微体古生物学发展十分迅速，新资料大量积累，相当丰富，因此书中将介绍国内外研究的新成果和新理论。本书主要有如下特点：内容全面，重点突出，既保持传统教材的知识体系，又使文字简洁。对不常用的一些门类进行删减。以基本知识、基本理论和基本技能为重点；论述清晰，图文紧密配合，力求图片美观准确；与时俱进，反映当前国内、外的研究现状和水平，增加研究新成果和实例，重基础知识的情况下，加强与其他学科的交叉应用。

本书主要由山东科技大学赵秀丽、李守军编写，书稿写作过程中得到了山东科技大学陈雷教授和王平丽副教授的帮助。研究生章磊、张祥玉、魏宁、彭梦玲、路长勇、孔凡飞、李进、王翔、周光照对书中图件进行了绘制和美化。

本书的出版由深圳市海舍假日酒店管理有限公司胡柏阳、黄美丽夫妇提供资金赞助，在此表示衷心的感谢。

由于编者水平有限，难免存在一些问题，敬请读者批评指正。

编　者

2017 年 1 月

目　录

前言

绪论……1

第一章　有孔虫……6

第一节　概述……6

第二节　有孔虫壳体的形态及构造……7

第三节　有孔虫的分类及主要化石代表……20

第四节　有孔虫的演化趋向及地史分布……30

第五节　有孔虫的生态……33

第六节　有孔虫研究的地质意义及应用……39

第二章　介形虫……43

第一节　概述……43

第二节　介形虫壳体的形态及构造……44

第三节　介形虫的分类及主要化石代表……51

第四节　介形虫的生态……59

第五节　介形虫的地史分布……66

第三章　牙形石……71

第一节　概述……71

第二节　牙形石分子的形态及构造……71

第三节　牙形石的自然集群和器官属……79

第四节　牙形石的分类及主要化石代表……80

第五节　牙形石的演化趋向与地史分布……87

第六节　牙形石的古生态、色变及其应用……88

第四章　硅藻……92

第一节　概述……92

第二节　硅藻的细胞壁……92

第三节　硅藻的生态和地史分布……96

第四节　硅藻的分类和化石代表……97

第五节　硅藻化石的地质意义……99

第五章　孢子和花粉 …… 104
第一节　概述 …… 104
第二节　孢子花粉的形态及壁部构造 …… 105
第三节　孢粉分析的原理及其分类命名 …… 114
第四节　各地质时期孢粉组合特征 …… 124
第五节　孢子花粉在地质学中的应用 …… 135
第六章　沟鞭藻和疑源类 …… 138
第一节　沟鞭藻概述 …… 138
第二节　化石沟鞭藻类的形态结构 …… 140
第三节　沟鞭藻的分类及主要化石代表 …… 145
第四节　沟鞭藻的起源、演化及地史分布 …… 151
第五节　化石沟鞭藻类的应用 …… 155
第六节　疑源类 …… 157
第七章　微体化石的采样及处理方法 …… 163
第一节　采样 …… 163
第二节　样品处理 …… 164
参考文献 …… 171

绪　论

1. 微体古生物学的内容及任务

微体古生物学是研究微体化石的学科，是古生物学的一个重要分支。由于微体化石隶属于许多在系统发生上互不连续的类别和一些生物学分类位置至今尚未查明的类别。所以微体古生物学不是按生物系统分类建立的学科。因为化石个体微小，对其研究要求一套特殊的方法、技术和特殊工具。

微体古生物学研究的内容包括各类微体化石的形态、构造、化学成分、生物学和生态学特征、系统发生、系统分类、地史分布等方面。研究这些内容是为了更加系统全面掌握各类微体化石的知识，一方面提高微体古生物学的理论研究水平；另一方面应用于地质学的生产、实践，为勘查、开发更多更好的矿产资源服务。

2. 微体古生物学的研究对象——微体化石

微体化石是各地质时代沉积地层中保存的，肉眼不能识别的微小古生物化石，必须用显微镜或电子显微镜观察、研究。和大化石一样，微体化石也包括两类，即遗体化石和遗迹化石。遗体化石指微小古生物的本体或古生物身体的微小部分，其软组织一般都在变成化石的过程中被破坏，保存下来的为硬体部分；遗迹化石为微小古生物生活活动留下的痕迹或其排泄物，如微潜穴、微钻孔、微爬痕、微粪粒等。

微体化石一般在 5 mm 以下，个别可达到 100 mm，小到几微米，因此，按其个体大小又可分为两类：一是微化石（microfossils），其度量以毫米（mm）为单位；二是超微化石（nannofossils），其度量以微米（μm）为单位。

微体化石包括的范围非常广泛，就其本质而言，可分为以下几种类型。

（1）微小古生物的完整壳体，如有孔虫、介形虫、放射虫、硅藻、沟鞭藻、硅鞭藻、竹节石、软舌螺、苔藓虫、层孔虫等，除苔藓虫和层孔虫由许多个体群集而生，形成群体，其他类别都是单体生物。

（2）某些古生物的微小器官或者身体的某些微小部分，与本体分开保存，成为微体化石。例如轮藻的藏卵器和孢子花粉都是植物的生殖器官。此外，棘皮动物的骨板若分散保存，微小者也需要在显微镜下研究。

（3）大古生物的幼体，例如双壳类、腹足类、腕足动物、棘皮动物等，少数类群个体微小，需在显微镜下观察研究，由于它们大多营游泳或漂浮生活，分布广泛，有重要的地层意义。

微体化石若按其化学成分，可分为以下几类。

（1）钙质微体化石，其成分为碳酸钙或以碳酸钙为主，含有一定比例的碳酸镁，少数类别以碳酸镁为主。一般情况是碳酸钙结晶为方解石，碳酸镁结晶为霰石。

（2）硅质微体化石，成分为二氧化硅，在多数类别中形成蛋白石。

（3）磷质微体化石，其成分为磷酸钙，一般结晶为磷酸钙。

（4）有机质微体化石，其化学成分为复杂的植物质或几丁质，常常因为在化石化过程中发生碳化作用而形成碳质化石。

准确识别微体化石化学成分非常重要，因为对于不同成分的微体化石要采用不同的处理方法，将其从围岩中分离出来。

3. 微体古生物学的应用

微体化石形体微小、数量多、演化快和分布广泛，又可以从极少的岩样和沉积物中获得丰富的信息，因此微体古生物学成为地质学和生物学领域有理论意义和实用价值的学科。在地质学上的应用有以下几个重要方面。

1）确定地质年代、划分和对比地层

最古老的岩层和深海沉积岩层中的生物遗体都以微体化石为主而缺乏大化石。微体化石可为制定地质年表提供更完备的依据。微体生物对生活环境的适应性较强，在不利于生存的条件下，一般生物濒于绝迹，某些微体生物却能够生存。在这类环境中沉积的岩层往往只保存了微体化石。同时微体生物容易由风、昆虫、鸟类等动力传播，被带到不利于生物生存的环境保存成为化石。例如在我国分布颇广的中、新生代陆相红色地层中含大化石很少，主要依靠微体化石如介形虫、孢子花粉等确定其地质时代和进行地层对比。海相微体化石属于浮游类型的居多，在全球分布广泛，演化迅速，可作为洲际地层对比的依据。

微体化石有若干能指示地质年代、划分和对比地层的标准生物类群，例如，牙形石、有孔虫的䗴类是划分对比石炭纪和二叠纪地层的标准类群；浮游有孔虫的异卷虫类仅分布于中、上侏罗统；轮虫类从早白垩世晚期延续到晚白垩世末，截球虫类仅生活于晚白垩世。

生物带、组合带及群落带的建立，应用于生物地层学研究，解决了地层对比的问题，如寒武系至三叠系牙形石组合带在我国、北美及欧洲的建立，为系间界线层型的确定及各生物带的洲际或大区域的地层划分对比提供了较精确的依据。

2）推断古环境和恢复古地理

生态学的研究积累了关于现代生物生活方式、习性、形态功能以及生活环境、居群和群落结构与分布等方面的丰富知识。古生态学按照“将今论古”的现实主义原理，通过直接或间接类比，运用这些知识研究化石资料以推断古环境，进而恢复古地理。

深海沉积中丰富的微体化石对了解深海环境和海盆发育历史有重要意义。此外，微体生物硬体的矿物成分多样，可以从地球化学角度提供较多的反映环境特征的信息。

各类生物中都有对环境因素敏感的属种，微体生物也不例外，有的属种对温度敏感，要在一定的温度范围内才能生活，有的对水体盐度或深度敏感，要在一定的盐度或深度范围内才能生存。这些狭温性、狭盐性或狭深性属种，可以作为指示环境因素（温度、盐度或深度）的标志。例如海生底栖硅藻分布深度较浅，一般限于滨海带。

通过宏观的群落分析可以推断宏观的环境。例如，淡水介形虫（以金星介类为主）、淡水硅藻及轮藻等指示陆相环境；底栖大有孔虫、海生介形虫（中、新生代以浪花介类为主）指示大陆架正常浅海环境；浮游有孔虫、颗石藻和放射虫指示远岸海洋环境；孢子花粉含量和颗粒大小若同时朝一个方向递减，往往代表从大陆向近岸海洋的环境变化。所以根据古生物群落进行的古环境宏观分析，可以阐明古海陆分布格局，为恢复古地理提供基础资料。

通过对微体化石的研究，查明了我国的渤海、黄海、东海和南海都形成于新生代。而在古近纪时期，由于气候干热和海进的影响，我国东部沿海地区还形成有大量咸水、半咸水沉积。这种环境有利于烃类生成，为形成丰富的石油资源创造了条件。

微体化石在恢复古气候方面也起着重要作用，尤其是新生代全球气候与环境变化事件是近年来研究的热点，如王伟铭等（2009）综合探讨了中国新近纪孢粉植物群的区域定位与环境响应问题。通过研究我国新近纪孢粉植物群的变化规律发现早中新世和中中新世以后的孢粉植物群之间存在着明显的差别，这种变迁是对当时环境变化的响应。在新近纪开始的时候，尤其在其后的中新世气候最适宜期期间，中国东部地区的孢粉植物群已经受到逐渐盛行的夏季风的影响。其影响范围向西可达青藏高原的东北缘，如甘肃临夏剖面在 21.8 Ma 前，植被从稀疏草原转变为森林（施雅风等，1998）。随着青藏高原的逐渐隆起，以及全球性气候变冷的加剧，冬季风开始明显增强，直接导致草原型干旱性植被在内蒙古地区的形成。此外，冬季风的影响在我国华北及邻近地区的新近纪，尤其是上新世孢粉植物群中，也有明显的反映。如在中国东部孢粉植物区系中，草本被子植物花粉和裸子植物松科花粉的含量在上新世的孢粉组合中大量增加（宋之琛等，1999；Wang，2006）。青藏高原孢粉植物区的形成是高原抬升运动的直接结果。

3）对成岩、成矿起重要作用

微体古生物形成的沉积矿产有腐泥煤、油页岩、石油、天然气、磷矿、硅藻土及某些金属硫化矿床，对形成自然硫、铁矿、锰矿、钼矿等也有重要作用。生物成矿作用已成为当前成矿理论中一个重要研究领域。

石油的形成与某些微体古生物有关，我国东部古近纪和新近纪油田的含油层位与甲藻富集有关，也就是说，找到了甲藻富集层位，其含油层位的确定也就迎刃而解了，有孔虫灰岩、藻类碳酸盐岩，其孔隙度和渗透性都比较好，常成为石油、天然气的重要储集层。孢子和花粉是重要的生油母质。世界上一些前寒武纪条带状含铁建造、锰矿、磷矿等都与当时的叠层石发育有关，如中国的新太古代时期的泰山岩群山草峪岩组中赋存的鞍山式磁铁矿。

此外，微体古生物学在阐明古沉积环境和研究海底扩张、新构造运动等方面，也正愈来愈发挥出它的作用，还可为生命起源学说和进化论提供事实依据。

4. 微体古生物学的发展和研究方向

我国微体古生物学是随着油气田、煤田开发而发展起来的。20 世纪 50~60 年代，主要在中、新生代油田勘探开发中促进了非海相微体化石的研究，特别是淡水、半咸水介形虫、轮藻、沟鞭藻、孢子花粉研究进展迅速；在煤田勘探开发中，䗴及孢粉的研究也取得重要成果。70 年代以来，我国地质资源调查和能源勘探开发向海洋进军，大大促进了微体古生物学的发展，尤其是浮游有孔虫、放射虫、海相介形虫、硅藻等的深入研究与广泛应用。近 40 年以来，新生代海洋微体古生物的分类学、生态学、沉积学、生物地层学、古海洋环境分析与地质资源勘探应用研究等较为全面地开展起来，基本摸清了各个主要类群的种类组成、生态环境、沉积分布及其历史过程的变化特征，积累了翔实的基础资料，并在古环境应用研究方面实现与国际接轨，学术水平不断提高，出版和发表了一大批论著（陈木宏，2009）。

当前的微体古生物学，不仅研究各类微体化石的形态、构造、其他生物学特征和系统分类，还必须在此基础上，研究它们的古生态以及在地质学与生物学理论研究和地质生产实践方面的应用。微体古生物学研究已与许多其他学科相结合或相交叉，这是个应予重视的新趋向，它将加速微体古生物学的发展，促进新的交叉学科的产生。今后应在下列几个方面加强研究。

（1）加强海相微体古生物的深入研究，特别在有孔虫、介形虫、牙形石、放射虫等生物地层研究的基础上与古生态、古气候、古地理、古生物地理、大地构造等学科相结合，扩大应用范围，为沉积矿产的形成机理和赋存规律，特别是为新的油气田、煤田和海底矿产的寻找提供基础资料。

（2）继续加强我国东部和西部的中、新生代非海相微体古生物（如淡水-半咸水有孔虫、轮藻、孢粉、沟鞭藻等）的深入研究，并与盆地演化、油气生成和储集规律、有机成熟度及煤田预测相结合。

（3）开展新的微体古生物类别的研究，主要指若干古生物的微小幼体及微小器官。由于大部分的幼体是浮游的，其扩散速度快、分布广泛，在深海、浅海中均有其代表，且这些微小壳体容易从酸解的残渣中获得，具有一定的生物地层学意义。

（4）加强数学地质和计算机在微体古生物学研究中的应用。由于微体化石数量多，特征明显，容易获得，能定量地应用于地层学及地质学相关的学科领域。可运用新技术和新方法对微体化石壳体的微细构造、超微结构、地球化学指标分析等实质性问题进行研究。

第一章 有 孔 虫

第一节 概 述

有孔虫（Foraminifera）是微小的真核单细胞动物。其大小一般在 1 mm 以下，最大可达 110 mm。在分类位置上属原生动物门（Protozoa）肉足虫纲（Sarcodina）中的一个目。

有孔虫的虫体由一团原生质构成。原生质分化为两层：外质和内质。外质较薄而透明，伸出许多分叉、分枝的丝状伪足，起运动和捕食的作用（图 1-1）。外质还分泌钙质或胶结物建造硬壳。内质颜色较深，细胞核和细胞器包于其中，司消化和生殖等机能。

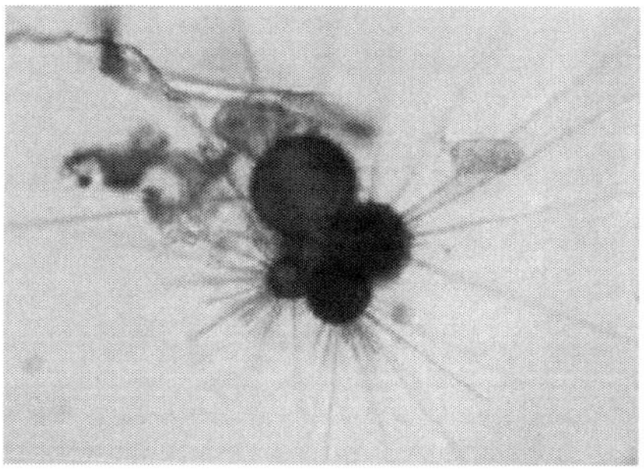

1

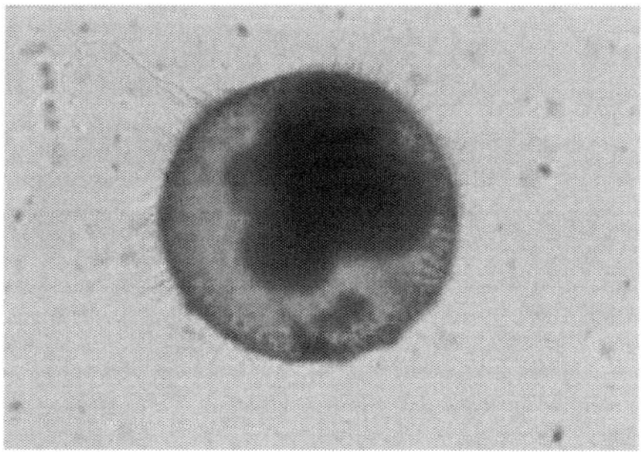

2

图 1-1 现生有孔虫

1. 日本冲绳现代海洋中的浮游有孔虫；

2. *Orbulina universa* d'Orbigny，采自日本佐渡岛日本海表层海水（方培岳等，2015）

有孔虫具有一个由外质分泌物形成的或由分泌物胶结其他外来颗粒构筑而成的壳，包裹并保护软体部分。壳是有孔虫保存为化石的主要部分。

有孔虫的生活环境以海洋为主。绝大多数都生活于正常海水环境中，从大陆架浅海到 4000 m 深海中都有发现，少数可生活于半咸水（如河口、三角洲、泻湖），和超咸水等环境中。有孔虫在这些地方构成特殊的动物群，对相分析和沉积环境的研究具有重要意义。仅有一个超科——瓶形虫超科（Lagynacea）的某些代表生活于淡水环境，其薄而脆的壳不易保存为化石。有孔虫在海洋中部分生活于海底，部分漂浮于洋面。底栖有孔虫主要分布于低潮线以下至水深 200 m 的浅海，迟缓地爬行或者附着在其他物体上。浮游有孔虫一般在水深 100 m 以内的海洋上层水体最为丰富。

在有孔虫生活史中存在着有性生殖和无性生殖交替进行的现象，称为世代交替。无性世代就是成熟的裂殖体进行简单的复分裂产生大量无性胚胎的母体，幼体成熟后发育成配子母体。有性世代是配子母体达到成熟产生大量带鞭毛的配子。两个配子结合形成合子，发育成长为新的裂殖体。有性世代的个体其壳初房较大，称为显球型壳。无性世代个体的壳初房较小，称为微球型壳。同一个种具显球型和微球型两种不同类型的壳，叫做有孔虫壳的双型现象，化石鉴定时应注意这种现象。

第二节 有孔虫壳体的形态及构造

一、壳体形状及房室排列

有孔虫的壳由空腔状的房室或称壳室组成，有单房室壳、双房室壳和多房室壳三大类，又由于房室的形状或排列方式不同而形成了各种各样的壳形，尤其是多房室壳形态万千。房室的数量、形态及排列方式是非常重要的鉴定特征。

单房室壳的房室顶端有一圆形或其他形状的开口，即口孔。多个房室组成的壳中最早形成的、最小的房室叫做初房，以后陆续形成其他房室，最后一个叫终室。隔开相邻两个房室的壳壁叫隔壁，隔壁与壳壁相交的线称缝合线。口孔周围的壳壁称为前壁或口面（图 1-2）。

1. 单房室壳

只有一个房室，房室上具一个或多个口孔。单房室壳的形态变化很大，常见的有：圆球形或梨形，如 *Saccammia*（砂囊虫属）和 *Oolina*（卵形虫属）；瓶形，口孔位于瓶颈的顶端，如 *Lagena*（瓶虫属）；两端开口的直管形，如 *Bathysiphon*（深管虫属）；双分枝、放射状或树枝状，口孔常位于分枝的末端，如 *Rhabdammina*（杆孔虫属）、*Astrorhiza*（星根虫属）和 *Dendrophrya*（树形虫属）；此外，还有半球形虫，如 *Hemisphaerammina*（砂半球虫属）及其他形状（图 1-3）。

2. 双房室壳

一般由一个球形的初房和一个管状的第二房室组成，口孔常位于第二房室的末端。第二房室生长方式的变化可使壳体呈现各种各样的形态，常见的包括：圆管形壳，初房球形，第二房室呈直管状，如 *Hyperammina*（砂棒虫属）；圆盘形壳，管状第二房室围绕球形初房在一个平面上盘旋生长，壳呈圆盘状，如 *Ammodiscum*

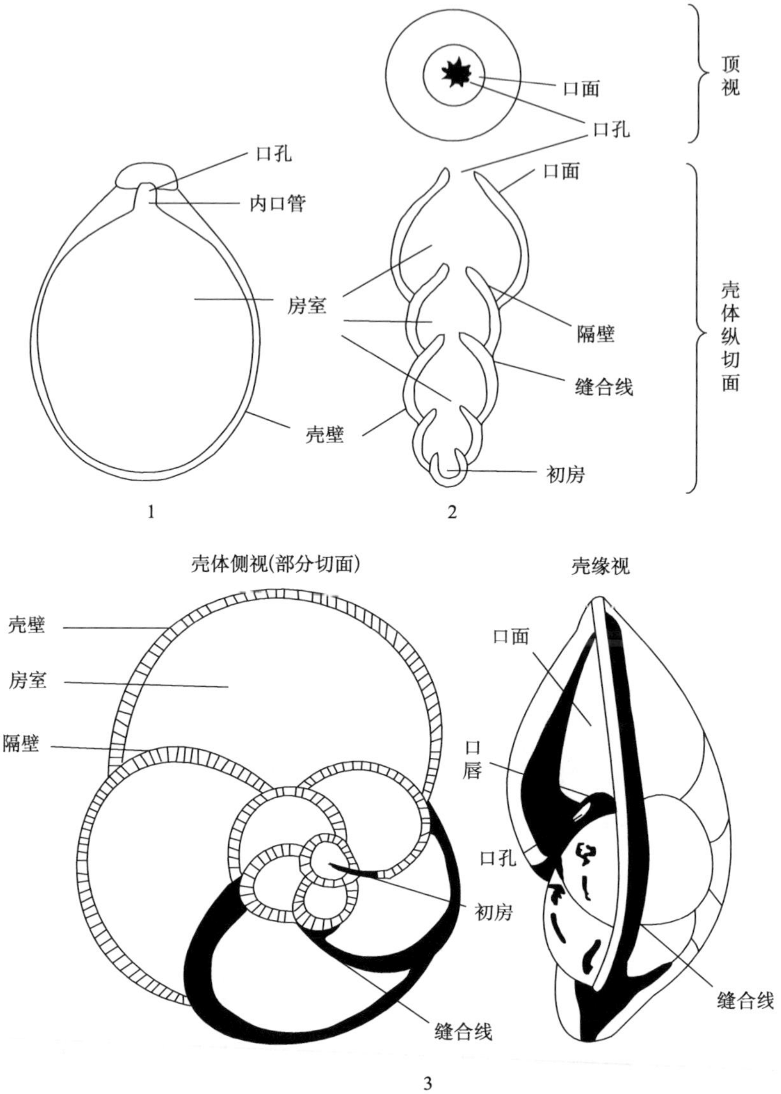

图 1-2　有孔虫壳的一般构造（据郝诒纯、茅绍智，1993）

1. *Allogromia* 壳体纵切面；2. *Nodosaria*；3. *Globorotalia*

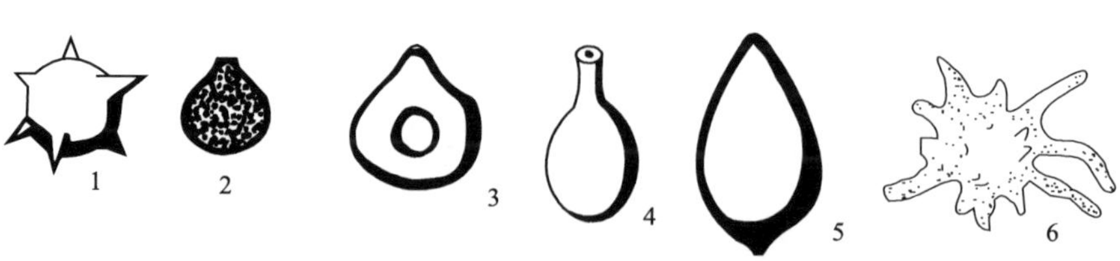

图 1-3　单房室有孔虫（据郝诒纯、茅绍智，1993）

1, 2. 球形；3. 圈形；4. 瓶形；5. 梨形；6. 放射形

（砂盘虫属）、*Cyclogyra*（圆环虫属）；球形壳，管状第二房室围绕初房不规则地旋绕，使壳呈球形，如 *Glomospira*（球旋虫属），或按一定规则旋绕生长，如 *Meandrospira*（回旋虫属）；螺锥形壳，管状第二房室紧接初房螺旋状旋卷生长，如 *Turritellella*（棒锥虫属）。此外，有些类别在其生长的早期和后期第二房室的生长方式可以发生变化，例如 *Glomospirella*（小球旋虫属）的第二房室早期不规则绕旋，如同球旋虫，但后期规则地平旋，与砂盘虫相似。*Ammovertella*（折曲虫属）第二房室早期平旋，以后则呈之字形折曲生长（图 1-4）。

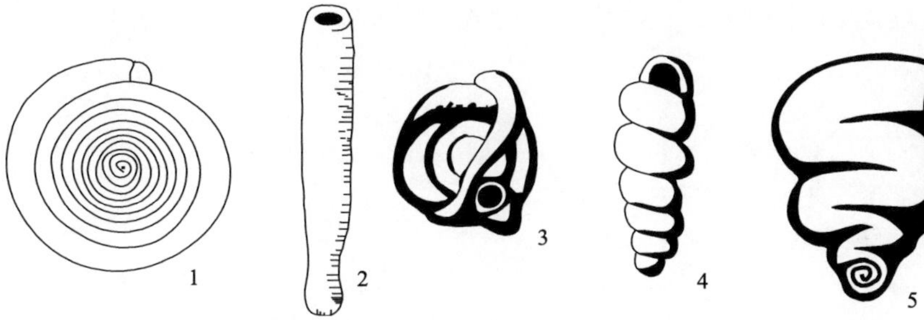

图 1-4 双房室有孔虫（据郝诒纯、茅绍智，1993）

1. 圆盘形；2. 直管形；3. 球形；4. 螺锥形；5. 之字形

3. 多房室壳

由两个以上的房室构成。房室排列的方式代表壳体生长的方式。由于房室的形状和排列方式不同，壳体形态可以有很大的变化。房室的排列方式可分为以下几种类型。

（1）单列式壳

房室的生长沿直线或弧形单列排列。前者称单列直线形壳，后者称单列弧线形壳。有的房室呈弧形沿扇面方向增长，构成扇形壳，但仍属单列式类型。在房室生长过程中，如后生长的房室仅掩盖了前一房室的口面部分，则称“不超覆”，如 *Nodosaria*（节房虫属）；如后生长的房室不仅掩盖了的前一房室的口面，还掩盖了口面周围部分的壳壁，则称“超覆”，如 *Frondicularia*（叶形虫属）、*Colaniella*（柯兰尼虫属）、*Rhipidionina*（扇形虫属）等（图 1-5）。

（2）平旋式壳

壳的后生房室围绕初房始终在一个平面上旋转生长，每生长一圈房室构成一个壳圈。两个相邻的壳圈之间的接触线称旋缝合线。平旋壳的外部边缘叫壳缘。

平旋壳两侧对称，大多数呈盘形或凸镜形，壳体两侧中央常形成下凹的脐。后生长的壳圈常常从两侧包裹先生长的壳圈。根据包裹程度的不同可将平旋壳分为露旋壳、半包旋壳和包旋壳（图 1-6）。

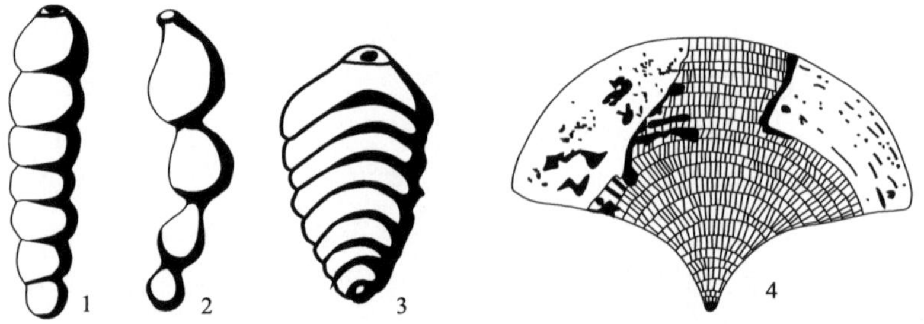

图 1-5　单列式壳（据郝诒纯、茅绍智，1993）

1.单列直线性（不超覆）；2.单列弧线形（不超覆）；3.单列直线性（超覆）；4.扇形（超覆）

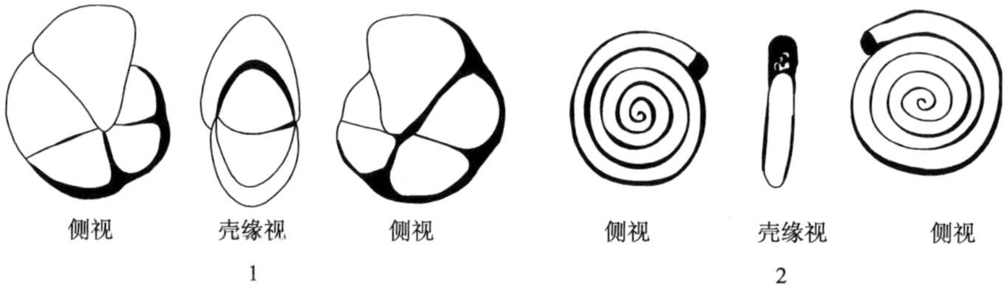

图 1-6　平旋式壳（据郝诒纯、茅绍智，1993）

1. 包旋壳；　2. 露旋壳

露旋壳的所有旋圈在两侧外露，可从两侧看到初房。旋圈可紧卷，也可以松卷。

包旋壳的后生壳圈将早期壳圈完全包裹，两侧不显露初房。壳体外观仅可见终壳圈的各房室，如 *Cyclammina*（砂环虫属）。

半包旋壳的介于包旋壳与露旋壳之间，后生壳圈仅部分包裹早期壳圈，两侧可见到初房。

（3）螺旋式壳

此类在有孔虫中占有相当大的比例。其生长方式可以想象成房室在若干个彼此平行的平面上，围绕一根通过初房中心并与这些平面垂直的假想轴呈螺旋式排列（图 1-7）。

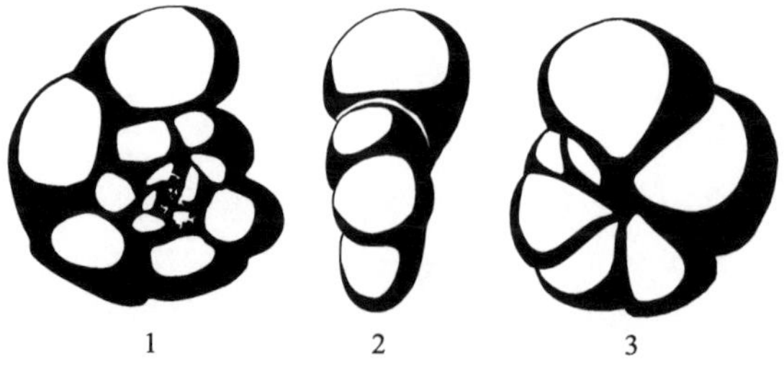

图 1-7　螺旋式壳（据郝诒纯、茅绍智，1993）

1. 背视；2. 侧视（壳缘视）；3. 腹视

螺旋式壳有背和腹之分。在背侧（旋侧），由于后生长的壳圈仅部分包裹先生长的壳圈，因此初房和各壳圈均可显露，与平旋的露旋壳相像。背侧常形成突出的壳顶。在腹侧（脐侧），由于后生长的壳圈包裹了先生长的壳圈，所以只能看见终壳圈的各房室，类似于平旋的包旋壳。在壳的腹侧中央常出现下凹的脐，有时脐部可发育一个完整的或具裂隙的脐塞，它是由脐部壳壁加厚形成的。螺旋式壳根据各壳圈旋转平面之间距离的大小，可分为低锥形壳和高锥形壳。前者间距较小，壳体呈低凸的锥形；后者间距较大，壳体为高锥形。

根据背腹两侧凹凸不同的情况，螺旋式壳又可分为：①双凸型，背腹两侧都向外突出；②平凸型，背侧平，腹侧凸出；③凸凹型，背侧凸，腹侧凹；④凸平型，背侧凸，腹侧平；⑤双平型，背腹两侧都平（图 1-8）。

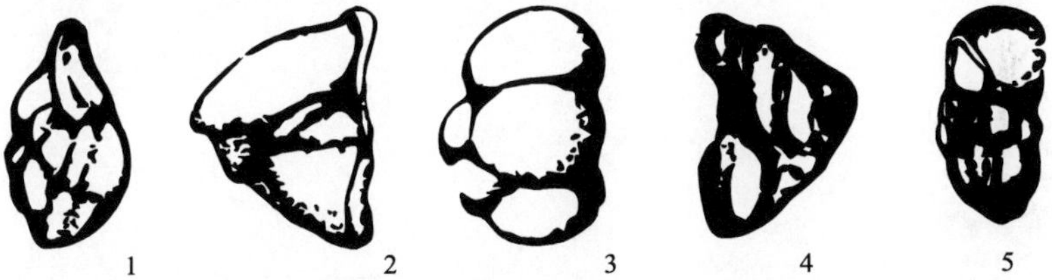

图 1-8 螺旋式壳的形状（据郝诒纯、茅绍智，1993）

1. 双凸；2. 平凸；3. 凸凹；4. 凸平；5. 双平

螺旋式壳中有几个特殊的类型：①圆球形壳，一种变形壳，早期房室呈螺旋状排列，晚期为隐旋，即终室包裹所有的房室，外观似一简单的圆球形，如 *Orbulina*（圆球虫属）；②双列式壳，一种特殊的、规则的螺旋式壳，每个旋圈由两个房室组成，相邻壳圈的房室整齐地对应排列，形成两行，如 *Textularia*（串珠虫属）、*Brizalina*（判草虫属）；③三列式壳，类似于双列式壳，但每个旋圈由 3 个房室组成，形成整齐的 3 列，如 *Migros*（移栖虫属），*Gaudryina*（高锥虫属）的早期阶段；④扭旋式壳：是一种不大规则的螺旋式壳，房室螺旋式排列发育到一定阶段后，旋圈所在的平面方向发生变化，不再平行于早期的旋转平面，例如 *Pulleniatina*（普林虫属）。

（4）绕旋式壳

这种壳包括小滴虫式排列和小粟虫式排列两种类型。

小滴虫式排列即房室沿一条长轴绕旋排列，如 *Guttulina*（小滴虫属）。

小粟虫式排列，每一旋圈由两个房室组成，相继生长的两个房室的绕旋平面以一定的角度相交。根据绕旋平面之间交角不同可分为四类：①双玦虫式——相继生长的两个房室的绕旋平面夹角为 180°，即房室始终在一个平面内绕旋，如 *Pyrgo*（双玦虫属）；②三玦虫式——相继生长的两个房室的统旋平面夹角为 120°，房室最多的一侧壳面可看见 3 个房室，称为多室面，相对的一侧称为少室面，只能看见 2 个房室，例如 *Triloculina*（三玦虫属）（图 1-9）；③五玦虫式——相继生长的两个房室绕旋平面夹角为 144°，而相邻房室的旋转平面夹角为 72°，多室面可看到 4 个房室，少室面可见 3 个房室，如 *Quinqueloculina*（五玦虫属），壳面总共可见到 5 个房室（图 1-9）；④曲房虫式——相继生长的两个房室的绕旋平面夹角由 120°逐渐增大到 180°，变化的绕旋平面构成“S”形，壳面可见 5 个以上的房室，有时可多达 8~10 个，例如 *Sigmoilina*（曲房虫属）（图 1-9）。

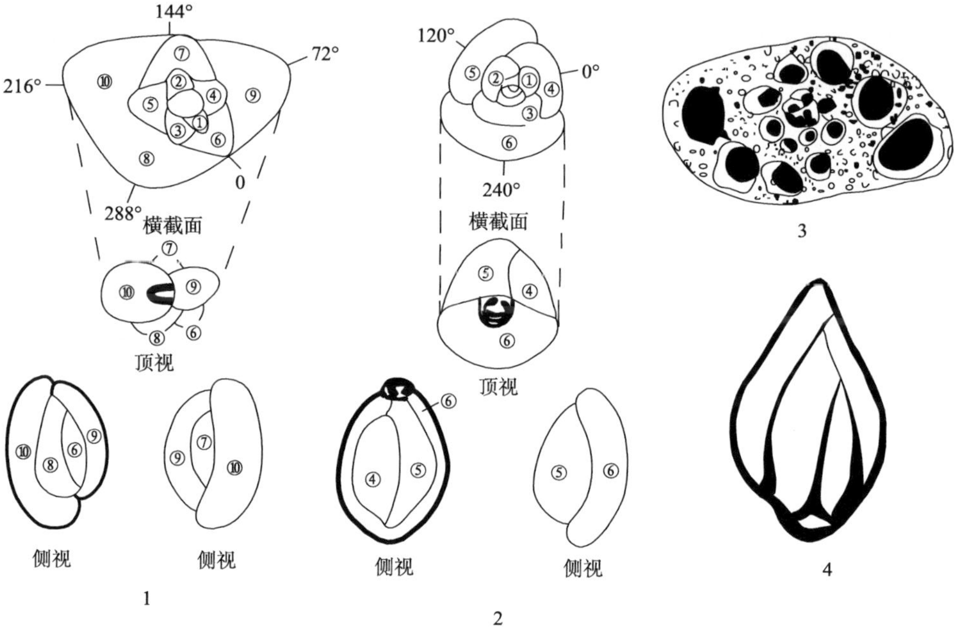

图 1-9　绕旋式壳（据郝诒纯、茅绍智，1993）

1. 五玦虫式壳；2. 三玦虫式壳，3. 曲房虫式壳；4. 小滴虫式壳，侧视

a, b.侧视；c.顶视；d.横截面

（5）双卷式壳

为双列的旋卷壳。两列房室的接合线沿壳缘出现，呈折曲状，称为中缝合线。如 *Cassidulina*（盔形虫属）。

（6）半环式（旋圈）壳

房室的排列是以初房为起点，往同一个方向迭次旋卷生长。旋卷不足一周时称为半环式壳，旋卷超过一周，即超覆了先生成的房室和该房室的早期部分，则称为旋卷式壳。整个壳体常呈凸镜状或盘状。如 *Archalas*（古虫属）（图 1-10）。

（7）环圈式壳

壳的房室呈同心状排列，壳体呈圆盘形。如 *Sorites*（环圈虫属）（图 1-10）。

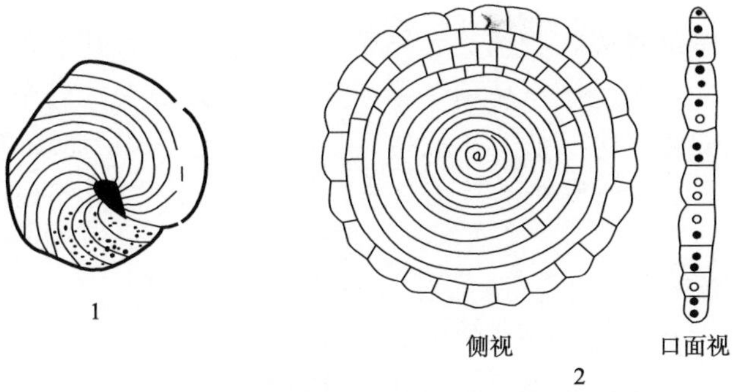

图 1-10 半环式及环圈式壳（据郝诒纯、茅绍智，1993）

1. 半环式壳；2. 环圈式壳

（8）混合型壳

许多有孔虫在其个体发育的后期房室排列方式发生变化，这就形成了混合型壳。这种现象在微球型壳中更为常见（图 1-11），例如 *Bigenerina*（双串虫属）、*Deckerella*（德克虫属）、*Climacammina*（梯状虫属）等早期房室为双列式排列，晚期则变化为单列；*Ammobaculites* （砂杆虫属）、*Pseudocyclammina*（假砂环虫属）、*Monalyssidium*（珠杖虫属）等早期平旋，晚期变为单列；*Peneroplis*（马刀虫属）、*Puteolina*（坑壁虫属）早期平旋，晚期直伸扩展呈扇形或喇叭形；*Articulina*（小节虫属）早期房室呈小粟虫式排列，晚期为单列式。

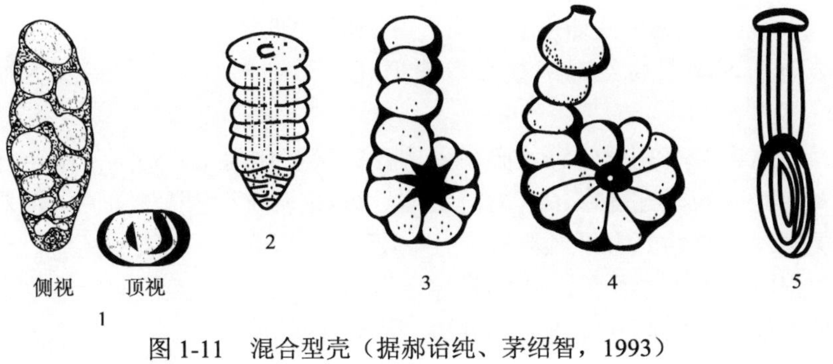

图 1-11 混合型壳（据郝诒纯、茅绍智，1993）

1. *Deckerella*；2. *Climacammina*；3. *Pseudocyclammina*；4. *Monalysidium*；5. *Arcticulina*

二、壳壁的成分及壳面纹饰

有孔虫的壳壁成分是划分亚目的最主要依据之一，大致可分为四大类型。

1. 假几丁质壳

柔软而致密，不易保存为化石。某些较原始的单房室有孔虫，如 *Allogromia*（网足虫属）具有这种壳。胶结壳、钙质壳都具有一个假几丁质的内薄层。某些钙质壳的类型一旦进入半咸水环境，钙质壳层即逐渐消失，只剩下假几丁质内薄层，其他特征则变化不大。假几丁质内薄层在石化过程中或其他后生变化中常能很好地保存下来，更好地反映了有孔虫的内部构造特点，称为有孔虫的有机骨骼。

2. 胶结或砂质壳

这类壳是由有孔虫的自身分泌物胶结外来颗粒形成。有孔虫分泌的胶结物大多数为有机质，其次为碳酸钙、氢氧化铁及少量含水二氧化硅。所黏结的外来颗粒可以是某些矿物，如石英、长石、方解石、黑云母等的微粒或黏土，也可以是岩屑或生物骨骼碎屑，如海绵骨针、珊瑚砂、其他生物（包括其他有孔虫）的碎壳、放射虫以及颗石藻等。

有些种类对外来颗粒的成分和粒度有较严格的选择，因此壳壁外观有时非常均一，易与钙质壳相混淆。

3. 硅质壳

真正的硅质壳有孔虫很少，仅见于莱哈克虫科（Rzehakinidae Cushman，1933）中的某些属种。有人认为硅质壳是在某种特定的条件下形成的。

4. 钙质壳

绝大多数有孔虫具钙质壳，由有孔虫分泌的低镁或高镁碳酸钙组成，通常结晶为方解石，有时也结晶成霰石。根据壳的微细构造又可将钙质壳细分为若干类型。

现有证据说明有孔虫的钙质壳由砂质壳直接演化而来。对 *Cymbalopora*（梅花孔虫属）壳壁的研究提供了有力的证据。该属早期房室是砂质壳，即由假几丁质的内层和钙质胶结的含铁颗粒构成，后期房室逐渐变为完全的钙质。个体发育史在某种程度上反映了系统演化的规律。很显然，钙质壳是较高级类别的重要特征，它是由较低级的假几丁质壳和砂质壳演化来的。

有孔虫壳面纹饰多种多样，常见的有纹线、肋脊、网纹、小坑和疣刺等。

三、壳壁微细构造

有孔虫壳壁的微细构造，尤其是钙质壳的微细构造在分类上具有重要意义。

假几丁质壳和硅质壳由致密、均一的质点组成，其构造比较简单。胶结壳常具有假几丁质的内层，有些较高级的类别被胶结的颗粒之间发育复杂的空洞或管道，形成迷宫状构造（图 1-12）。

钙质壳的微细构造比较复杂，可分为下面几种。

图 1-12　*Cyclammina*（砂环虫属）示迷宫构造（据郝诒纯、茅绍智，1993）

1. 似瓷质壳

又称为钙质无孔壳，由极细的碳酸钙颗粒及细小的等轴晶碳酸镁组成，外观细腻光亮，如同上了釉的瓷器。在切片中呈类似不结晶的均质体，暗灰色至琥珀色，有时可夹杂深色的碳酸镁结晶颗粒。

2. 钙质微粒壳

壳由虫体分泌的微小的方解石晶粒构成，排列紧密，在切片中呈暗色。有时这些方解石晶粒规则地排列，使壳壁呈纤维状或假纤维状。有些较高级的类别具有多层壳壁，例如䗴，最多可达 4 层。有人认为某些钙质微粒壳可能是胶结和分泌的混合型壳。

3. 钙质透明壳

又称为玻璃质壳或钙质多孔壳，以壳面发育大量微孔为特点，仅少数部位如隔壁、脐齿、壳饰、壳缘等处不出现微孔。大多数中、新生代有孔虫都属于钙质透明壳。根据组成壳壁方解石的晶形发育又可具体分为下列几种类别。

（1）钙质透明微粒状多孔壳，壳壁由等轴的方解石微晶组成，微晶排列无序，不分层，具微孔。

（2）钙质透明放射状多孔壳，壳壁由许多柱状方解石晶柱组成，晶柱大致相互平行，微孔从方解石晶柱之间通过，切片中壳壁呈放射纤维状。

（3）钙质透明单晶壳，壳体由单个方解石晶体组成，微孔穿过晶体，这种壳仅见于盘旋虫科。

（4）钙质骨针壳，壳壁由纺锤形钙质骨针组成，每根骨针即为一个结晶轴与骨针延长方向一致的晶体，骨针埋藏于海绵状的基质中，并大致平行于壳缘排列。这种类型的壳见于卡特虫超科（Carterinacea）。

四、口孔、隔壁孔和壳壁微孔

有孔虫以壳上多孔而得名。根据形成方式和发育部位的不同可分为口孔、隔壁孔和壳壁微孔三种。

1. 口孔

口孔是单房室壳或多房室壳终室向外的主要开口，为有孔虫与外界沟通的主要通道，也是较稳定的性状。成年个体口孔的形态、位置、数目等特征是固定不变的，在分类和鉴定上具有较重要的作用。

有孔虫口孔的形状多变，常见的有圆形、半圆形、缝状、弧形、放射状、扣眼状、新月形、树枝状、筛状、十字形等（图 1-13）。

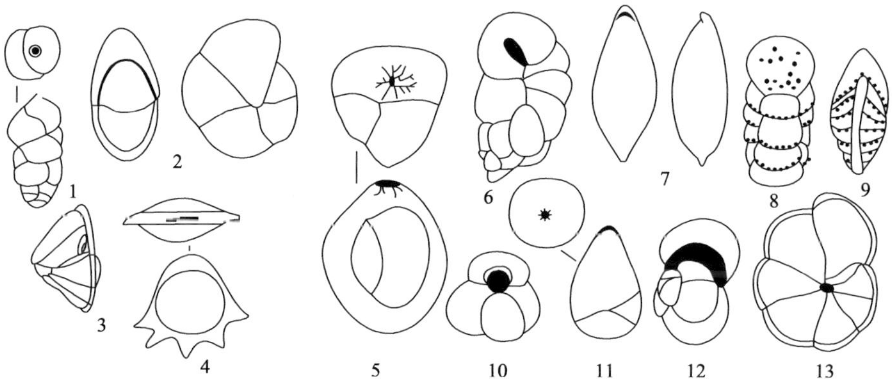

图 1-13　口孔的形状和位置（据郝诒纯、茅绍智，1993）

1. 顶端圆形口孔；2. 基部弧形口孔；3. 面高拱形口孔；4. 顶端缝状口孔；5. 顶端树枝状口孔；6. 面扣眼状口孔；7. 顶端裂缝状口孔；8. 筛状面复口孔；9. 基部复口孔；10. 脐部口孔；11. 末端放射状口孔；12. 背-脐弧形口孔；13. 脐外-脐部口孔

口孔可以发育在壳的不同位置。

（1）位于房室末端的为末端口孔。单列式、管状房室、玦虫式有孔虫常有这种口孔。

（2）位于口面上的称为面口孔。平旋、螺旋、扇形、环圈式及某些混合型壳常具有这种口孔。

（3）位于口面基部的是基部口孔。双列、平旋和螺旋式壳往往具有这种口孔。

（4）位于脐部的为脐部口孔。螺旋式壳有时具此种口孔。根据口孔发育部位偏离脐部的程度又可进一步分别命名为：①脐外-脐部口孔，即口孔由脐外延伸到脐部；②缘内-脐外口孔，即口孔位于壳缘与脐之间；③背-脐口孔，口孔由脐部一直延伸到背侧；④平旋壳的口孔有时发育在壳缘部位，称为壳缘口孔。

口孔有原生口孔与次生口孔之分。与壳壁同时生成的口孔称为原生口孔，原生口孔遗留部分或壳壁被部分地吸收后所形成的开孔为次生口孔。

次生口孔包括补充口孔和辅助口孔。补充口孔是除口孔外其他向外界的较大的开口，或原生口孔的残留部分。后者又可称为残留口孔。根据发育的部位分别被称为面补充口孔、壳缘补充口孔、脐部残留口孔、缝合线次生口孔等（图 1-14）。辅助口孔指的是浮游有孔虫脐部次生的小泡或小盖之下的空腔向外界的开口，并不直接与壳内部相通。在小泡或小盖等次生构造边缘发育的叫板下辅助口孔，在小泡或小盖等次生构造内部发育的叫板内辅助口孔（图 1-14）。

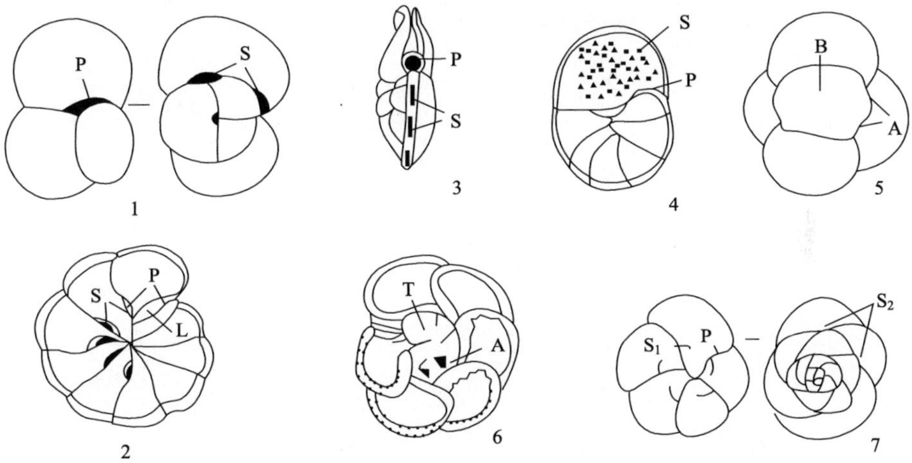

图 1-14　次生口孔的形状和位置（据郝诒纯、茅绍智，1993）

1. 脐部口孔及背缝合线补充口孔；2. 脐部缝合线补充口孔；3. 壳缘补充口孔；4. 面补充口孔；5. 小泡及板下辅助口孔；6. 板内辅助口孔；7. 壳面补充口孔；A. 板下（内）辅助口孔；P. 口孔，S. 补充口孔；L. 口唇；B. 小泡；T. 小盖

口孔附近出现一些使口孔的形状和位置发生变化的构造，称为口孔饰变。口孔饰变有时可揭示种系发生的历史和特征，是有孔虫重要鉴定特征之一。口孔饰变分为口孔外部饰变和口孔内部饰变两种。

口孔外部饰变（图 1-15）包括口唇、颈、瓶口唇、齿、小泡和小盖。

（1）口唇是围绕口孔边缘的隆起带，如萨杰拉虫。

（2）颈是末端口孔基部的管状伸长部分。

（3）瓶口唇是位于颈上的口孔常具有外翻的边缘，如同花瓶口一般，因此称瓶口唇。

（4）齿是口孔边缘的齿状突出物。有些种类仅具有一个齿，称单齿，如 *Quinqueloculina*；有的具有两个或更多的齿，如 *Globoquadrina*（方球虫属）就具有多个三角形的脐齿；有的齿呈分叉状，如 *Triloculina*；有些具复杂的变形齿。

（5）小泡和小盖是某些浮游有孔虫具有的构造。小泡是壳面上发育的水泡状构造，可出现在不同的部位，如口面上、缝合线上、脐部等。小盖是出现在脐部的板状构造。小泡和小盖可部分或全部覆盖口孔，形成板下辅助口孔或板内辅助口孔。

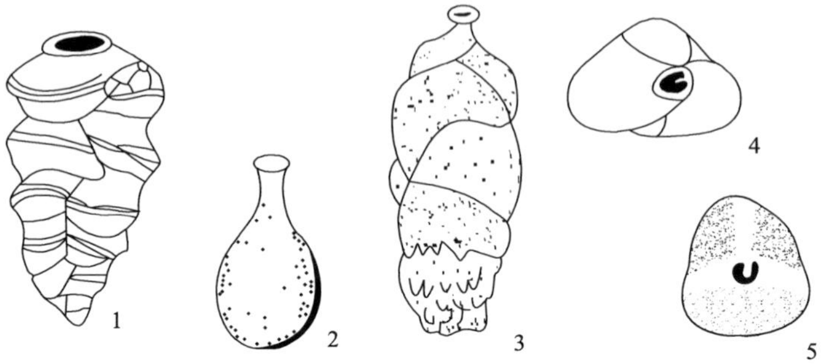

图 1-15　口孔外部饰变（据郝诒纯、茅绍智，1993）

1. 口唇；2. 颈及瓶口唇；3. 瓶口唇；4. 单齿；5. 分叉齿

口孔的内部饰变（图 1-16）主要包括内口管、漏斗状曲管和内齿板。

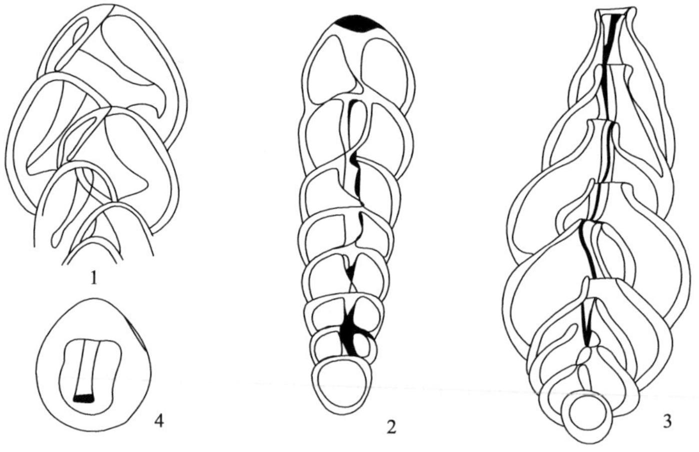

图 1-16　口孔内部饰变（据郝诒纯、茅绍智，1993）

1. 内齿板；2. 漏斗状曲管；3. 半漏斗状；4. 内口管

（1）内口管是从口孔向内延伸的管状物。

（2）漏斗状曲管是一种形状特殊的内口管，状如漏斗。

（3）内齿板是小泡虫超科常具有一种外观似齿状，但从口孔向房室内延伸的板状构造。它的一端固着于口孔的一侧边缘，另一端游离，并与前一房室内齿板固着的一端连接。内齿板有时凹成槽状，上宽下窄，酷似剖开的半个漏斗，上端附着于口孔的一侧，下端则附着于前一房室口孔的另一侧，相邻房室凹槽的方向交替变换。这种构造称为半漏斗状内口管，例如 *Siphogeneroides*（似体管虫属）。

2. 隔壁孔

发育在隔壁上，沟通相邻房室的孔道叫做隔壁孔（图 1-17）。它可以是前一房室口孔的遗留部分，也可由原生质对壳壁的再吸收而形成。

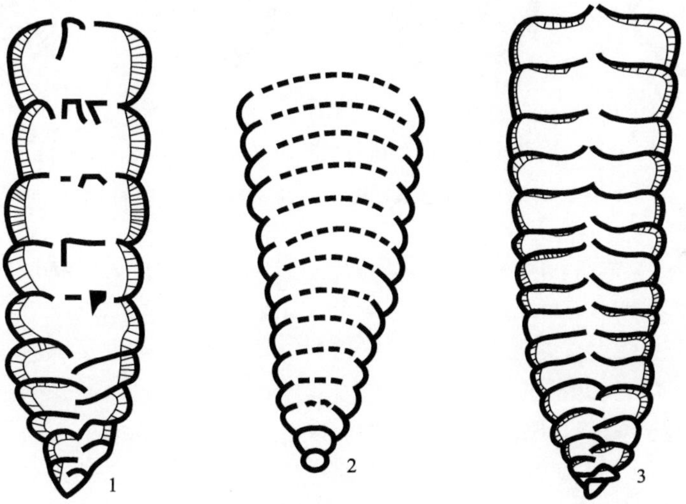

图 1-17 隔壁孔（据郝诒纯、茅绍智，1993）

1. 梯状虫；2. 筛串虫；3. 古双串虫

3. 壳壁微孔

绝大多数钙质透明壳有孔虫的壳壁上都具有许多微孔，壳壁微孔的发育、孔的形态、分布、相对数量等不仅具有分类意义，而且在某种程度上可看作有孔虫进化的表现。同一类别中较古老的代表微孔较细，较年轻的代表则微孔较粗。有些种类其早期房室微孔较细，后期房室的微孔较粗。

五、壳壁、隔壁的分层性及管系

对有孔虫壳壁微细构造的观察和研究揭示它们的生长具有一定的规律。胶结壳、钙质微粒壳和似瓷质壳一般属于不分层壳壁，即每一个房室的壳单独生长，后生长的房室在其形成过程中对早期房室的壳面无包裹、超覆等现象。

钙质透明壳有孔虫的壳壁往往是由多个壳层组成。每生长一个房室就在以前生成的整个壳面增加一个壳层，因此，早期房室壳壁的厚度要大于后期房室，在切片中可见明显的分层现象。这种分层壳壁有三种不同的形成方式（图 1-18）。

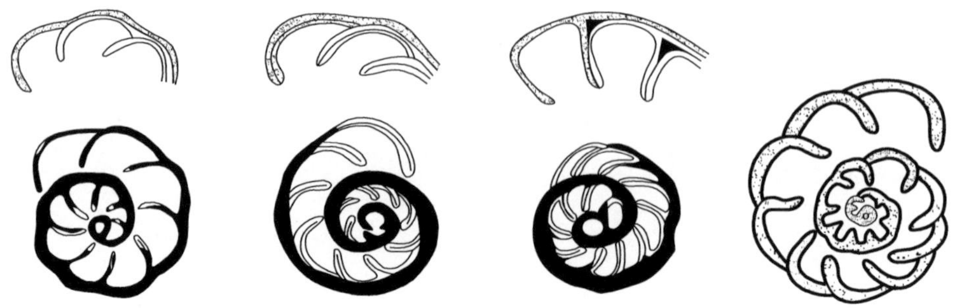

1　　2　　3　　4

图 1-18　有孔虫壳壁的分层性（据郝诒纯、茅绍智，1993）

1. 单层式隔壁；2. 轮虫式隔壁；3. 双层式隔壁；4. 不分层壳壁

（1）单层式隔壁。在壳的增长过程中，每生长一个新房室就在所有先生成的房室壳壁表面增加一个壳层，但对隔壁不发生影响，因此除终室外，壳壁是多层的，隔壁和终室壳壁是单层的。节房虫超科、小泡虫超科以及部分圆盘虫超科、盘旋虫超科具有这种壳壁。

（2）双层式隔壁。在新房室形成时，除在所有先生成的房室表面增加一个壳层外，壳质还从口面基部向内转折，在新房室的口面内部又贴附一层壳质，形成双层隔壁。这类壳为多层壳壁和双层隔壁，终室的壳壁亦为双层。报球虫超科、圆片虫超科及部分圆盘虫超科、诺宁虫超科、盔形虫超科具这种双层式隔壁。

（3）轮虫式隔壁。每生长一个新房室就在所有先生成的房室壳面增加一个壳层，并在前一个房室隔壁的前方再覆盖一层壳质，形成双层隔壁和多层壳壁，但终室的壳壁为单层。在轮虫式隔壁的类型中，隔壁与壳壁的交接处和双层隔壁的层间以及壳层之间常有一些空隙，并在一定的部位互相串通，形成一些贯穿隔壁和壳壁内部的微管。这些微管互相连接构成复杂的系统，称为管系。管系仅发育于轮虫超科（Rotaliacea）中个别科如希望虫科（Elphidiidae）、货币虫科（Nummulitidae）的少数属，例如 *Cellanthus*（花室虫属）等。

第三节　有孔虫的分类及主要化石代表

1. 有孔虫的分类及划分依据

19 世纪中期以后，人们才认识到有孔虫属原生动物门肉足虫纲的一个目。有孔虫目再进行分类主要以硬体构造特征为依据。1993 年郝诒纯和茅绍智编著的《微体古生物学教程》一书的分类方案较为完善。根据隔壁褶皱与否及旋脊、拟旋脊的发育等特征，从䗴亚目中又分出了内卷虫亚目，使有孔虫亚目的划分更为科学。本书即采用郝诒纯等人的分类方案（表 1-1）。

表 1-1 有孔虫各亚目特征及地史分布（据郝诒纯、茅绍智，1993）

亚目	壳质	壳壁微细构造	壳壁分层性及隔壁、旋脊特征	时代
网足虫亚目（Allogromilina）	假几丁质	薄膜状	不分层	$\in_4$–Rec.
串珠虫亚目（Textulariina）	胶结壳	粒状、纤维状、有时有微管或迷宫式构造	不分层	$\in$–Rec.
内卷虫亚目（Endothyrina）	分泌钙质壳	微粒状	不分层或分两层，隔壁不褶皱，无旋脊，但可具假旋脊	O–T
䗴亚目（Fusulinina）			分层，隔壁褶皱，具旋脊、拟旋脊	C–P
小粟虫亚目（Miliolina）		无孔似瓷质	不分层	C–Rec.
轮虫亚目（Rotaliina）		透明多孔或微粒状	分层（个别科有例外）	C_2–Rec.

有孔虫各亚目的划分依据主要为有孔虫壳质成分、壳壁微细构造、壳壁及隔壁的分层性，房室数目及排列方式和形状、口孔特点及其饰变是划分超科及其以下各级分类单元的重要依据。

2. 有孔虫主要化石属例

串珠虫亚目 Textulariina Delage et Herouard，1896

砂盘虫超科 Ammodiscacea Reuss，1862

砂盘虫科 Ammodiscidae Reuss，1862

砂盘虫属 *Ammodiscus* Reuss，1862（图 1-19-1，2）

壳圆盘形。壳壁胶结型。由初房和第二房室组成，第二房室呈管状围绕初房平旋。口孔位于管状房室的末端。分布于世界各地，生活于志留纪—现代。

球旋虫属 *Glomospira* Rzehak，1885（图 1-19-3，4）

壳近球形，胶结双房室壳。管状第二房室围绕初房不规则绕旋。末端口孔。生活于志留纪—现代，分布于世界各地。我国 C_1、P 及 T_1 常见。

曲杖虫超科 Lituolacea de Blainville，1825

曲杖虫科 Lituolidae de Blainville，1825

砂杆虫属 *Ammobaculites* Cushman，1910（图 1-19-7）

壳早期平旋，晚期伸直，横切面圆形，壳壁胶结型，内部简单。口孔圆形，位于终室末端。生活于石炭纪—现代，分布于世界各地。

串珠虫科 Textulariidae Ehrenberg，1838

串珠虫属 *Textularia* Defrance，1824（图 1-19-5，6）

壳狭长楔形，横断面呈扁圆至卵形。胶结多房室壳。螺旋双列式，房室排列紧密。缝合线微下凹。基部口孔，弧形或新月形。分布于世界各地，生活于晚石炭世—现代。

双串虫属 *Bigenerina* d’Orbigny，1826（图 1-19-8）

壳狭长，房室早期双列式排列，基部口孔半月形，与 *Textularia* 相似。晚期单列，口孔圆形，位于终室末端。分布于世界各地，生活于侏罗纪—现代。

砂轮虫科 Trochamminidae Schwager，1877

砂轮虫属 *Trochammina* Parker et Jones，1859（图 1-19-9~11）

壳球形—卵形，房室螺旋式排列。壳壁胶结型，壳面多光滑。缘内口孔，新月形，从脐部伸向脐外，具窄唇。分布于世界各地，生活于石炭纪—现代。

变房虫科 Ataxophragmiidae Schwager，1877

高锥虫属 *Gaudryina* d’Orbigny，1839（图 1-19-12，13）

壳长，高锥形。早期房室三列式，横切面呈三角形；晚期双列式。口孔弧形，位于口面基部。分布于世界各地，生活于晚三叠世—现代。

移栖虫属 *Migros* Finlay，1839（图 1-19-14，15）

与 *Gaudryina* 十分相似。仅以其高扣眼状口孔与后者的基部弧形口孔相区别。分布于中国、新西兰、澳大利亚、埃及、欧洲，生活于中侏罗世—中新世。

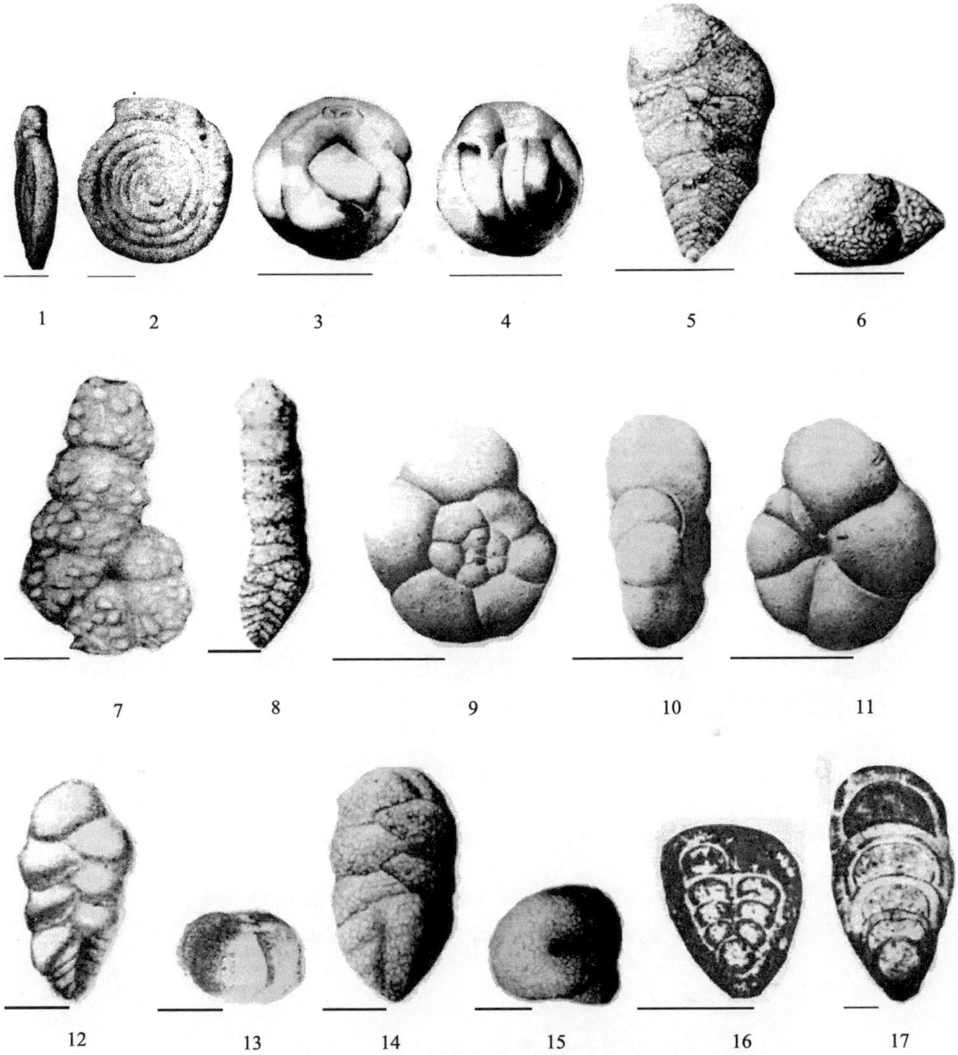

图 1-19 有孔虫化石图版（1）

1, 2. *Ammodiscus siliceous*（Tergeum）壳缘视、侧视，J_1；3, 4. *Glomospira gordialis*（Jones et Parker）侧视，现代；5, 6. *Textularia sagittula* （Defrance）侧视、顶视，N_2；7. *Ammobaculites agglutinaus* （d'Orbigny）侧视，N_1；8. *Bigenerina nodosaria* （Cushman）侧视，现代；9~11. *Trochammina inflate* （Montagu）背视、壳缘视、腹视，现代；12, 13. *Gaudryina rugosa* （d'Orbigny）侧视、顶视，K_2；14, 15. *Migros medwayensis* （Parr）侧视、顶视，N_1；16. *Geinitzina orientalis* （M-Maklay）纵切面，P_2-P_3；17. *Padongia perforata*（Lange）纵切面，P_2；比例尺为 0.3 mm

内卷虫亚目 Endothyrina Brady，1884

内卷虫超科 Endothyracea Brady，1884

拟节房虫科 Nodosinellidae Rhumbler，1895

格涅茨虫属 ***Geinitzina*** **Shardel，1901**（图 1-19-16）

壳扁平，单列式。壳体中部常具纵沟。微球型壳中有双列祖先的痕迹。房室低宽。壳壁钙质，由放射纤维状外层和微粒状内层组成。口孔圆形到卵圆形，位于末端。分布于亚洲、欧洲、北美、澳大利亚，生活于晚泥盆世—二叠纪。

巴东虫属 ***Padongia*** **Lange，1925**（图 1-19-17）

壳单列式，房室较少，依次增大。初房球形，其他房室呈半圆形。后生房室部分超覆先生房室。壳壁厚，微粒状层和放射纤维状层成互层，使壳壁呈多层状。隔壁较薄。口孔圆形，位于终室末端。分布于亚洲，生活于二叠纪。

柯兰尼虫属 ***Colaniella*** **Likharev，1939**（图 1-20-1，2）

壳近纺锤形到圆柱形。单列直线式。房室低宽，高穹形，强烈超覆呈叠碗状。房室内具纵向排列的撑壁，可分 1~2 级，一级壁几达壳体中央。隔壁中部平，侧部向外陡倾。壳壁钙质放射纤维状。末端放射状口孔。分布于亚洲、俄罗斯，为我国二叠纪长兴期的重要化石。

古串珠虫科 Palaeotextularidae Galloway，1933

古串珠虫属 ***Palaeotextularia*** **Schubert，1921**（图 1-20-3~5）

壳长，双列式，与 *Textularia* 相似，但本属为双层钙质壳壁，即暗色微粒状外层和放射纤维状内层。基部口孔，呈弧形。分布于中国、北美、欧洲，生活于石炭纪—二叠纪。

梯状虫属 ***Climacammina*** **Brady，1873**（图 1-20-6，7）

壳长。房室早期双列式，晚期单列式排列。房室低宽，缝合线下凹，壳壁由放射纤维状内层和暗色细粒状外层组成，有时外层胶结有外来物质的颗粒。初期双列壳为基部口孔，缝状，后期单列壳为末端筛状口孔。分布于亚洲、欧洲、北美，生活于石炭纪—二叠纪。

筛串虫属 ***Cribrogenerina*** **Schuber，1908**（图 1-17-2）

壳长。单列直线式。微球型壳早期具 1~2 对双列式房室。房室低宽，壳壁由粒状外层和纤维状内层组成。末端口孔筛状。分布于亚洲、欧洲、北美，生活于石炭纪—二叠纪。

德克虫属 *Deckerella* Cushmsn et Waters，1928（图 1-11-1）

壳早期双列，基部口孔缝状。晚期单列，口面上具两个缝状口孔。壳壁由放射纤维状内层与暗色细粒状外层组成。本属与 *Climacammina* 的唯一区别为其单列式晚期发育阶段的口面上始终为两个口孔。分布于亚洲、欧洲、北美等地，生活于石炭纪—二叠纪。

四房虫科 Tetrataxidae Galloway，1933

四房虫属 *Tetrataxis* Ehrenberg，1843（图 1-20-8~10）

壳螺旋式，背侧可见壳体所有低宽的房室，腹侧仅见终壳圈的几个（常为 4 个）房室。脐宽而凹。壳壁由微粒状外层和纤维状内层构成。口孔狭长，开于脐部。分布于亚洲、北美、欧洲，生活于石炭纪—三叠纪。

双列砂虫科 Biseriamminidae Chernysheva，1941

球瓣虫属 *Globivalvulina* Schubert，1921（图 1-20-11）

壳近球形到半球形，口面宽而略平坦。房室排列双卷式，并微呈螺旋式旋绕。壳壁钙质微粒状，可见纤维状内层或沿隔壁特别发育的多孔层。缘内口孔朝向对侧倒数第二房室，口面中部常有伸向对面房室的瓣状突起，遮盖口孔的一部分，终室口孔常超覆倒数第二房室的口孔。分布于中国、中亚、北美、欧洲，生活于早石炭世晚期—二叠纪。

内卷虫科 Endothyridae Brady，1884

内卷虫属 *Endothyra* Phillips，1846（图 1-20-13，14）

壳平旋包旋。壳壁由薄而黑的致密外层和较厚的暗色细粒内层组成。缘内口孔缝状，两侧不对称。隔壁孔较大，其位置与口孔相同。分布于亚洲、欧洲、美洲、非洲，生活于石炭纪—二叠纪。

布拉迪虫属 *Bradyina* von Möller，1878（图 1-21-1，2）

壳盘形到球形。平旋包旋壳。由隔壁壳层收敛或外壁褶皱形成小隔壁，小隔壁划分出小房室或通道，小房室向脐部延伸，沿缝合线出现列状圆孔。壳壁由暗色粒状外层及粗壮的梳状内层组成。缘内口孔弧形，口面具筛状补充口孔。分布于亚洲、欧洲、北美，生活于石炭纪。

小粟虫亚目 Miliolina Delage et Herouard，1896

小粟虫超科 Miliolacea Ehrenberg，1839

云朵虫科 Nubeculariidae Jones，1875

抱环虫属 *Spiroloculina* d'Orbigny，1826（图 1-20-12）

壳纺锤形，两侧对称。扁平。初房球形，第二房室管状，环绕初房一圈。其后的房室始终在同一平面上绕初房平旋露旋，每壳圈由两个房室组成。似瓷质壳。末端口孔，具单齿和分岔的齿。分布于世界各地，生活于晚白垩世—现代。

小粟虫科 Miliolidae Ehrenberg，1839

三玦虫属 *Triloculina* d'Orbigny，1826（图 1-20-15~17）

壳侧视近椭圆形，规则绕旋壳，微球型壳胚壳五玦虫式，其后变为三玦虫式，生活于显球型壳始终为三玦虫式。每一壳圈由两个房室组成。外部壳圈包裹内部壳圈，多室面可见三个房室。似瓷质壳，末端口孔，具分岔齿。分布于世界各地，生活于侏罗纪—现代。

五玦虫属 *Quinqueloculina* d'Orbigny，1826（图 1-21-3~5）

壳近椭圆形。规则绕旋壳，房室五玦虫式排列，每个旋圈由两个房室组成，外部旋圈包裹内部旋圈。多室面可见 4 个房室，少室面仅见 3 个房室。似瓷质壳。末端口孔，具简单和分岔的齿。分布于世界各地，生活于侏罗纪—现代。

环圈虫科 Soritidae Ehrenberg，1839

马刀虫属 *Peneroplis* de Montfort，1808（图 1-21-6）

壳扁平。早期房室平旋式排列，晚期直伸、扩展，外形多变，从扇面形到喇叭形。似瓷质壳。壳面常具垂直缝合线的纵纹。末端口孔，沿口面一条微凹的沟中呈一裂缝状。分布于世界各地，生活于始新世-现代。

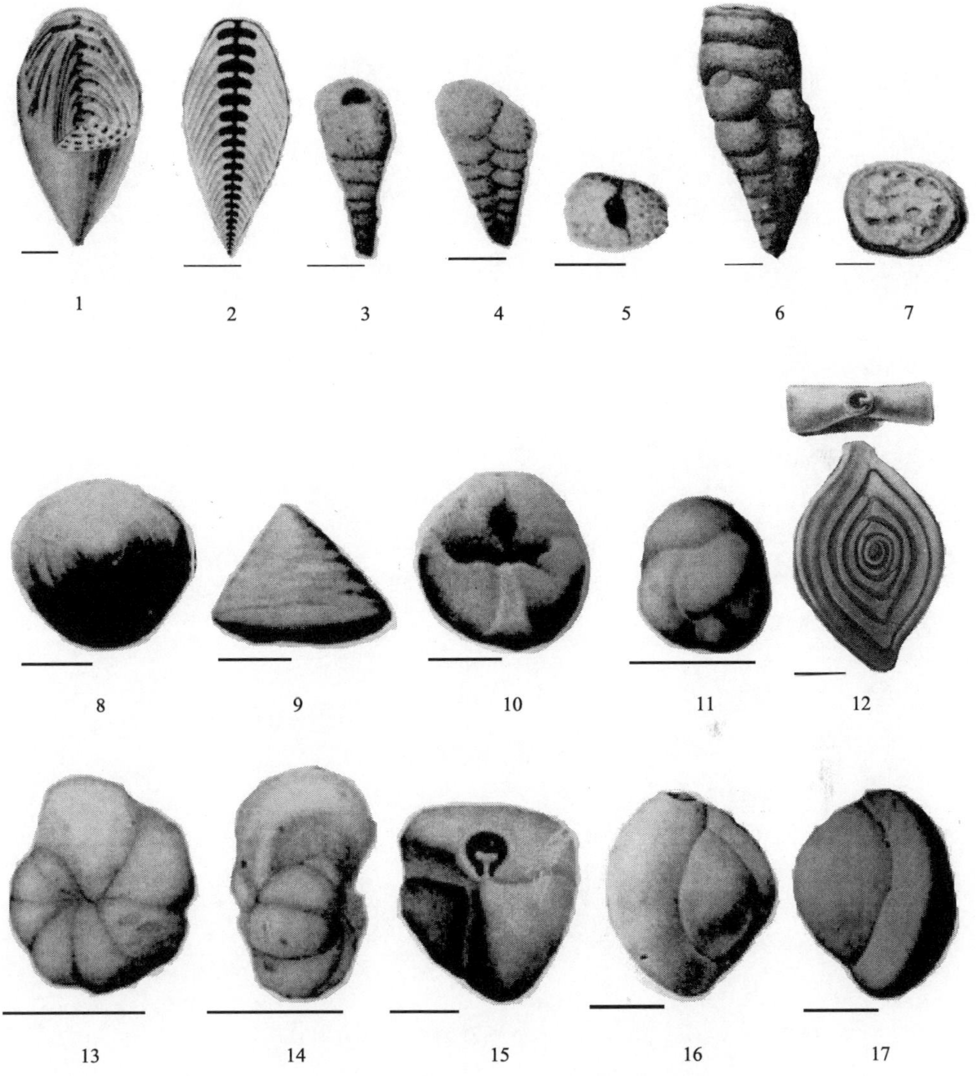

图 1-20 有孔虫化石图版（2）

1, 2. *Colaniella parva*（Colani）解剖图、纵切面，P_2—P_3；3~5. *Palaeotextularia grahamensis* 壳缘视、侧视、顶视，C_2；6, 7. *Climacammina antique*（Brady）侧视、顶视，C_1；8~10. *Tetrataxis conica*（Ehrenberg）背视、侧视、腹视，C；11. *Globivalvulina Bulloides*（Brady）侧视，C_2；12. *Spiroloculina depressa*（Cushman）口面视（上）、侧视（下），N_2；13, 14. *Endothyra bowmani*（Brady）侧视、壳缘视，C_1；15~17. *Triloculina trigonula*（Lamarck）口面视、多室面、少室面，E_2；比例尺为 0.3 mm

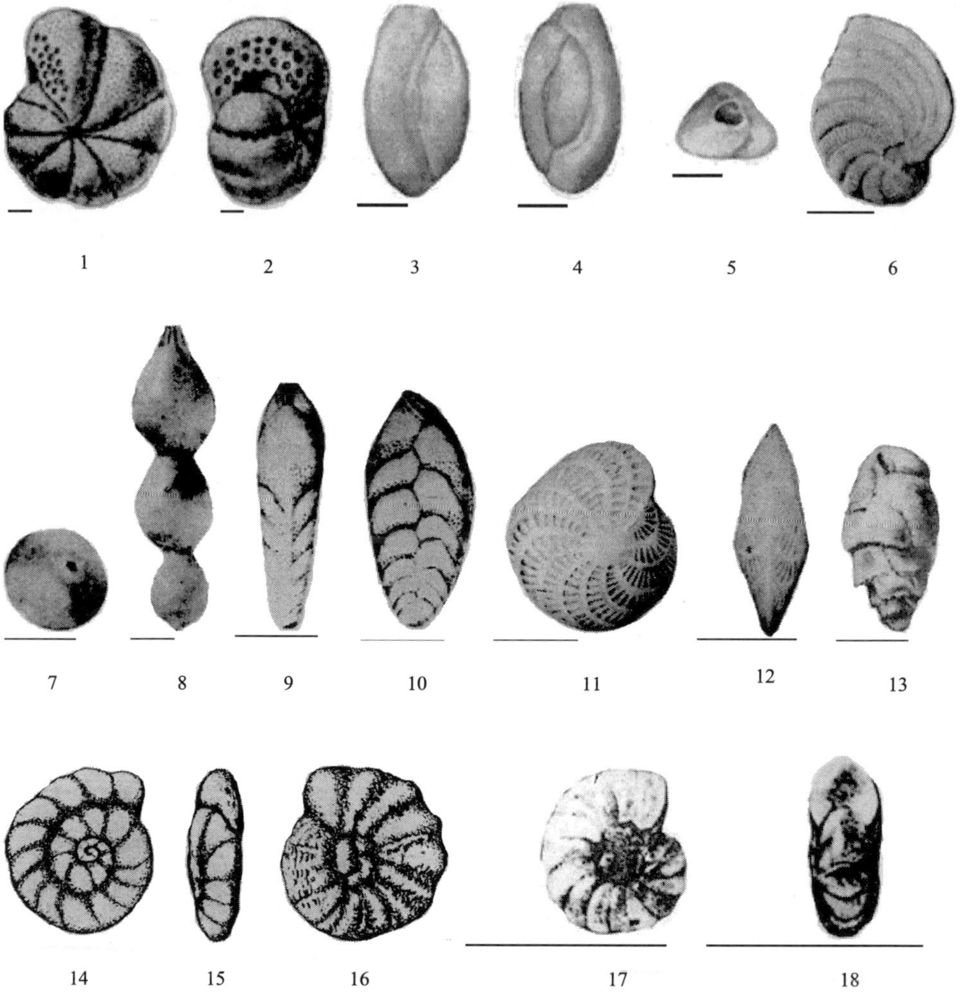

图 1-21　有孔虫化石图版（3）

1, 2. *Bradyina rotula* (Eichwald)侧视、壳缘视，C_1；3~5. *Quinqueloculina seminulum* (Linne)少室面、多室面、口面视，现代；6. *Peneroplis planatus* (Fichtel et Moll)侧视，现代；7, 8. *Nodosaris radicula* (Linne)口面视、侧视，N_2；9, 10. *Brizalina aenariensis* (Costa)口面视、侧视，现代；11, 12. *Elphidium macellum* (Fichtel et Moll)侧视、壳缘视，现代；13. *Bulimina marginata* (Cushman)侧视，现代；14~16. *Ammonia* 背视、侧视、腹视；17, 18. *Nonian incrassatus* 侧视、壳缘视，现代；比例尺为 0.3 mm

轮虫亚目 Rotaliina Delage and Herouard，1896

节房虫超科 Nodosariaceae Ehrenberg，1838

节房虫科 Nodosariidae Ehrenberg，1838

节房虫属 *Nodosaris* Lamarck，1812（图 1-21-7，8）

壳狭长。房室单列直线式排列。缝合线清晰，与壳轴垂直，钙质透明壳。末端口孔，放射状，位于短颈上。分布于世界各地，生活于二叠纪—现代。

小泡虫超科 Buliminacea Jones，1875

似箭头虫科 Bolivinitidae Cushman，1927

判草虫属 *Brizalina* Costa，1856（图 1-21-9，10）

壳狭长，呈剑形至倒披针形，横切面常扁平，壳缘具棱脊。房室双列。缝合线直伸、弯曲、镶边状。壳壁钙质，具微孔。壳面饰有杂乱排列的小孔，纵向粗线、脊、缘刺或底刺。口孔扣眼状。分布于世界各地，生活于早三叠世—现代。

小泡虫科 Buliminidae Jones，1875

小泡虫属 *Bulimina* d'Orbigny，1826（图 1-21-13）

壳早期三列式，晚期趋于衰退成单列式。钙质壳壁具微孔。口孔从口面基部向上延伸，扣眼状。具内齿板及较复杂的口孔内部饰变。分布于世界各地，生活于古新世—现代。

轮虫超科 Rotaliacea Ehrenberg，1839

轮虫科 Rotaliidae Ehrenberg，1839

卷转虫属 *Ammonia* Brünnich，1772（图 1-21-14~16）

壳双凸型，低螺旋式，壳圈 3~4 个。背侧缝合线微弯，加厚，在腹侧下凹。钙质透明壳微孔细。腹侧沿缝合线和脐部具不规则的小瘤。成年壳脐塞分裂成许多小柱及小突，并向内伸达初房。无脐部管系。缘内口孔弧形。分布于世界各地，生活于中新世—现代。

希望虫科 Elphidiidae Galloway，1933

希望虫属 *Elphidium* Galloway，1933（图 1-21-11，12）

壳平旋，包旋，两侧对称。管系复杂，沿缝合线可见成排的小坑即为分管的开口。钙质透明壳。壳面常见平行壳缘的沟或脊。口孔为一排小孔，位于口面基部。分布于世界各地，生活于始新世早期—现代。

诺宁虫超科 Nonionacea Schultze，1854

诺宁虫科 Nonionidae Schultze，1854

诺宁虫属 *Nonion* de Montfort，1808（图 1-21-17，18）

壳侧视近圆形，两侧对称，双壳顶，壳缘圆或瓣状。平旋，包旋，逐渐增大。缝合线清晰，下凹，放射状或微弯曲。壳面光滑但壳顶区有次生堆积的方解石充填，呈颗粒状或实心的圆疤。缘内口孔缝状或弧形，位于壳缘，或为一列小孔，位于口面基部。分布于世界各地，生活于古新世（晚白垩世？）—现代。

第四节　有孔虫的演化趋向及地史分布

1. 有孔虫演化的一般趋向

（1）壳质成分的变化

有孔虫壳质成分的演变大致遵循着由假几丁质壳到胶结壳，再发展到钙质壳的过程。某些属种的个体发育史中，仅初房有假几丁质内层，在后期房室中则消失，这是重演律的体现，说明假几丁质壳是最原始的类型。

从各种壳质类型在地史中出现的顺序看，假几丁质壳发现于美国、爱沙尼亚、德国等地芙蓉统，如 *Chitinodendron*（几丁树状虫属）。据推测在更早的地层中，甚至在前寒武纪就应该有假几丁质壳有孔虫存在，可能不易保存为化石。胶结壳最早的代表属 *Bathysiphon*（深海管虫属），广泛分布于寒武系纽芬兰统。钙质微粒壳的最早代表 *Saccamminopsis*（袋形虫属）发现于英国的奥陶系。钙质无孔壳最早的代表属圆环虫，见于下石炭统。钙质多孔壳最早的代表属 *Nodosaria*（节房虫属）见于上石炭统，大量出现是在二叠系。这反映了有孔虫壳质变化的过程。

（2）房室数量的变化

有孔虫壳的房室大致遵循由少到多的规律，即由单房室到双房室，最后出现多房室。寒武、奥陶纪古老的有孔虫基本上全部是单房室壳的类型，仅少数类别具双房室壳，如袋形虫。志留纪开始出现较多的双房室壳的类型，如 *Ammodiscus*（砂盘虫属）、*Glomospira*（球旋虫属）、*Turritellela*（小螺旋虫属）等。泥盆纪开始出现大量的多房室壳，至石炭纪时各种排列方式的多房室壳基本都已出现。

值得注意的是中生代以来，钙质壳的某些较高级的类别反而出现单房室壳，如 *Oolina*、*Lagena* 等。这些单房室壳与早期那些假几丁质、胶结质及钙质微粒状的单房室壳有着本质的区别，可能是次生简化的结果。

（3）房室排列方式的变化

有孔虫房室排列方式基本上经历了一个由简单到复杂的过程（图 1-22）。寒武纪早期出现单房室壳。志留纪出现双房室平旋壳和双房室螺旋壳，泥盆纪之后大量繁盛，并出现多房室的螺旋壳，多房室平旋壳的繁盛也在泥盆纪之后。不规则绕旋壳最早出现于志留纪，而多房室规则绕旋壳在石炭纪之后才开始出现，很快繁盛。

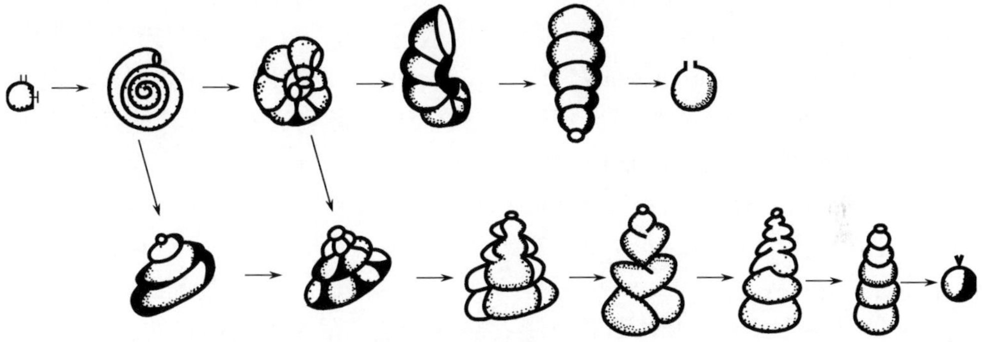

图 1-22 有孔虫房室排列方式的变化

（4）壳壁和隔壁的变化

有孔虫从单房室演变到多房室，反映了隔壁从无到有、从少到多的过程。具完整隔壁的类型出现得最晚。具一般平整隔壁的类型出现较早；隔壁发生褶皱，具副隔壁、旋脊、拟旋脊等构造的䗴亚目（Fusulinina）石炭纪才开始出现；如 *Colaniella* 一样具平行于轴而呈放射状排列的纵或轴隔壁至晚二叠世才出现；再如，早期的有孔虫壳壁不分层，分层的壳壁出现于泥盆纪以后。较复杂的轮虫式隔壁至晚白垩世才开始出现。

2. 有孔虫的地史分布

有孔虫从寒武纪开始出现，一直延续到现在，大致可划分为五个阶段：

（1）寒武纪—泥盆纪，有孔虫发展的初期阶段

前寒武纪岩石中缺乏令人信服的有孔虫化石证据。但几乎可以肯定，早在寒武纪之前就已存在有孔虫。奥陶纪前的有孔虫都是一些简单的类型，如以单房室为主的树枝状、管状类型等，是有孔虫的发生阶段。志留纪到泥盆纪则是有孔虫的初期发展阶段，此时胶结壳的类型开始繁盛，并出现了一些钙质微粒壳的类型。总的看来，此阶段的有孔虫以假几丁质壳和胶结壳为主，类型原始，如瓶形虫超科和砂盘虫超科。钙质微粒壳属种少，分异度低，如拟砂户虫超科及少量内卷虫超科的代表。

（2）石炭纪—二叠纪，有孔虫发展的第一个繁盛期

有孔虫在石炭纪、二叠纪得到了极大的发展，出现了许多可用来划分对比地层的重要化石，表现了以下几方面的面貌：

1）钙质微粒壳类型达到极盛。内卷虫超科在这个时期极大地发展，其中限于石炭纪、二叠纪的达 7 科。如古串珠虫科（Palaeotextulariidae）、双列砂虫科（Biseriamminidae）、古盘虫科（Archaediscidae）、毛盘虫科（Lasiodiscidae）等，其中除四房虫科（Tetrataxidae）可延续至三叠纪外，其余各科均在二叠纪末绝灭。钙质微粒壳的䗴亚目在这个时期出现并迅速达到极盛，也在二叠纪末全部绝灭。

2）曲杖虫超科（Lituolacea）产生并繁盛。虽然胶结壳的砂盘虫超科出现早，为泥盆纪以前有孔虫的主要类群，但胶结壳的曲仗虫超科直到石炭纪才开始出现，并立即繁盛起来。该超科的 10 个科有一半始于石炭、二叠纪，如单链虫科（Hormosinidae）、曲杖虫科（Lituolidae）、串珠虫科（Textularridae）等。

3）小粟虫亚目（Miliolina）从石炭纪开始出现，有菲舍尔虫科（Fischerinidae）和云朵虫科（Nubeculariidae）两个科，存在于石炭纪至二叠纪期间。

4）钙质多孔壳类型开始萌芽。晚石炭世出现了最早的钙质多孔壳类型的代表——节房虫科的两个亚科，为有孔虫的第一个繁盛期增添了新的色彩。

综上所述，这一时期的主要特点是各种壳质的有孔虫相继出现，其中以钙质微粒壳占绝对优势。本阶段的后期发育了复杂的内部结构。例如胶结壳的某些属种（*Oryctoderma*）发育了迷宫状构造；钙质微粒壳的柯兰尼虫具有复碗状的房室和放射状的撑壁，䗴类有孔虫具有隔壁褶皱和旋脊、拟旋脊等构造；似瓷质壳的某些属种房室的生长奇特而规则，如 *Meandrospira*（回旋虫属）的管状第二房室绕初房作“之”字形旋绕。

（3）三叠纪—侏罗纪，有孔虫复苏期

古生代末生物大规模绝灭事件对有孔虫也产生了极大的影响。例如䗴亚目在二叠纪末期全部绝灭，内卷虫超科百分之九十以上的科绝灭。三叠纪、侏罗纪是紧接大绝灭后的一个复苏期。其特点表现在两个方面。

①演化较晚的超科如曲杖虫超科和小粟虫超科在这个时期得到了较大的发展，新产生了百分之四十的科，而瓶形虫超科和砂盘虫超科虽从寒武纪就开始出现了却变化甚微。②钙质多孔壳的超科开始大量出现。最早的钙质多孔壳代表出现于晚石炭世早期，仅一个超科——节房虫超科。三叠纪、侏罗纪新产生了六个超科，使这一时期有孔虫的分异度开始回升。有重要意义的是新产生的双口虫超科和抱球虫超科，双口虫超科出现于三叠纪，灭绝于中侏罗世，地质历程较短，可作为良好的标准化石。有人认为该超科是钙质微粒壳与钙质透明壳之间的演化中间环节，大多数后来的钙质透明壳都是由它演化而来。抱球虫超科是有孔虫中唯一的浮游类型，它的出现是有孔虫进化史上的一件大事，有着重要的地质意义。

（4）白垩纪，有孔虫发展的第二个繁盛期

白垩纪是有孔虫全面繁盛的起点。除伞形虫超科（Caterinacea）外，所有的超科至此已全部出现，特点如下：①新超科大量出现，据统计，新生代所有有孔虫类别的1/4以上始于白垩纪，4个钙质多孔壳超科中50%的科是从白垩纪开始出现的；②胶结壳的曲杖虫超科达到极盛，除原已出现的各科外，又新产生了两个新科和七个亚科，至此该超科的90%的科均已出现；③抱球虫超科种一级分异度达到最高值，据统计，该超科晚白垩世出现的种竟达300以上，而且化石丰度极高，该期特有的浮游类型截球虫科（Globotruncanindae）、轮孔虫科（Rotaliporiidae）和平卷虫科（Planomalinidae）等是白垩纪地层划分对比的重要标准化石；④大型底栖有孔虫类群和特有的浮游类群的出现使白垩纪有孔虫呈现独特的面貌，白垩纪大型底牺有孔虫类群以胶结壳的双环虫科（Dicyclinidae）、圆锥虫科（Orbitolinidae）、似瓷质壳的巴克虫科（Barkerinidae）、蜂巢虫科（Alveolinidae），钙质多孔壳的假圆片虫科（Pseudobitoidiae）和货币虫科（Nummulitidae）为代表。

（5）古近纪和新近纪，有孔虫发展的第三个繁盛期

古新世底栖和浮游有孔虫都具有独特的过渡性色彩，底栖有孔虫中许多具白垩纪特色的科属完全绝灭，而大批新类型的先驱开始出现。例如古新世绝灭的科有圆片虫科（Orbitoididae）、平卷虫科（Planomalinidae）、巴克虫科（Barkerinidae）。新产生的重要科有小泡虫科（Buliminidae）、希望虫科（Elphidiidae）、上穹虫科（Eponididae）及盘环虫科（Discocyclinidae）等。浮游有孔虫中白垩纪极盛的类型如轮孔虫科（Rotaliporidae）、截球虫科（Globotruncanidae）等相继绝灭，产生了以抱球虫科（Globigerinidae）为代表的新类群，这一类群尚有圆辐虫科（Globorotaliidae）和汉京虫科（Hantkeninidae）等。底栖大型有孔虫极其繁盛，成为重要的造岩生物（货币虫灰岩、蜂巢虫灰岩，小粟虫灰岩等）。

新近纪时有孔虫略有衰退并接近现代的面貌，某些重要的浮游类型，如异卷虫科（Heterohelicidae）、汉京虫科（Hantkeninidae）等开始绝灭，底栖大型有孔虫中蜂巢虫科取代了货币虫科占主导地位，那时的许多科属都延续至现代。

第五节 有孔虫的生态

1. 有孔虫的生活方式及生活环境

有孔虫的生活方式分为底栖和浮游两大类。浮游类群仅有一个超科——抱球虫超科，营浮游生活，壳壁薄，房室多呈球形，常具表刺和粗大的壳壁微孔。由于此类有孔虫繁殖快，个体数量大，浮游范围广，常形成典型海相沉积——抱球

虫软泥。底栖有孔虫分为底栖固着和底栖游移两种类型，多数底栖游移，在海底缓慢爬行，其壳形因基底性质不同而不同，硬底上为圆盘形或低螺旋式壳如 *Ammonia*（卷转虫）、*Elphidium*（希望虫），软底上则形成透镜形的壳体，往往具长刺，如星轮虫（*Asterorotalia*）。

有孔虫的生活环境以海洋为主，能适应多种性质的海水，从高盐度泻湖到半咸水或淡化的河口地区都可找到有孔虫的踪迹，极少数类别生活在淡水中，如瓶虫超科（Lagynacea）。在不同的海洋环境中有孔虫的组合面貌有很大差别。在滨海地区，海水的盐度、温度常发生剧烈的变化，以广适性的属种为主。在河口、三角洲地区因海水淡化，以半咸水类型的广盐性属种为代表。低潮线以下至水深 200 m 的正常浅海及大陆斜坡是底栖有孔虫的重要生活领域，尤以水深 80 m 以内的浅海最为繁盛；浮游有孔虫的生活区域从广海水体上层至深度千米以下；深海地区底栖有孔虫急剧减少，浮游有孔虫占相对优势。底栖有孔虫又在不同的深度环境中发育不同的组合。

在海洋生态系统中，有孔虫是杂食者，以食用细菌、藻类及微小的无脊椎动物为生，还有一些以生物遗体为食。有孔虫与有些藻类为共生关系，有孔虫生活时释放二氧化碳供藻类进行光合作用，藻类为有孔虫提供氧气，又可作为有孔虫的食料。

2. 有孔虫生态的控制因素

各种因素如海水的温度、深度、盐度、水体酸碱度、基底性质等都在一定程度上控制有孔虫的地理分布、丰度和分异度，影响它们的生活习性和形态。

1）温度

温度是控制有孔虫生态的最重要因素，不仅制约着其地理分布，而且对它的形态、生存、繁殖等都有巨大的影响。深度不同的海底海水温度不同，底栖有孔虫的类型就不同；纬度不同的洋面海水温度不同，浮游有孔虫的组合也就有差异。

据有孔虫生存、繁殖或最佳温度条件，可分为窄温性属种、广温性属种、冷水性属种，绝大部分有孔虫为喜暖的窄温性类型，如：繁盛于热带、亚热带或温带水深 100 m 以下的恒温带浅海环境中的 *Asterorotalia*（星轮虫属）、*Pseudorotalia*（假轮虫属）、*Nummulites*（货币虫属）、*Amphistegina*（双盖虫属）、*Cassidulina*（盔形虫属）、*Bulimina*（小泡虫属）、*Uvigerina*（葡萄虫属）、*Bathysiphon*（深海管虫属）等。水深 100 m 以上，温度受季节变化影响的带为变温带。在此生存的大多为喜温的广温性属种，例如 *Ammonia*（卷转虫属）、*Elphidium*（希望虫属）、*Buliminella*（微泡虫属）等。有些类型喜欢生活于两极地区冷水环境中，如 *Buccella frigida*（冷水面颊虫属）。

温度常常控制着浮游有孔虫壳体的旋转方向。人们发现螺旋壳浮游有孔虫的同一个种常有左旋和右旋之分。以壳的背侧朝上，房室呈逆时针排列为左旋壳，顺时针排列则为右旋壳。据统计资料的分析，浮游有孔虫的某些种在高纬度冷水环境中以左旋壳类型为主，低纬度赤道地带温暖环境中则以右旋壳类型为主。例如 *Globigerina pachyderma*（厚壁抱球虫）在高纬度区左旋壳含量一般大于 80%，可高达 98%，低纬度区则以右旋壳占优势，可高达 98%。这种现象的存在对鉴别温度环境是十分有用的。

汪品先等（1988）研究了中国东海陆架底栖有孔虫属种的纬度分布，可将常见种区别出三种类型。

冷水型只见于东海北部（指杭州湾以北），并大量出现于黄、渤海区，其中如 *Eggerella advena*（异地伊格尔虫），*Buccella frigida*（冷水面颊虫），*"Protelphidium tuberculatum"*（具瘤先希望虫）是白令海、鄂霍次克海、日本海浅水中的优势种，也是北黄海有孔虫群的主要成分，属典型的北方型冷水分子。其他如 *Ammnia ketienziensis angulata*（结缘寺卷转虫角状亚种）广泛分布于黄海冷水区，*Cribrononion subincertum*（亚易变筛九字虫）分布于黄、渤海区，它们在东海只限于北区，也属冷水种。

温带型或广温型普遍出现于黄、渤、东、南各海区。此类包括的属种甚多，如 *Ammonia beccarii* vars.（毕克卷转虫变种）、*Quinqueloculina seminula*（半缺五玦虫）等广盐种亦广温，除高纬度冷水外世界各海区均有发现；而 *A. compressiuscula*（压扁卷转虫）、*A. maruhasii*、*Cibicides lobatulus*、*Textularia foliacea*、*Triloculina carinata*、*Cancris auriculus*、*Brizalina striatula*、*Elphidium advenum*、*E. asiaticum*、*E. hispidulum* 等种在我国岸外四个海区的陆架水底均有分布。此类属种构成东海底栖有孔虫群的主要成分。

暖水型只见于东海南部而不见于黄、渤海和东海北部，但亦分布于南海的热带、亚热带。如 *Textularia pseudocarinata*、*Cibicides pseudoungerianus*、*Neoeponides* spp.、*Bigenerina* spp.、*Pseudorotalia indopacifica*、*Quinqueloculina pseudoreticulata* 等，均为印度太平洋区常见的典型暖水分子。此类属种为数众多，它们集中分布在台湾暖流与黑潮流控制的浅海，使该区的分异度大为增加。

纵观东海的底栖有孔虫分布，大体以杭州湾即纬度 31° 左右为界，可分南、北两部分，南部在黑潮、台湾暖流控制下以暖水种与暖温型种为主，北部在黄海沿岸水控制下由冷水种与暖温型种混合而构成。

水温对有孔虫的控制作用并不以属种分布为限，无论分异度高低、壳径大小、壳壁厚薄或个体多寡，均受水温影响。

2）深度

有孔虫组合及类群的分布与水体深度之间的关系最为明显。例如我国东海由近岸河口到海槽可明显地分出五个有孔虫组合（汪品先等，1980，1988），其中第一组合和第二组合又各自分为两个亚组合，它们主要受水深的控制。在丰度、浮游有孔虫所占比例等方面各不相同。

第一组合为*Ammonia conoexidorsa-Ammonia tepida*（凸背卷转虫-暖水卷转虫）组合。分布于水深 50 m 以内的陆架内部，是沿岸流低温低盐水影响区域。底栖有孔虫中富含滨岸浅水广盐性类型，以具微孔钙质平旋式、螺旋式壳的属种为主。浮游有孔虫含量在 30%以下。本组合分两个亚组合：第一亚组合为 *Ammonia conoexidorsa-Epistominella naraensis*（凸背卷转虫-奈良小上口虫）亚组合，分布于水深一般不超过 20 m 的长江口、杭州湾等河口区，以小个体具微孔钙质壳属种占优势，常见的有 *Ammonia conoexidorsa*（凸背卷转虫）、*Elphidium magellanicum*（缝裂希望虫）、*Cribrononion uitreum*（透明筛诺宁虫）、*Epistominella naraensis*（奈良小上口虫）等，胶结壳有孔虫少见，浮游有孔虫占 10%~25%；第二亚组合为 *Ammonia tepida-Elphidium advenum*（暖水卷转虫-异地希望虫）亚组合，分布于水深 20~50 m 间的内陆架区，由滨岸浅海属种组成，常见的有 *Ammonia tepida*（暖水卷转虫）、*Florilus decorus*（优美小花虫）、*Quinqueloculina lamarckiana*（拉马克五块虫）、*Cribrononion subincertum*（亚易变筛诺宁虫）、*Elphidium advenum*（异地希望虫）等，浮游有孔虫不超过 30%。

第二组合为 *Bolivina cochei-Ammonia compressiuscula*（科契箭头虫-压扁卷转虫）组合。分布于水深 50~100 m 间的中陆架区。底栖有孔虫以钙质壳含量最高。浮游有孔虫含量为 30%~70%。数量最多的底栖有孔虫有 *Bolivina cochei*（科契箭头虫）、*Ammonia compressiuscula*（压扁卷转虫）、*Textularia sagitula*（剑状串珠虫）、*Hanzawaia mantaensis*（曼顿半泽虫）、*Bulimina marginata*（具缘小泡虫）等。本组合分为两个亚组合：第一亚组合为 *Pacinonion-Ammonia ketienziensis*（管诺宁虫-结缘寺卷转虫）亚组合，分布于本区北部，受黄海沿岸冷水流影响，有孔虫面貌与黄海相似，以 *Pacinonion tasmanensis*（塔斯曼管诺宁虫）、*Ammonia ketienziensis*（结缘寺卷转虫）等属种含量较高为特征；第二亚组合为 *Pseudorotalia-Ammonia compressiuscula*（假轮虫-压扁卷转虫）亚组合，分布于本区南部，受台湾暖流影响，有孔虫中以含 *Pseudorotalia indopacifica*（印度太平洋假轮虫）、*Heterolepa dutemplei*（杜氏异鳞虫）等较多的暖水种为特征，浮游有孔虫较多，个体较大，且含部分暖水种。

第三组合为 *Textularia pseudocarinata-Cibicides margaritiferus*（假棱串珠虫-珍珠面包虫）组合。分布于水深 100~150 m 的外陆架区，受黑潮暖流影响，是暖流控制下的残留沉积发育区。底栖有孔虫以 *Textularia pseudocarinata*（假棱串珠虫）、*T. transversaria*（横向串珠虫）、*Cibicides margaritiferus*（珍珠面包虫）、*Neoeponides berthelotianus*（贝氏新上穹虫）等大量暖水种发育为特征。*Bolivina cochei*（科契箭头虫）含量仍高，并有 *Pararotalia*（仿轮虫属）等更新世残留壳体。

浮游有孔虫含量为70%~90%，多为喜暖类型。

第四组合为 *Cassidulina-Globocassidulina*（盔形虫属-球盔形虫属）组合。分布于水深大于150 m的陆坡区。底栖有孔虫以含 *Cassidulina carinata*（具棱盔形虫）、*Globocassidulina subglobosa*（亚球形球盔形虫）、*Uvigerina asperula*（粗糙葡萄虫）、*Pullenia bulloides*（泡幼体虫）、*Epistominella exigua*（精美小上口虫）等次深海类型为特征。浮游有孔虫占优势，一般含量在90%以上。

第五组合为 *Lagenidae*（瓶虫类）组合。分布于水深大于700 m的海槽区。底栖有孔虫稀少，以含大个体胶结壳深水种和含量高（超过或接近10%）的瓶虫类为特征。只限于本区的深水种有 *Cyclammina cancellata*（格子砂环虫）、*Trochammina globigeriniformis*（抱球砂轮虫）、*Uvigerina dirupta*（双裂葡葡虫）、*Bulimina aculeata*（棘刺小泡虫）等。浮游有孔虫含量达95%以上。

在一定深度内（陆棚及上陆坡地带），有孔虫的分异度和丰度随水体深度加大而增加；浮游有孔虫的数量随着离岸距离及深度的增加而增长；随着水体深度的增加，胶结壳类型逐渐减少，钙质壳类型逐渐增多。自下陆棚至深海，分异度及丰度降低，钙质壳底栖类型减少，浮游类型占优势，胶结壳类型转而增加。

水体深度并不是控制有孔虫分布的独立因素，而是水的压力、密度、透光性、温度、氧含量、食物供应等因素的综合。因此在探讨深度的影响时，常常会发现一些异常现象。例如在陆坡和深海中胶结壳类型含量增高可能与碳酸钙的压溶作用有关。

3）盐度

盐度对浮游有孔虫的影响尤为明显。有孔虫按照对盐度的适应性可分为广盐分子和窄盐分子。广盐性分子生活于盐度异常水体中，如河口、滨海、泻湖等海陆过渡相环境中，窄盐分子适应正常海水盐度。盐度的影响主要表现在以下几个方面。

动物群分异度，一般情况下盐度越偏离正常，动物群分异度越低，常表现为丰度高而分异度低，属种单调。例如由于钱塘江的注入，海水淡化，从东海大陆架经杭州湾至钱塘江大桥下的连续取样表明，有孔虫的种数从陆架区的一百多种降至钱塘江大桥下的23种。

畸形壳体的出现，在盐度偏高海水中的有孔虫壳体常发生畸变。表现为部分房室突然地增大或减小，房室发生扭曲，平旋壳变得不对称，旋圈壳的旋圈放松等。某些种类在盐度低的水体中壳壁变薄，壳饰减弱。另一些种类发生壳体变小的现象，例如我国东部古近纪和新近纪过渡相的有孔虫大小仅为正常海水中同类有孔虫的1/3~1/5。

形成广盐性或特殊的半咸水属种组合，在特殊的半咸水或超咸水环境中只能生长特殊的类群。如在海陆过渡地带，尤其在三角洲前缘，会出现海相与陆相类群共生的现象。

4）基底性质

底栖有孔虫常生活于水底沉积物的表层或距表层 10 mm 的沉积物中。基底性质主要影响有孔虫的丰度、分异度以及它们的生活方式和壳体形态。

一般在碳酸盐或细粒钙质碎屑沉积中有孔虫的丰度和分异度较高；致密的有机质黏土和砂中有孔虫较贫乏；在碎屑物大量快速堆积的环境中，例如河口地区，有孔虫几乎绝迹。据南海北部资料的分析（表 1-2），有孔虫组合中胶结壳、似瓷质壳所占的比例与底质性质可能也有某些联系。

表 1-2　我国南海北部 113°30′E 断面各站浮游底栖有孔虫总量百分比与几个有关生态因子的数据（引自郑执中、郑守仪，1962）

站号		01	02	03	04	05	06	07	08
站位	N	22°00′	21°45′	21°30′	21°15′	21°00′	20°30′	20°00′	19°00′
	E	113°30′	113°30′	113°30′	113°30′	113°30′	113°30′	113°30′	113°30′
水深/m		8	32	42	58	74	88	200	1010
平均表层水温/℃		24.15	24.56	25.17	25.91	26.03	26.16	26.68	27.05
平均表层盐度/‰		21.92	29.75	30.48	31.07	33.99	33.99	33.99	33.72
有孔虫总数/（个数/50g r）		30	1810	4851	11530	18540	26260	91400	105000
浮游有孔虫/%		0	0.1	4.0	5.9	25.8	73.2	88.6	99.6
底栖有孔虫	玻璃质壳	7.2	4106	48.0	76.2	34.0	12.2	7.9	0.3
	瓷质壳	0	15.0	15.0	24.6	12.8	8.4	6.1	1.8
	砂质壳	92.8	43.3	22.8	5.1	31.8	8.5	2.6	0.1
沉积物类型		粉砂质黏土软泥	细粉砂	粗砂	中砂	细砂	细砂	细砂	粉砂质黏土软泥
沉积物中碳酸钙含量/%		1.44	2.46	4.75	13.27	11.49	21.72	—	24.10

固着类型有孔虫对底质的要求更严格。例如，*Cibicides lobatulus* 常固着于坚硬的岩石上；*Discorbis* 的某些种要求坚实的砂底；*Carpenteria* 则生活于钙质砂底或死的珊瑚上。

礁相环境往往具有特殊的有孔虫组合。它们个体一般较大，以钙质壳类型为主，有时可具有粗大的刺。其代表属为 *Calcarina*、*Marginopora*、*Homotrema* 等。

基底还控制着有孔虫的形态。例如粉砂–粉砂质黏土基底上的有孔虫较繁盛，以薄壳、长形壳为主；粗砂–砂砾基底有孔虫较少，以双凸或纺锤形壳为主，壳厚并常具粗壮的壳饰；坚硬基底则以固着类型为主，壳薄，体形多变，如盘状、环形、扇形、凹凸、平凸、枝状或不规则形态，一般都具有平或低凸的表面。

第六节　有孔虫研究的地质意义及应用

1. 划分和对比地层

有孔虫生物地层学方法是当前划分对比地层的最可靠手段之一。一般认为浮游有孔虫从其起源地扩展至它所可能分布的海域所需的时间，相对于漫长的地质历史来说，可以忽略不计，它们在地质历史长河中的首次出现一般被认为是近乎等时的。因此可以利用它们来作全球海相地层的年代地层划分和对比，如浮游有孔虫的异卷虫（中、晚侏罗世）、轮虫类（早、晚白垩世）及截球虫类（晚白垩世）。在全球标准层型剖面和点（GSSP）的确定方面也起着重要作用，Kennedy 等（2004）利用浮游有孔虫 *Rotalipora globotruncanoides* 的首现面作为标志来确定全球上白垩统塞诺曼阶底界的位置（图 1-23）。

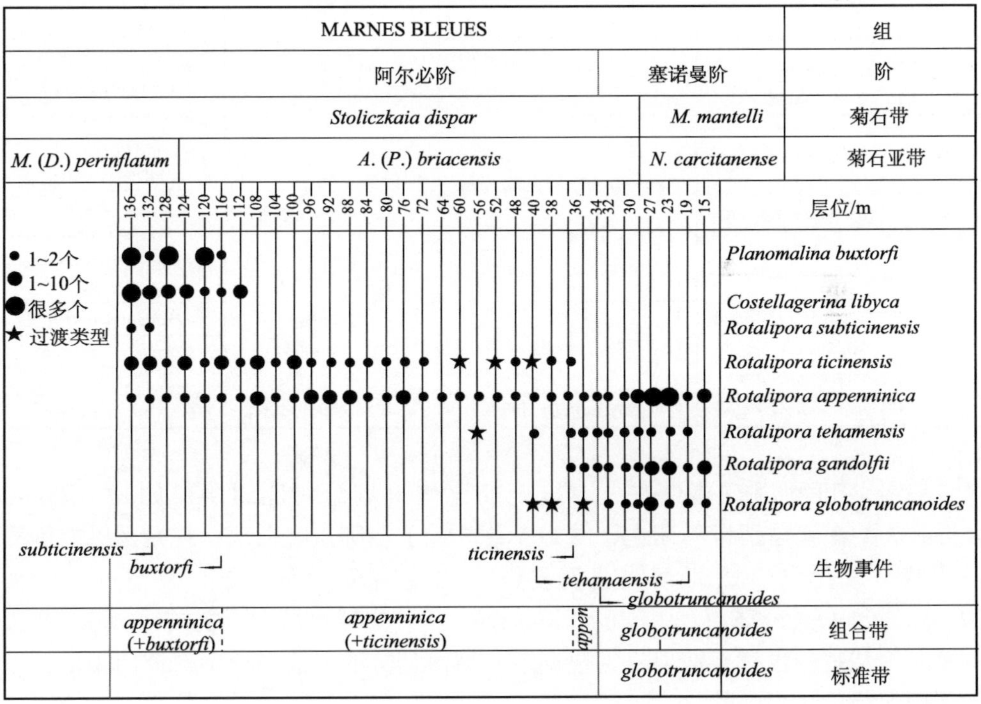

图 1-23　全球塞诺曼阶底界界线层型法国金钉子剖面利用浮游有孔虫作为界线划分标准（Kennedy *et al.*，2004）

石炭纪维宪期有孔虫演化快、分布广、数量丰富、分异度高。在浅水相地层，传统上依据大化石进行地层划分对比，但精度较低，有孔虫对于浅水相地层划分对比具有特别重要的意义。2001 年国际地层委员会石炭系分会通过了新的杜内-维宪阶界线定义，即以“有孔虫 *Eoparastaffella ovalis-E. simplex* 演化谱系中 *E. simplex* 的首现作为维宪阶底界，2008 年国际地质科学联合会正式批准中国广西柳州碰冲剖面作为维宪阶底界的全球标准层型剖面和点位（GSSP），界线点位为碰冲剖面的 83 层之底（侯鸿飞、周怀玲，2008）。这是目前唯一一个以底栖有孔虫作为定义的全球界线。近年来，世界很多地区都以 *E. simplex* 的首次出现建立了维宪阶的第一个有孔虫带。沈阳和王训练（2014）对中国及全球典型地区有孔虫化石带进行了对比（表 1-3）。

表 1-3　典型地区维宪阶有孔虫带对比（据沈阳、王训练，2014）

<table>
<tr><th rowspan="2">年代地层</th><th colspan="5">有孔虫带</th></tr>
<tr><th>比利时</th><th colspan="2">俄罗斯</th><th>捷克</th><th>北美</th></tr>
<tr><td rowspan="9">维宪阶</td><td>Janischewskina typica</td><td rowspan="3">End. crassa-Archaediscus gigas</td><td>Eostaffella tenebrosa</td><td>Asteroarchaediscus-Loeblichia paraammonoides</td><td>Asteroarchaediscus-Neoarchaediscus</td></tr>
<tr><td rowspan="2">Howchinia bradyana</td><td>E. ikensis</td><td rowspan="3">Neoarchaediscus</td><td rowspan="2">Endothyra sensu-Zellerina discoidea</td></tr>
<tr><td>E. proikensis</td></tr>
<tr><td>Neoarchaediscus</td><td colspan="2" rowspan="3">Endothyranopsis compressa</td><td>Eoendothyranopsis crassa-Archaediscus</td></tr>
<tr><td rowspan="2">Pojarkovella nibelis</td><td rowspan="2">Pojarkovella nibelis</td><td>Eoendothyranopsis ermakiensis</td></tr>
<tr><td>Archaediscus krestovnikovi-Endothyranopsis compressa</td></tr>
<tr><td>Uralodiscus rotundus</td><td colspan="2" rowspan="2">Uralodiscus rotundus</td><td rowspan="2">Viseidicus eospirillinoides-Glomodiscus oblongus</td><td>Palaeotextularia</td></tr>
<tr><td>Planoarchaediscus/Ammarchaediscus</td><td>Eoendothyranopsis spiroides</td></tr>
<tr><td>Eoparastaffella simplex</td><td colspan="2">Eoparastaffella simplex</td><td>Eoparastaffella simplex</td><td>Globoendothyra baileyi</td></tr>
</table>

另外，可利用有孔虫左、右旋壳的比例来划分对比地层。如 *Rotalipora appeninica* 在晚白垩世早期左、右旋壳数量近于相等，晚白垩世晚期则以右旋壳占优势。利用这一规律可快速简便地对比晚白垩世的地层。其他一些属如 *Globotruncana*（截球虫属）、*Bugolobigerina*（皱抱球虫属）、*Globoroialia*（圆辐虫属）等某些种也有类似现象。根据这一规律划分的界线与应用其他门类化石进行划分的结论是吻合的。

2. 重建古环境和古地理

汪品先等（1981）通过对我国东部大量岩心样品的微体古生物进行分析，为认识海区和海岸发育史、海平面变化、新构造运动、古地貌以及古动物区系等方面提供了较充分的证据。通过研究发现我国东部第四纪沿海普遍存在 4 个海侵层，大体上可以用作第四纪地层划分的标志层，这些海侵过程从更新世到全新世呈现逐渐加强的特征，与欧洲等地的趋势相反，与我国东部第四纪冰川作用的强度早强晚弱的现象有关，可能表明我国东部大陆第四纪海拔高度有逐渐下降的趋势。

近年来编者对莱州湾沿岸潍坊北部地区第四纪钻孔岩心样品进行了有孔虫分析，在潍坊北部 4 个钻孔中发现了丰富的有孔虫化石，优势种为 *Ammonia beccarii*（毕克卷转虫）、*Elphidium limpidum*（清晰希望虫）、*Elphidium advenum*（异地希望虫）、*Elphidium clavatum*（棍形希望虫）、*Nonion akitaense*（秋田九字虫）、*Pseudononionella variabilis*（多变假小九字虫）等，为滨海广盐性生物组合，有孔虫数量、属种在垂向上的分布反映出沉积环境纵向上的变化，可划分出陆相、海陆过渡相及海相。从钻孔中识别出 3 个海侵层，反映了潍坊北部地区更新世以来的 3 次海侵，自上而下分别与黄河三角洲地区的垦利海侵、广饶海侵和晚沾化海侵同期（图 1-24）（王绍鸿，1979，1985；杨怀仁、王建，1990），对潍坊北部地区更新世以来的海侵范围及环境变化的研究取得了初步进展。

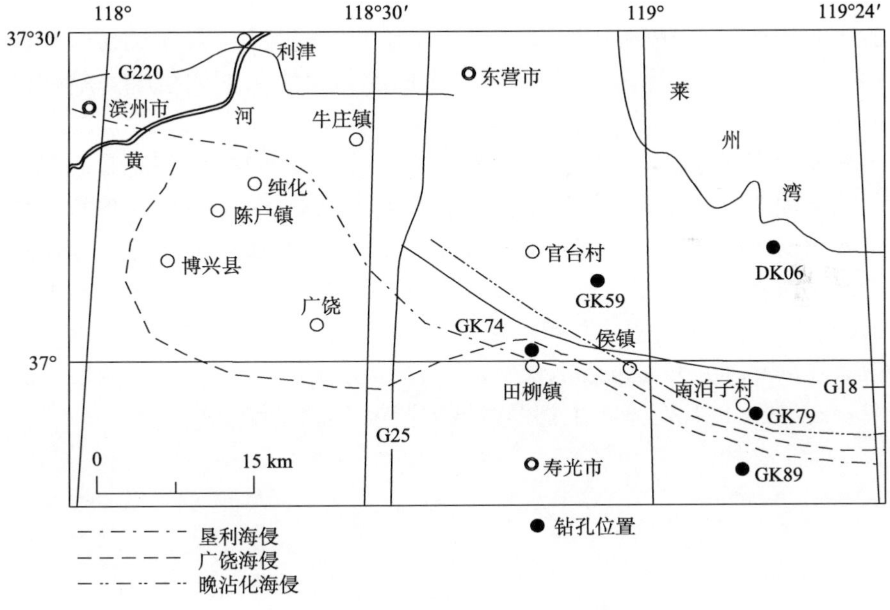

图 1-24　潍坊北部古海岸线位置图

3. 应用于海洋地质和海洋水文

全球海洋面积的 47%为抱球虫软泥所覆盖，其面积相当于各大洲面积的总和。对深海沉积发育情况的研究主要依据有孔虫、放射虫等。

有孔虫对深度的反映可为海底地貌调查提供简易方法。浮游类型与底栖类型数量的比值较灵敏地反映了水深的变化。例如 F. Smith 利用浮游有孔虫的百分含量来测定密西西比河口及墨西哥湾的水深、地势和海岸线的变化（郝诒纯、茅绍智，1993）。

此外还可利用左、右旋壳的分布来确定海流的分布，利用混浊带有孔虫组合（胶结壳类为主）的出现来判断沿岸水流或激起底层的海流。

早期，古海洋温度的恢复多建立在微体化石群落的定性和定量分析（转换函数）（Pfaumann and Jian，1999）基础之上。近 20 年来，随着测试设备和分析技术的发展，人们比较注重研究和发展准确度更高的恢复古温度的生物地球化学方法（Bemis *et al.*，1998；邓文峰等，2005；李建如，2005）。发展最快的求取古海水温度的方法当属有孔虫壳体的 Mg/Ca 比值（Mg/Ca 温度计）。这一方法不但灵敏度高、适用范围广、适用时段长，更重要的是可以利用同一有孔虫样品的 Mg/Ca 比值和 O 同位素配对分析，更为准确地获取古海水盐度的信息（Lea *et al.*，2000）。

4. 利用有孔虫生态特征指导找矿

许多海相沉积岩中的矿床，如石油、锰矿、钾盐等具有特定的生成和保存条件。有孔虫对环境的指示是比较灵敏的，不同的环境具有不同的组合或特有分子。因此有孔虫生态分析可作为成油、成矿环境判断的依据。例如三角洲沉积是有利的生油和储油潜在地带，利用有孔虫的生态和组合的分布可以很容易地圈定这些地带，为石油的勘探和开发提供依据，裘松余（1990）对柴达木盆地喀什拗陷中中新世安居安组和吉迪克组有孔虫材料进行了研究，发现大量有孔虫，属种单调，以广盐度半咸水贝克卷转虫大量出现为特征，种内变异大，畸形个体多，与之共生的 *Nonion* 也特化成外卷，与半咸水-淡水介形类 *Cyprideis littoralis*、*Cyprinotus deformis*、*Limnocythere argulata*、*Cyclocypris*、*Eucypris* 等共生，形成特殊的卷转虫-正星介半咸水淡化泻湖相生物群，该沉积对生油较为有利。

第二章　介　形　虫

第一节　概　　述

介形虫（Ostracoda）属节肢动物门甲壳纲的一个亚纲，几乎全为水生。能适应咸水、半咸水和淡水等多种生活环境，因此地理分布很广，多数为底栖移动，少数钻埋或营漂移生活。

介形虫的身体不分节，但具有成对的分节附肢，两侧对称，体外具两瓣外壳，其个体虽小，但结构复杂，各种器官发育比较完善。身体分为头部和躯干部。身体前端具有触角、口、唇和眼（多数成年期眼消失），后端具有肛门和尾叉（图 2-1）。内脏器官位于身体内部的背侧。

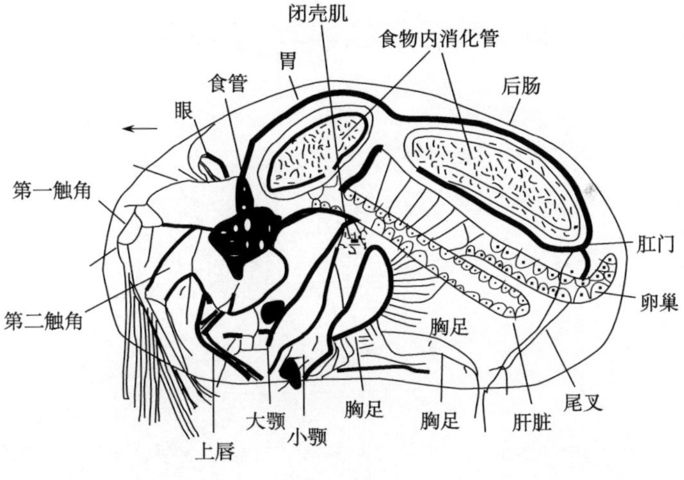

图 2-1　*Eucypris virens*（Jurine）的内部解剖图（引自郝诒纯、茅绍智，1993）

介形虫皆为卵生，在个体生长过程中，具周期性脱壳变态发育的特征。通常经过 8 次脱壳长成成虫，每次双壳脱落后，能迅速分泌几丁钙质或几丁质的外壳。壳体微小，壳长一般为 0.5~1.5 mm，少数小于 0.5 mm 或大于 1.5 mm，最大可达 70 mm。

现代的和化石的介形虫属种繁多，据目前统计，约有 600 余属 2500 余种，仅现代陆相介形虫就有 150 余属 1000 余种。在我国，据不完全统计，现代和化石的介形虫约有 300 余属 2000 余种。我国中、新生代非海相地层十分发育，介形虫化石极为丰富，在地层划分与对比、沉积环境分析、沉积矿床和石油成因等方面发挥了重要作用。此外，随着我国海洋地质调查工作的开展，海相介形虫动物群的研究也获得了丰硕的成果。在海相地层中，介形虫生物分带和分布可作为推测古海岸线、古盐度、古温度、古水深的标志。

第二节　介形虫壳体的形态及构造

一、壳的一般特征及形状

介形虫的双壳有前、后、背、腹之分，分别称为前缘、后缘、背缘、腹缘，头部所在的一方为前，将壳体的前方指向观察者的前方，位于左侧的称为左壳，右侧的为右壳。为了对介形虫壳体形态、构造特征进行详细描述和研究，可把介形虫壳面化分成若干小区（图 2-2）。

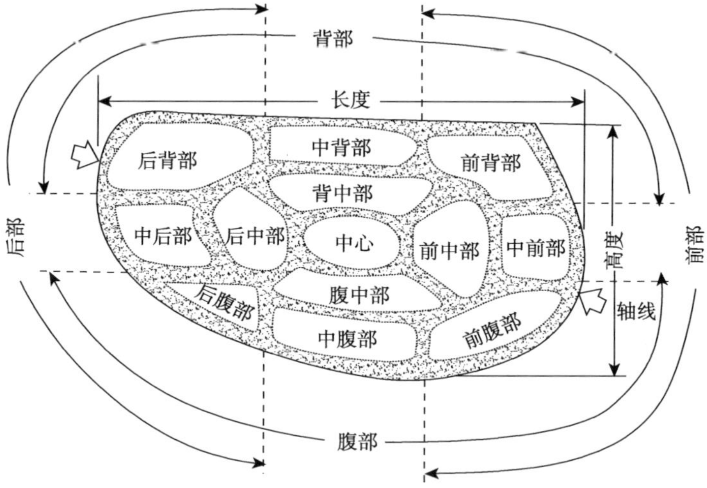

图 2-2　介形虫壳的壳面分区及定向术语（引自郝诒纯、茅绍智，1993）

介形虫两瓣壳在背缘全部或部分紧密结合，此结合部叫固定边缘或称铰合边。前后缘和腹缘可自由启闭，叫自由边缘或称接触边缘。两瓣甲壳多数不等大。大壳沿前后缘或腹缘叠覆于小壳上。少数类型可见背缘叠覆，这种现象称为超覆或叠覆（图 2-3）。如左壳边缘叠覆于右壳，称为左超覆；反之，则称右超覆。极少数属种在同一壳体上兼有左右两种超覆。此外，由于属种不同，其超覆的发育程度也各不相同。

介形虫壳的形状多种多样。在观察甲壳的形状时，以侧视和背视为主，有时也要进行端视（前、后端）或腹视。侧视常见形状有近圆形、半圆形、椭圆形、肾形、纺锤形、三角形、菱形及梯形等，背视常见的形状有长卵形、透镜形、三角形和近菱形等，端视多为椭圆形和三角形（图 2-4）。

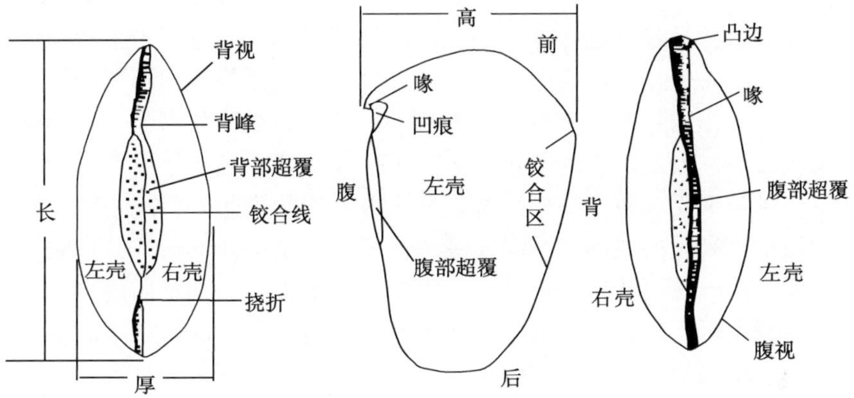

图 2-3　介形虫壳的定向及接触关系（据侯祐堂、陈德琼，1962）

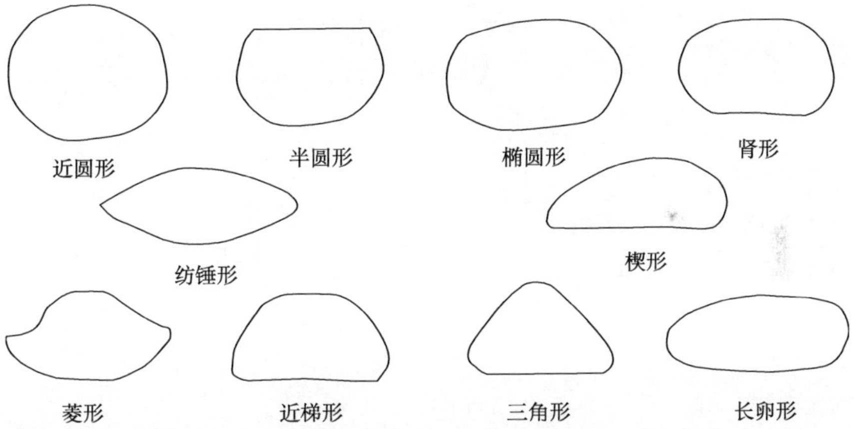

图 2-4　介形虫壳的侧视外形（据郝诒纯、茅绍智，1993）

在介形虫鉴定过程中，需要对壳的长、高、厚进行度量。壳长指壳体前后端最大水平距离；壳高指垂直于壳长背腹缘的最大垂直距离；壳厚指垂直于壳长和壳高，两壳侧面之间的最大距离（图 2-3）。

二、壳的外部构造、壳饰及双形现象

介形虫的壳面，有的光滑无饰，有的则具有各种各样复杂或简单的构造及壳饰。一般古生代介形虫的外部构造及壳饰都比较复杂，中、新生代的比较简单，多为光滑壳，非海相的一些介形虫表现尤为明显。

1. 壳的外部构造

壳的外部构造有：背角（基角），壳体背缘与前端壳缘交角称前背角，与后端壳缘交角称后背角（参见图 2-2）；眼结节（也称眼点），是位于前背角后下方的一圆形小结节；古生代介形虫壳面常见瘤，瘤是近圆形或椭圆形隆起的部分，一般 1~4 个，在壳面内反映为凹坑，有人称为叶状突起或球状突起；槽为壳面的低陷部分，一般 1~3 个，在壳内呈隆起状，如有 3 个槽，则中槽发育，前槽多不发育；喙或壳喙是甲壳前腹部指向后方或后腹方的钩状突起，多见于中、新生代介形虫；凹痕指壳喙后的浅沟状凹陷；镶边是某些类型的介形虫沿其甲壳边缘部分（自由边缘）的一条带状边缘构造，其宽窄和纹饰也随类别不同而异；尾突是一些介形虫甲壳后端壳缘延伸而成的角状突起，它可指向后部、后腹部或后背部；雌性个体中，甲壳的前腹部（有些位于后腹部）有一凸度很大且近球形或椭圆形的隆起是卵囊（孵育囊）（图 2-5）。

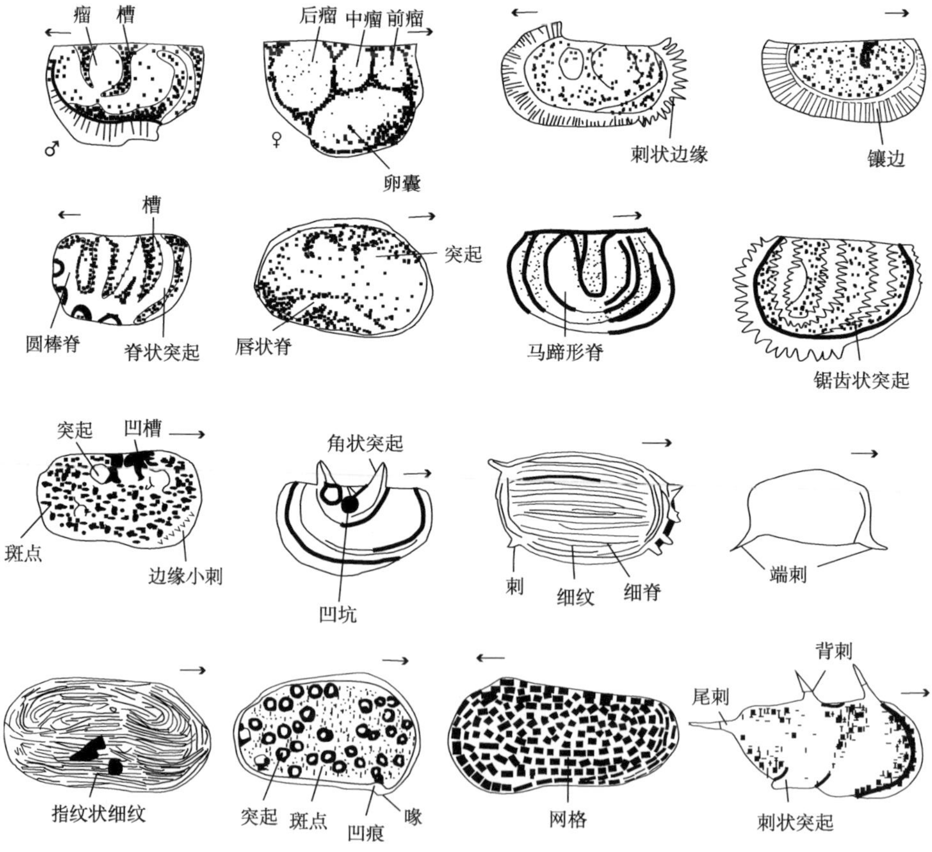

图 2-5　介形虫壳的纹饰（据郝诒纯、茅绍智，1993）

2. 壳饰

介形虫壳饰复杂多样，常见的壳饰是隆脊，它是壳面上较粗的脊状隆起，如马蹄形脊、唇状脊和细脊等。此外，还有平行于壳缘分布的脊状隆起，称围脊。壳面中前部或中部孤立发育的1~2个呈圆形或椭圆形的凹坑，仅有一个且位于壳面中部的称中凹坑。斑点是一些比凹坑小且布满壳面的小坑，这些小坑或呈同心圆状分布或呈不规则分布。突起是孤立发育于壳面的一些近圆形或椭圆形且较瘤为小的鼓包。刺为高出壳面的尖锥状突起，刺可大可小，中空或实心，末端尖或钝，较大的刺常位于介壳的背缘或后腹部，其末端多指向后方；较小的刺多位于甲壳前后壳缘，常使前后壳缘形成锯齿状；有的刺靠近腹侧特化成翼状伸向侧方，尖端则指向后方，称翼形刺；有的整个壳面布满许多小刺。细纹、细脊是某些介形虫壳面上近平行或同心圆状，或呈指纹状分布的纹、线状壳饰。另有一些介形虫，其壳面遍布规则或不规则的多边形纹饰，称网格状或蜂窝状。一般突起的为网脊，凹下的为网眼，少数也有网脊凹下，网眼突起的现象。某些类别的介形虫壳面仅具有一种壳饰；但有的壳面可具有两种以上的壳饰，称混合型壳饰（图2-5）。

3. 介形虫的双形现象

同一种的雌、雄个体，其形态特征存在着显著差别，这种性的双形现象不仅表现在软体形态与功能、壳体形状、大小、外部构造和纹饰上（图2-5、图2-6），而且也表现在内部构造的细节上。介形虫化石的双形现象较难分别，但古生代古

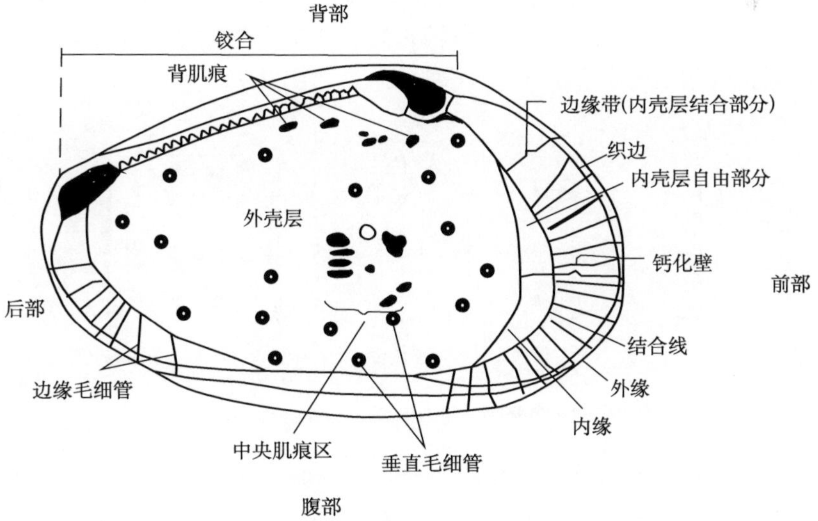

图2-6 Podocopid左壳内部基本构造（引自郝诒纯、茅绍智，1993）

足介目中的瘤石介类双形现象明显，中、新生代速足介目中的双形现象则较难分辨。目前人们对如何辨别介形虫化石的双形现象研究的还很不够，但在介形虫化石研究时应尽量注意不要将双形现象视为不同属种处理。

三、壳内部的主要构造

介形虫具有重要鉴定意义的内部构造，主要有铰合构造、边缘构造及肌痕（图 2-6）。

1. 铰合构造

介形虫铰合构造位于壳体内侧边缘的铰合边上，壳体虽小，但铰合构造类型复杂多样，由齿、臼、脊和槽四种不同的单元组成。根据铰合单元的类型和数量，将铰合构造分为以下 3 种类型：

（1）单节铰合，两瓣介壳藉背缘铰边上单一的槽、脊相互接合。通常大壳背部边缘具有一条细槽，在较小壳上具相应的脊（图 2-7）。某些属种在脊、槽上还具有微弱的锯齿，称其为锯齿型铰合。

（2）三节铰合，铰合构造由前、中、后三个铰合单元组成，前后两节为齿或臼，中节为脊或槽。前、中、后三节铰合均光滑无锯齿的为冠齿亚型（图 2-7），前、后两节有锯齿或呈瓣状、中节光滑或有锯齿的为对分齿亚型。三节铰合中，在同一瓣上仅具凸起的齿脊或凹入的臼、槽者，称同成分铰合；同一瓣上即具凸起的齿、脊，又具凹入的臼、槽者，称异成分铰合。

（3）四节铰合，由三节铰合发展而来，即三节铰合的中节分化为前中节和后中节，前中节较短为齿或臼，后中节较长为脊或槽。根据铰合构造特征，又分为原双齿亚型、叶齿亚型、异齿亚型、裂齿亚型（图 2-7）。

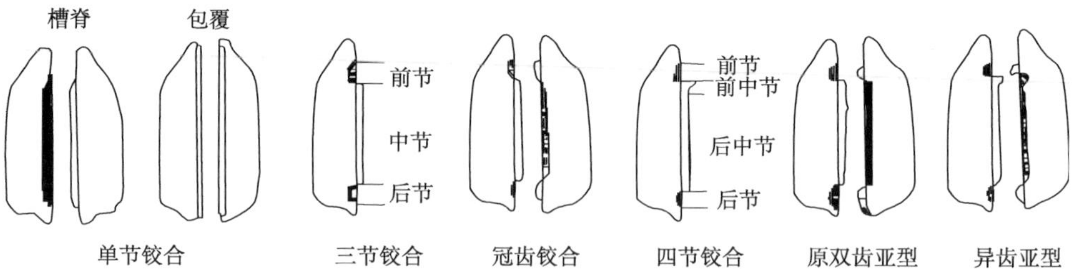

图 2-7　介形虫壳的铰合构造类型（引自魏沐潮，1990）

此外还有一种单节铰合与三节铰合之间的过渡类型，称二节铰合。其中，一类是前节为半月状的齿或臼，中节为脊或槽；另一类是甲壳背缘铰边上具脊或槽，脊或槽向前加厚或扩大，有发育为齿和臼的趋势。

据目前海陆相介形虫资料的研究，古生代海相介形虫则以三节铰合和四节铰合为主，少数为单节铰合。中、新生代陆相介形虫，主要为单节铰合，少数为三节铰合的冠齿亚型。

2. 边缘结构

边缘构造是指介形虫甲壳的外壁沿自由边缘接触部分的一些主要构造（图 2-8），它们在中、新生代介形虫分类和鉴定中具有重要意义。

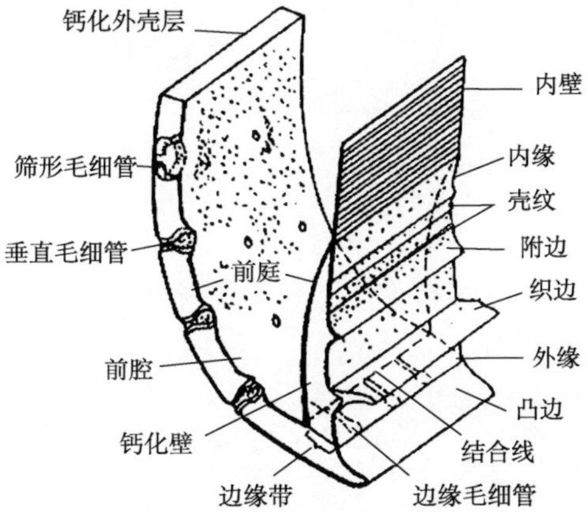

图 2-8　介形虫壳的边缘构造（引自郝诒纯、茅绍智，1993）

（1）钙化壁。介形虫的壳主要由外壁和内壁两层组成，外壁多为钙质，内壁为几丁质，与外壁结合边缘的部分钙化，也称内缘板。内、外壁结合部分叫边缘带，其内缘叫结合线。钙化壁一般在甲壳前后端最发育，其次是腹侧，其形状及宽窄往往是区分不同属种的特征之一。

（2）毛细管带。指沿甲壳自由边缘的结合带上，分布着大致与壳壁平行且呈辐射状排列的毛细管（呈辐射毛细管）的区域。此带可宽可窄，或占据结合带的全部，或为结合带的一部分。一般在甲壳的前后端，毛细管最为密集，但常因属种不同而异。此外，在甲壳的壳面上分布有与壳面垂直的毛细管，称垂直毛细管。

3. 肌痕

肌痕是指介形虫软体肌肉在甲壳内侧附着处所留下的印痕。介形虫壳体虽小，但软体的肌肉系统比较复杂。在壳体内侧常见的肌痕类型有分布于壳体内侧中部的闭壳肌痕，位于闭壳肌痕前方的大颚肌痕，以及颚前肌痕，背部肌痕等（图 2-9）。闭壳肌痕和大颚肌痕在化石中常常保存较好，其数目和排列是介形虫较高级别的分类依据。

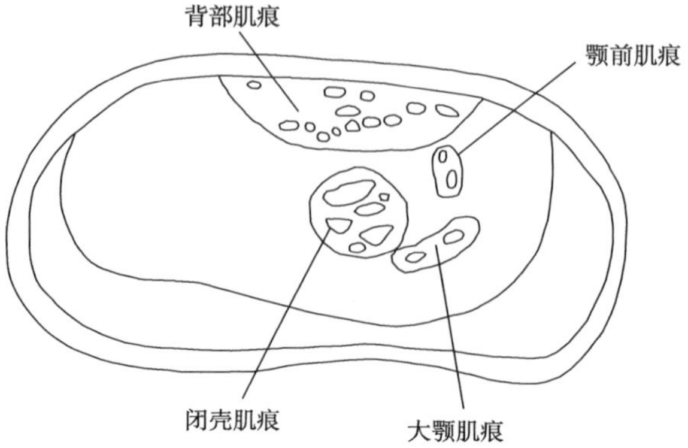

图 2-9　*Amplocypris recta* (Reuss)的各类肌痕（引自郝诒纯、茅绍智，1993）

肌痕在中、新生代介形虫化石一般保存良好（速足介目），而古生代介形虫（高肌介目、古足介目）则很少见到有肌痕保存。据近期资料所知，介形虫壳上的闭壳肌痕粒最少有 3 个，最多有数十个或更多，闭壳肌痕位于壳内侧中部或稍偏向前方；大颚肌痕粒一般多为 2 个，位于闭壳肌痕的前腹方。介形虫的闭壳肌痕，在不同科中其数量及排列位置也有差异。此外，同一科不同属的大颚肌痕粒的形状和位置也不尽相同。上述肌痕位置、数量和形状不仅能帮助确定介壳的前、后、背、腹，而且在分类鉴定上也具有重要意义。

四、壳的定向

介形虫壳体的正确定向，是鉴定和研究工作的前提。现代介形虫定向较易，但介形虫化石由于保存条件等多种因素限制，给壳体定向常有一定的困难。尤其一些很难见到内部构造的古生代介形虫及壳面光滑的中、新生代介形虫。据实践积累的经验，可依据以下构造特征定向。

（1）铰合构造位于壳体背缘，一般前端的铰合成分最发育。

（2）闭壳肌痕位于壳内侧中央或稍偏前方，大颚肌痕位于闭壳肌痕的前方。

（3）边缘带、钙化壁及辐射毛细管带一般是壳体前端较后端发育。

（4）具眼点的介形虫，其眼点位于壳体的前背部。

（5）瘤石介类雌性个体的孵育囊位于前腹部。

（6）喙和冠状突起位于壳体的前腹部或前部，凹痕位于喙之后。

（7）壳体绝大多数前高后低，最大厚度位于中后部，背缘直或外凸，腹缘多内凹，如背缘平直，则向后倾。

（8）有尾突者，则位于壳体后端。

（9）腹部具翼形刺者，通常指向后端。

（10）具瘤槽者，若有 3 个瘤及 3 个槽则中槽位于壳体的中前部、中瘤位于中后部，最大的瘤、槽若弯则弯向后方，槽开口向背方。

（11）两端尖翘的菱形壳，后端尖锐，前端钝；自由边缘具刺状锯齿者，前端最发育。

（12）若沿自由边缘有超覆现象，腹部边缘最显著；壳面的网格、斑点等壳饰，常围绕肌痕分布，其中心多近于中部偏前方。

（13）壳面若有大的突起，一个位于前半部，两个则前小后大。

（14）壳体表面若有少量斜刺（包括背部及后背部特化刺），其尖端多指向后方。

（15）壳体自由边缘的镶边发育不全者，多为后缘不发育；壳面具围脊，当发育不全时，多为后部不发育。

当壳体的前后、腹背确定以后，背缘向上，前端向前，位于观察者左侧者为左壳，位于观察者右侧者为右壳。上述内外部构造及壳饰特征，一般认为壳形、喙或冠状突起、铰合构造、肌痕、边缘构造是中、新生代介形虫化石的定向依据，而眼结节、瘤、槽、卵囊、壳饰则是古生代介形虫化石的定向依据。因此在应用这些构造特征进行定向时需要慎重，最好对壳体所具有的构造特征作综合的分析和判断，以便保证定向的正确。

第三节　介形虫的分类及主要化石代表

1. 介形虫的分类

现代介形虫的分类是以软体和壳体特征来划分的，而化石介形虫与现代介形虫分类依据不同，迄今还未有人们普遍接受的方案。目前的分类在某些方面已接近自然分类，但仍存在一些形态分类，因而各国的分类依据和划分的级别也不同。一般的分类依据如下：

（1）铰合构造。在大部分中、新生代介形虫中，可作为鉴定亚科和属的重要依据。

（2）肌痕。闭壳肌痕排列的一般形式可作划分各种超科的特征，闭壳肌痕和大颚肌痕的数目、形状、排列位置是划分各科的重要依据。

（3）边缘构造。钙化壁的宽窄、毛细管的形状和数目及分布、边缘带和结合线的特征、内缘板及前庭发育情况等是划分属种及亚科的依据。

（4）壳面构造及壳饰类型。古生代一些具瘤、槽的类型，其瘤、槽的数目、形状、分布可作划分科、超科的依据。眼点是豆石介超科及浪花介科中某些属的分类依据。壳饰的种类和分布也常作属科的划分依据。

（5）双形现象。某些古生代介形虫，如瘤石介超科和小克罗登超科等，以及它们所包括的一些科，双形现象可作为超科和科的划分依据。

（6）壳形及两壳的超覆关系。它们是古生代介形虫及中、新生代铰合构造不发育的介形虫科和亚科的分类依据。壳体形状、大小及凸度，以及壳长和壳高的位置也是区分属种的依据。

西尔威斯特-布雷德里（Sylvester-Bradly，1961）将介形虫作为一个亚纲，下分五个目。1963 年我国学者侯祐堂等将介形虫作为一个目，其下分五个亚目。1974 年李玉文根据优先律，废除西尔维斯特-布雷德里提出的始足介目，采用雷蒙德（Raymond，1935）建立的高肌介目，也将介形虫作为一个亚纲，其下分为五个目（引自郝诒纯、茅绍智，1993）。本书采用的是经修订后的西尔维斯特-布雷德里分类方案。

介形虫亚纲 Ostracoda Lalreille，1806
- 高肌介目 Bradoricopida Raymond，1935
- 豆石介目 Leperditicopida Scott，1961
- 古足介目 Palaeocopida Henningsmoen，1953
  - 瘤石介亚目 Beyrichicopina Scott，1961
  - 小可罗登介亚目 Kloedenellocopina Scott，1961
- 速足介目 Podocopida Müller，1894
  - 速足介亚目 Podocopina Sars，1866
  - 后足介亚目 Metacopina Sylvester-Bradley，1961
  - 平足介亚目 Platycopina Sars，1866
- 丽足介目 Myodocopida Sars，1866
  - 丽足介亚目 Myodocopina Sars，1866
  - 肢足介亚目 Cladocopina Sars，1866

霍世诚等（1986）通过对寒武纪地层中高肌介类的多年研究，根据高肌虫壳隙的有无，壳体大小，壳瓣数目，闭肌位置，壳质成分，铰合构造以及体节数和附肢构造等，将其分为缺腹亚目和具腹亚目。缺腹类可能是介形类的直接祖先。具腹类可能衍生出后来的叶虾类。因此寒武纪高肌虫是一种复合型的动物群。

2. 介形虫主要化石代表属

高肌介目 Bradoricopida Raymond，1935

乐山介属 *Leshanella* Lee，1975（图 2-10-1）

壳小，多在 2 mm 左右，后摆显著，背缘平直。壳面具圆而大的中瘤，前背方可有小瘤、钩状脊及小沟槽等装饰，边缘脊发育。分布于陕西、四川、贵州，生活于早寒武世。

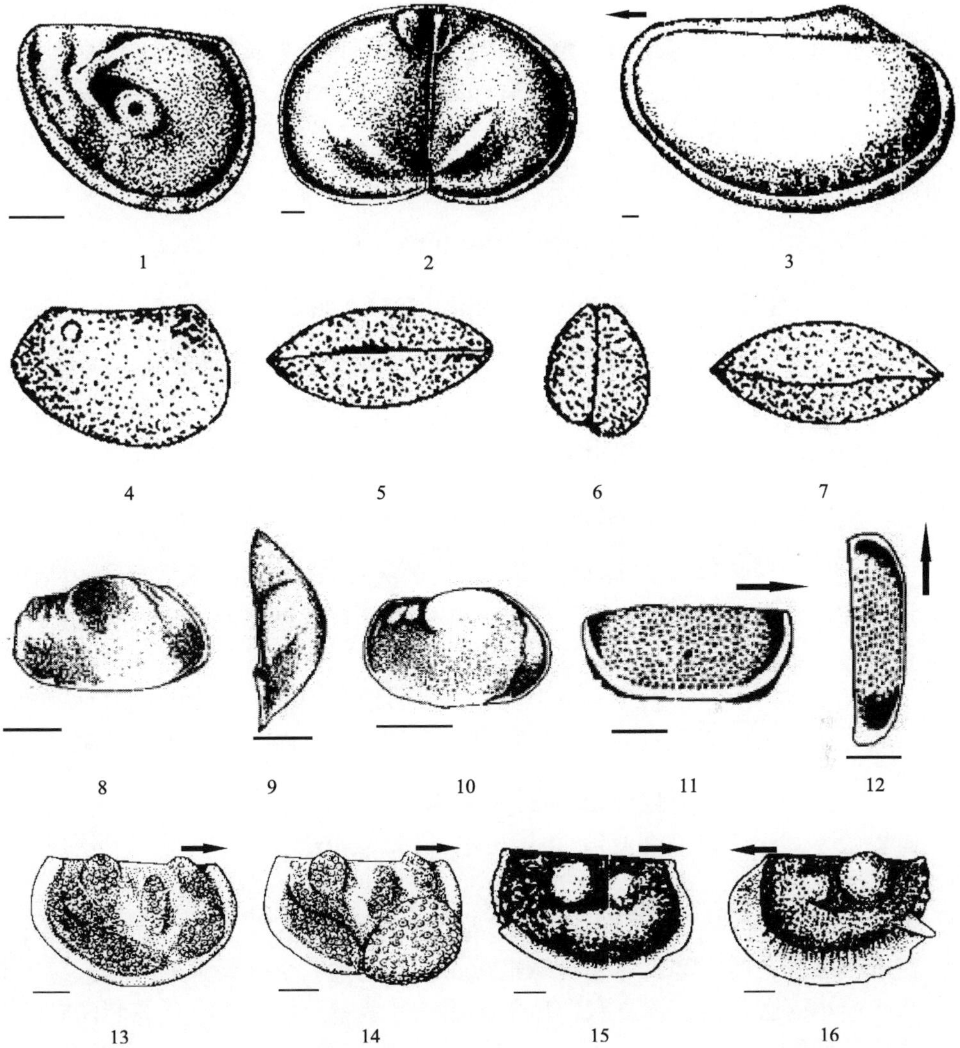

图 2-10 介形虫化石图版（1）

1. *Leshanella leshanensis* Lee，左视；2. *Kunmingella*（*Validocostatella*）*maotianshanensis* 双壳，∈；3. *Leperditia britannica* Dev.左视；4~7. *Leperditia fabulites* Conrad 左视、后视、背视、腹视；8~10. *Paramoelleritia xiangzhouensis* Wang 内模左视、背视、幼虫左视；11, 12. *Kirκbya permiana* Jones 右视、背视；13, 14. *Beyrichia tyberculata*（Klöden）雄壳右视、雌壳右视；15, 16. *Hollinella dentate* Coryell. 雄壳右视、雌壳左视；8, 9 比例尺为 10 mm；10 比例尺为 5 mm；其余比例尺为 0.5 mm

昆明介属 *Kunmingella* Huo，1956（图 2-10-2）

壳长 1~5 mm，近圆形或半椭圆形。铰合线平直，稍短于壳长。壳面凸度较强。前背角近 90°，后背角为钝角。后背部最高，具一细长的瘤状突起，眼结节清楚，位于前背角，沿壳的自由边缘有一条连接铰合线两端的半圆形脊状突起，有些种除边缘脊状突起外，另有一弱的脊与之平行。分布于云南、四川、陕西等地，海生，生活于早寒武世。

豆石介目 Leperditicopida Scott，1961

豆石介属 *Leperditia* Rouault，1851（图 2-10-3~7）

壳体大，近长椭圆形。背缘直，前、后背角明显，腹缘弧形外凸。两瓣不等，右瓣大，沿腹缘超覆左瓣。前背部具眼结节。壳面光滑或饰以斑点和细网纹。闭壳肌痕大而圆，由许多肌痕粒组成。海生。志留纪—泥盆纪、早二叠世。

似默勒介属 *Paramoelleritia* Wang，1976（图 2-10-8~10）

壳巨大，近卵形至近三角形。背缘直，约为壳长的 3/5，背角明显、钝，腹缘近直至外弯。中部或偏后最高，壳面凸起度强，背视近卵形，最大厚度位于中部或稍偏后。右壳大，腹缘超覆最宽。前背部眼点明显，眼点后方强烈膨胀，常突出于背缘之上，沿前、后缘具展平面。闭壳肌痕由 100 个以上的肌痕点组成椭圆形，大颚肌由 60~80 个肌痕点组成弯锥形。分布于广西，生活于泥盆纪。

古足介目 Palaeocopida Henningsmoen，1953
瘤石介亚目 Beyrichicopina Scott，1961

瘤石介属 *Beyrichia* M'Coy，1844（图 2-10-13，14）

壳近半圆形。两壳等大，铰合缘直而长。壳面具三个很显著的叶状突起，第二叶状突起小而圆，常呈孤立状，后部的第三叶状突起较长，叶状突起间具两条向后腹部延伸的槽。具双形现象，雌性个体的前腹部发育有球形或卵形的孵育囊。海生。分布于云南、四川、广西等地，生活于志留纪—泥盆纪。

小荷尔介属 *Hollinella* Coryell，1928（图 2-10-15，16）

壳小，近半圆形。两瓣等大。铰合缘直。壳面具两个球形的叶状突起，后部的较前部的大。壳中部有一明显的中槽，前槽较短。壳面常饰有粗或细的小粒。雌雄个体差异较大，雌个体沿自由边缘是薄板状镶边，雄性则较窄或无镶边。海生。生活于泥盆纪—三叠纪。

柯克比介属 *Kirкbya* Jones，1859（图 2-10-11，12）

壳近半圆形，壳的最大长度位于背缘。背缘直，前后背角明显。壳面具五角形网纹装饰，近壳中部痘痕明显，有的则具瘤状突起或脊。常见沿自由边缘分布的围脊。海生。生活于志留纪—二叠纪。

双缘介属 *Amphissites* Girty，1910（图 2-11-1）

此属与 *Kirкbya* 属相似，但壳体较短而高，近矩形。壳面具瘤及隆脊状纹饰。痘痕一般很小，位于中瘤的前腹方。海生。生活于泥盆纪—二叠纪。

小可罗登介亚目 Kloedenellocopina Scott，1961

似无饰介属 *Paraparchites* Ulrich et Bassler，1906（图 2-11-2，3）

壳侧视卵圆形或长卵圆形。两端宽圆，背缘缓凸。两壳不等，右壳腹缘超覆左壳，而左壳的背边高出右壳。铰合构造简单。壳面光滑无饰。海生。生活于泥盆纪—二叠纪。

速足介目 Podocopida Müller，1894

速足介亚目 Podocopina Sars，1866

土菱介属 *Bairdia* McCoy，1844（图 2-11-4）

壳长菱形。背缘外穹，两端微上翘，中部最高。前端窄圆，后端较尖锐。腹缘中部直线微内凹，左壳大，沿自由边缘超覆右壳，覆缘超覆显著。壳表面光滑或具斑点。铰合构造无齿型，结合带前端较宽。放射细毛管多，直且简单。闭壳肌痕由 7~15 个瓣组成。海生。生活于奥陶纪—现代。

深海金星介属 *Bythocypris* Brady，1880（图 2-11-5，6）

壳肾形或卵圆形，背缘外弯，腹缘微内凹。左壳大，沿背缘及腹缘超覆右壳。壳面光滑。铰合构造无齿型，右壳具细脊，左壳为细槽。两端内板宽，结合带窄，放射毛细管较多、直。生活于奥陶纪—现代。

金星介属 *Cypris* Müller，l776（图 2-11-7~9）

壳圆三角形或肾形，背缘弧形，有时呈角状。腹缘微内凹。左壳大，沿自由边缘超覆右壳。壳面光滑或具网纹等，前边缘常具细刺。铰合构造右壳具细脊，左壳具浅槽，内板比毛细管带窄得多，毛细管细而密。生活于侏罗纪—现代。

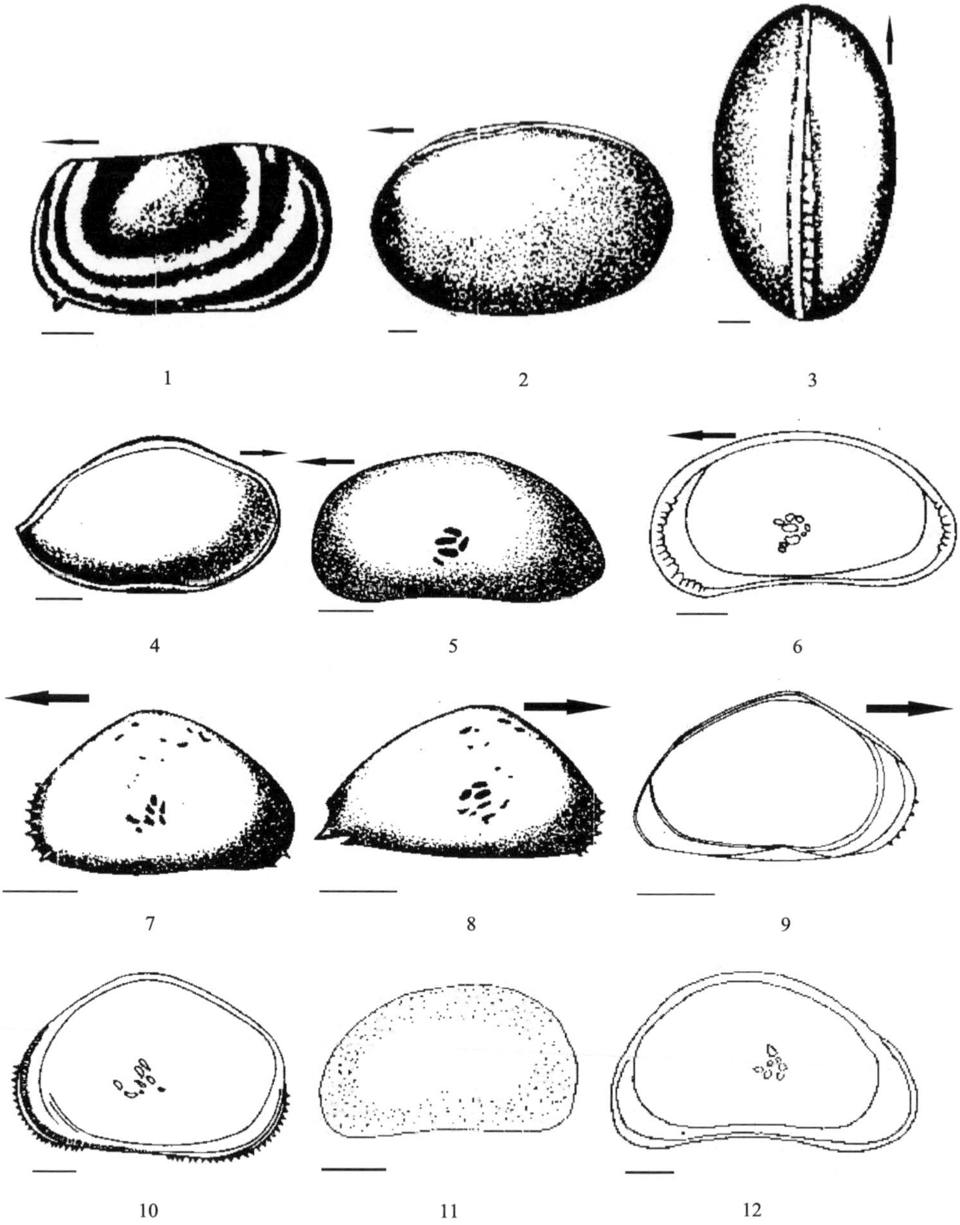

图 2-11　介形虫化石图版（2）

1. *Amphissites rugosus* Girty 左视；2, 3. *Paraparchites humerosus* Ulrich et Bassler 左视、背视；4. *Bairdia oкlahomensis* Harlton 右视；5, 6. *Bythocypris reniformis*（Brady）左视、右内视；7~9. *Cypris pubera* Baird 左视、右视、左内视；10. *Cyprinotus salinus*（Brady）右内视；11, 12. *Candona candida* Müller 右视、左内视；7~9 比例尺为 1 mm；其余比例尺为 0.2 mm

美星介属 *Cyprinotus* Brady，1886（图 2-11-10）

壳卵形或近三角形。背缘外弯，中部成角状弯曲，腹缘内凹或近直。两端圆，前端较低，最高处位于壳体中部。左壳大，前背部及腹缘超覆明显。左壳前端和右壳两端及腹缘分布锯齿状细刺。壳面光滑或具斑点。铰合构造右壳具细脊。肌痕金星介科型。大部分为淡水型。生活于白垩纪—现代。

玻璃介属 *Candona* Baird，1845（图 2-11-11，12）

壳肾形，背缘直或略外凸，常斜向前端，在后 1/3 处呈角状弯曲。前端通常低于后端。凸度中等。左瓣大于右瓣。壳面光滑，具斑点或弱网纹。边缘带窄，内缘板发育。无齿型铰合，右瓣背缘与左瓣槽相铰合。淡水类型为主。生活于中侏罗世—现代。

女星介属 *Cypridea* Bosquer，1852（图 2-12-1，2）

壳卵形、椭圆形、近三角形等，背缘直或角状弯曲，腹缘外凸、亦或内凹。多数前端高于后端，前腹部具壳缘及凹痕，两壳不等大，壳面光滑或具纹饰。右壳前、后端为扁齿，中部为细长槽，肌痕金星介科型。生活于侏罗纪—新近纪。

土星介属 *Ilyocypris* Brady et Norman，1889（图 2-12-4，5）

壳肾形或近长方形。背缘直，平略后倾，腹缘中部内凹。前端宽圆，后端截圆，前端略高于后端。壳体前背部 1/3 处有两条明显的横槽，后凹槽下有一个圆形的凹坑。左壳大，沿腹缘中部超覆右壳。壳面具网纹、斑点、刺、瘤等纹饰。内缘板中等宽度，出现于前腹部；放射毛细管直、密。铰合构造简单，左壳为槽，右壳是脊。肌痕属金星介科型。淡水及半咸水。生活于古近纪—现代。

达尔文介属 *Darwinula* Brady et Robertson，1885（图 2-12-6）

壳长，楔形或长椭圆形。背缘近直或稍外凸，腹缘近中部略内凹，前端低，窄圆，后端宽圆。壳最大高度和厚度位于中后部。两瓣不等大，左超覆右或右超覆左。壳表面光滑，或中部具弱网纹。无齿型铰合，小瓣背缘嵌入大瓣背缘的浅槽中。肌痕为达尔文介科型，位于壳的中前方。淡水至半咸水。生活于石炭纪—现代。

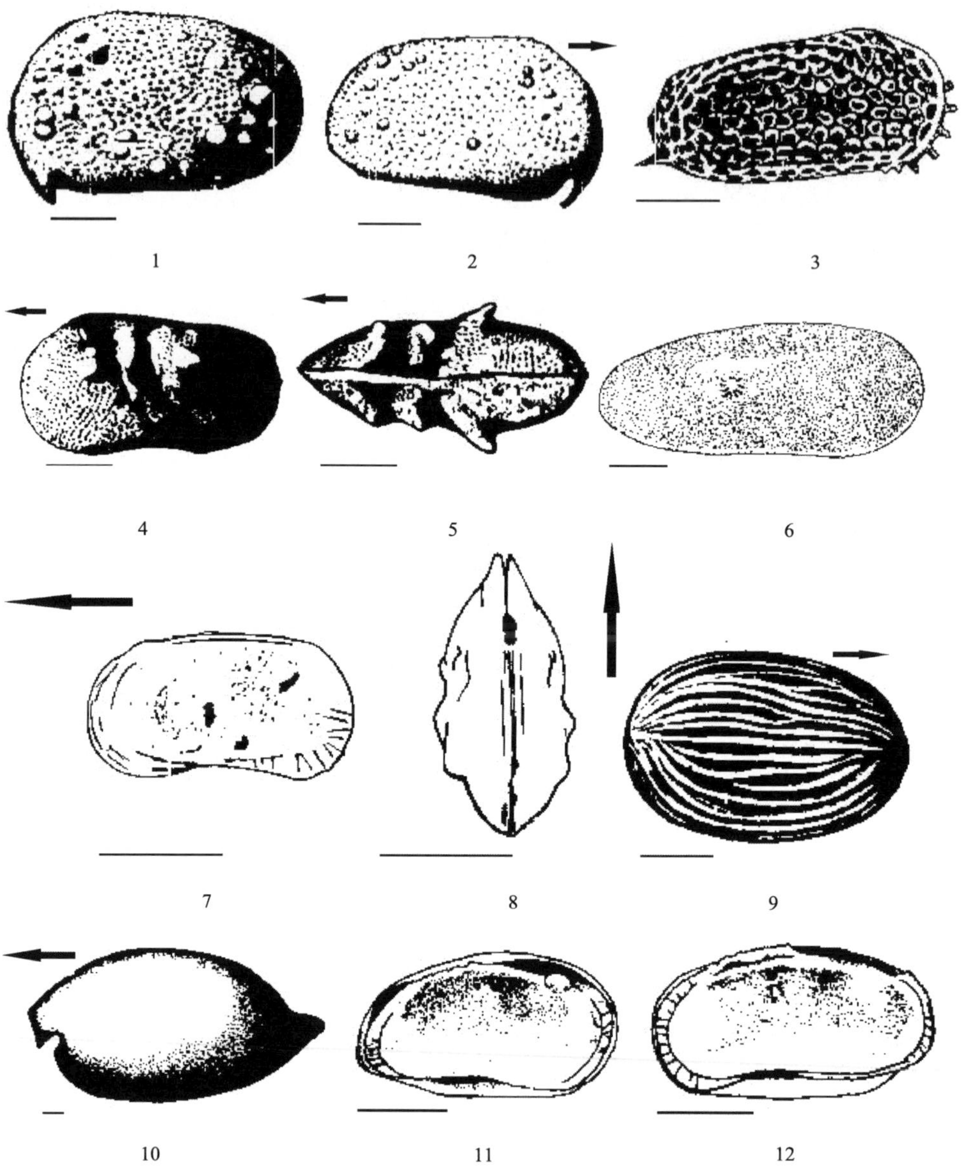

图 2-12　介形虫化石图版（3）

1, 2. *Cypridea granulose*（Sowerby）左视、右视；3. *Bicornucythere bisanensis*（Okubo）右视；4, 5. *Ilyocypris gibba*（Rambohr）左视、背视；6. *Darwinula stephensoni*（Brady et Robertson）左视；7, 8. *Limnocythere inopinata*（Baird）左视、背视；9. *Richterina vitata*（Gürich）右视；10. *Cypridina inermis*（Müller）左视；11, 12. *Sinocytheridea latiovata* Hou et Chen 左内视、右内视；比例尺为 0.2 mm

中华美花介属 *Sinocytheridea* Hou，1982（图 2-12-11，12）

壳小，长卵形或长方形。背、腹缘直，近于平行，至后端收敛，或中部微内凹，在腹缘内凹边缘上有小的长凸起。前、后端近等圆或后端较窄。壳面光滑。左壳大，沿活动边缘轻微超覆右壳。铰合构造左壳前、后部为细齿痕长铰窝，前窝的前下方有一扁圆齿，中间是细锯齿状脊。毛细管带中等宽，放射毛细管稀而直。分布于我国沿海地区，生活于第四纪—现代。

双角花介属 *Bicornucythere* Shornikov et Shaitarov，1979（图 2-12-3）

壳大，矩形或卵形。背、腹近平行，前端宽圆，后端稍窄圆。壳面具同心状或纵向排列的网纹，前缘具边缘刺，后腹部有一粗长刺。铰合构造右壳两端为具刻痕的齿，中前部为圆穴，中后部为齿痕状长槽。内板中等宽，前庭窄，放射毛细管简单。闭壳肌痕 4 个排列一行。分布于沿海地区，生活于上新世—现代。

湖花介属 *Limnocythere* Brady，1868（图 2-12-7，8）

壳近肾形，薄，背缘近直，腹缘中部明显内凹。前端扁平钝圆，后端斜圆。左壳常大于右壳；壳前背部具 1~2 条横槽。壳面光滑或具网纹、瘤、脊和刺等纹饰。内缘极宽或中等宽，放射毛细管疏、直。铰合构造为三节铰合，左壳前、后两节为臼，中节为细脊。闭壳肌痕为浪花介科型。淡水及半咸水。生活于侏罗纪—现代。

丽足介目 Myodocopida Sars，1866

利希特介属 *Richterina* Gürich，1896（图 2-12-9）

壳呈圆形至纺锤形，有时壳面中央具一凹坑。壳面布满具同心圆状或与背腹缘平行的细脊。凹痕显著或无。海生。生活于泥盆纪—石炭纪。

凹星介属 *Cypridina* Milne-Edwards，1840（图 2-12-10）

壳近卵圆形。前上方具有明显的喙部及凹痕。壳面光滑，壳质薄。近壳中央可见较大肌痕。雌性个体较雄性个体长。海生。生活于奥陶纪—现代。

第四节　介形虫的生态

1. 介形虫的生态和生活方式

现代介形虫的生活领域很广，自然界的各种水体，包括海水和各种类型的大陆水体中，都有介形虫栖居，甚至在非洲某地的森林土壤中也找到介形虫 *Mesocypris teretris*。在千岛群岛沿海地带潮湿的细砂砾中栖居有 *Terrestricythere*。在海洋中，从滨海浅水到三、四千米深的海水中都有介形虫的分布。但以浅海和湖泊中最为丰富。不同类型的介形虫对环境的适应各有差异，因此在不同的水域或同一水域的不同地段生活着不同属种的组合。淡水湖泊生活着 *Candona*（玻璃介属）、*Cypris*（金星介属）、*Ilyocypris*（土星介属）、*Limnocythere*（湖花介属）等。在滨海区的介形虫以底栖生活为主。浅海区温度的季节变化很大，由于日光照射，有很丰富的浮游生物，是介形虫繁殖的主要地区。分布于浅海地区的介形虫化石丰富，如 *Leperditia*（豆石介属）、*Primitia*（原始介属）、*Bairdia*（土菱介属）、*Cythere*（浪花介属）等等。外大陆架浅海生活着 *Cytherelloidea*（小花形介属）、*Cytheropteron*（翼花介属）、*Paijenborchella*（鱼尾介属）。

介形虫的生活方式以移动底栖为主，少数营漂浮或钻埋生活。浮游类别一般没有游泳能力或游泳能力很弱，不能主动地作远距离水平运动或逆水前进，仅依靠水流、波浪被动地漂移。有的终生营浮游生活，组成海洋浮游生物的一部分。有的则常在生殖期间离开栖息的底层而在水中漂游，属于以底栖生活为主的漂游类型。

2. 影响介形虫生态的环境因素

影响介形虫兴衰存亡和地理分布的生态因素有水体的盐度、温度、深度和水底性质等。

1）盐度

现代介形虫可以生活在各种盐度的水体中。在含盐度从 0~0.5‰的淡水，0.5‰~30‰的半咸水，30‰~40‰的正常海水到大于 40‰的超咸水等各种水域，都有介形虫分布，因此，介形虫属于广盐性生物。但是也有些类别只生活在一定盐度的淡水或海水中，属于窄盐性生物，此类介形虫则是很好的水域盐度的指示生物。介形虫的个别属种，如 *Cyprideis torosa*（具瘤正星介），不仅常见于半咸水，而且从淡水到海水，甚至在含盐度高达 80‰的超盐水中都可以生存，可谓少有的全广盐性生物。某些生活在半咸水中的介形虫，往往也能适应超盐水的生活环境。

介形虫总体而言属于广盐性生物，但在淡水、半咸水和正常盐度海水等不同水域中，有其特有的属种。通常，海相介形虫大多不能适应盐度低于 10‰的水域；淡水介形虫也难适应盐度超过 3‰的半咸水环境。

介形虫自寒武纪早期出现，从奥陶纪开始大量繁盛，整个古生代，绝大部分属海相介形虫。从志留纪起出现海陆过渡相半咸水介形虫，可能在泥盆纪出现了最早的陆相介形虫，石炭纪已有 *Darwinula*（达尔文介属）、*Cypridopsis*（斗星介属）等淡水介形虫，并一直延续到现在。

中、新生代的介形虫主要是速足介目（Podocopida）中的金星介超科（Cypridacea）、浪花介超科（Cytheracea），其次有达尔文介超科（Darwinulacea）和土菱介超科（Bairdiacea）。金星介超科以陆相为主，也有海相代表，如 *Pontocypris*（海星介属）、*Argilloecia*（泥穴介属）、*Paracypris*（似星介属）等；浪花介超科以海相为主，也有陆相的代表，如 *Limnocythere*（湖花介属）、*Metacypris*（圆星介属）、*Cytherissa*（柏花介属）等；土菱介超科全为海相，达尔文介超科以陆相为主，也有半咸水的代表，如 *Darwinula stevensoni*（史氏达尔文介），可生活在盐度 2.5‰~13‰ 的半咸水水域。

陆相介形虫中有些类别具有一定的广盐性，如 *Cyprinotus*（美星介属）、*Potamocypris*（河星介属）、*Darwinula*（达尔文介属）、*Candona*（玻璃介属）、*Heterocypris*（异星介属）、*Cypridopsis*（斗星介属）、*Ilyocypris*（土星介属）、*Limnocythere*（湖花介属）等属；海相介形虫的广盐性类别有 *Sinocytheridea*（中华丽花介属）、*Leptocythere*（细花介属）、*Loxoconcha*（弯贝介属）、*Neomonoceratina*（新单角介属）、*Cytheromorpha*（花形介属）、*Albileberis*（洁面介属）、*Spinileberis*（刺面介属）、*Xestoleberis*（光面介属）、*Tanella*（陈氏介属）、*Sinocythere*（中华花介属）、*Cytherura*（尾花介属）等属。

广盐性不等于适应海水影响的能力。陆相广盐性介形虫所反映的盐度，不一定与海水有关，如 *Eucypris inflata*（膨胀真星介）、*Cyprinotus salinus*（喜盐美星介）、*Candona neglecta*（疏忽玻璃介）等多见于内陆盐湖和咸水沉积中，但却与海水完全无关。也有些陆相广盐性介形虫，如 *Limonocythere*（湖花介属）、*Ilyocypris*（土星介属）、*Candona*（玻璃介属）等，既可分布于内陆盐湖（完全与海水无关），也可分布在海陆过渡相半咸水水域（滨海环境）。但海相广盐性介形虫，如 *Sinocytheridea*（中华丽花介属）、*Leptocythere*（细花介属）、*Neomonoceratina*（新单角介属）等，却从不见于内陆盐湖或咸水沉积中。

一些耐盐性介形虫属种，形成复杂的壳饰，一般都认为是在稳定富钙的水域中产生的。介形虫壳面瘤饰（突起）的变化所引起的多形性，越来越引起人们的注意。1972 年，凯莱依（Kilenyi）把那些壳饰固定不变的类型，称为遗传型或基因型，这种特点，称为遗传特性；把那些单瓣或双瓣壳面的瘤（突起）和凹坑可变的类型，称为表型或遗传实现型，这种特点称为表型特性（引自魏沐朝，1990）。

介形虫甲壳的表型特性与水域的盐度变化有关。目前普遍认为，突起的出现是适应水域盐度降低的结果，而且多在半咸水（16.5‰~30‰）环境中产生，个别可出现在过咸水环境中，大多数与海水有关，也有些与海水无关，只是反映水域盐度特征。

近年来，对介形虫壳体形态与环境因素之间关系的研究由定性到定量取得很大成就。Broodbakker（1983）认为水化学性质也是影响介形类个体大小的因素。Szczechura（1971）研究 *Heterocypris* 时发现，当其出现个体较大的形式时，通常是在水体中溶解了大量的硝酸盐和磷酸盐等营养物质。Neustrueva（1971）和 Peypouquet（1977）分别检测了来自意大利三叠系和原苏联二叠-三叠系的海相介形类化石后，也获得了同样的结论。

杨藩等（2002）认为 *Ilyocypris gibba* 壳面瘤饰明显或发育的程度（表现度）受盐度等环境因素控制。盐度高，瘤饰明显；盐度低，瘤饰发育程度低。Carbonel（1982）还总结出了水中 Mg^{2+}、Ca^{2+}与介形类壳体表面装饰的定量关系：水体中 $Mg^{2+}/Ca^{2+}<1$ 时介形类多出现光滑壳体，$Mg^{2+}/Ca^{2+}\geqslant 1$ 时多为细穴壳体，Mg^{2+}/Ca^{2+} 比 1 大得多时则为粗网纹壳体。

因此介形类的大小和壳体表面装饰的变化与水体化学性质有着密切的关系，甚至介形类的毛孔形状被视为判断盐度的一个好工具（王亚琼、沙金庚，2009）。孙志诚等（1988）对柴达木盆地古近纪和新近纪介形类动物群研究后指出：内陆咸水型湖泊中，介形类的壳体表面毛孔以不规则的复杂型筛孔为主，偶见简单型圆形单孔和复杂型筛孔。黄清华等（1997）对松辽盆地嫩江组介形类毛孔显微结构特征的研究发现，嫩江组介形类化石的壳表毛孔均为单圆形或简单型毛孔类型，由此推测嫩江组沉积期的湖泊为淡水—低盐度，最大含盐度不超过 5‰~18‰（中盐水）。Rosenfeld 和 Vesper（1975）详细地总结了德国北部、丹麦和以色列的 *Cyprideis torosa* 的筛孔形状与盐度的关系，后经 Frenzel 和 Boomer（2005）总结为图 2-13。这种通过统计筛孔形状分析盐度的方法已被广泛地应用于第四纪介形类研究中（Anadón *et al*., 2002；Gliozzi and Mazzini, 1998）。

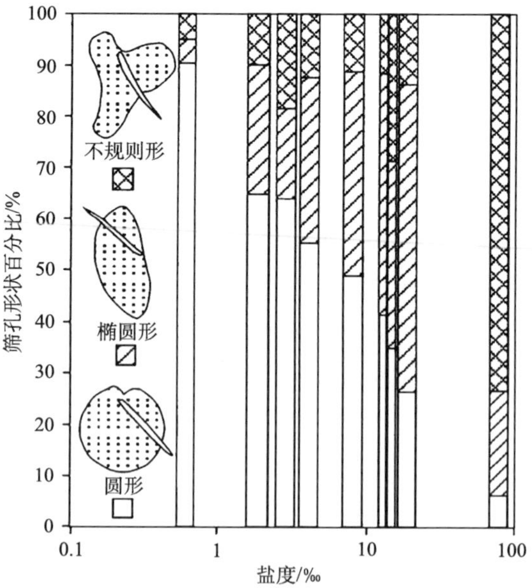

图 2-13　*Cyprideis torosa* 的筛孔形状百分比与盐度的关系（引自 Frenzel and Boomer，2005）

2）温度

介形虫属于变温性生物，体温的变化取决于水温的高低。水温上升可以促使新陈代谢作用的增强，从而加速生物的发育。因此，水温的变化影响介形虫的分布。据对现代介形虫的观察，有的属种终年可见，有的属种则有明显的季节性。如淡水中的 *Cyprinotus*（美星介属）、*Heterocypris*（异星介属）等，春、秋季节最适宜它们大量繁殖。春季温度达 17~18 ℃时开始孵化，20 ℃时大量繁殖，夏季温度达 27~28 ℃或更高时，骤然大量死亡，夏末温度下降后又再次繁殖，冬季温度低于 10 ℃时，又所剩无几且运动缓慢。有的属种，如 *Cytherella*（小浪花介属）、*Bairdia*（土菱介属）等，在东海、南海只限于温暖的海水中，而 *Cytheropteron*（翼花介属）的个别种，则出现于水温不超过 10 ℃的北大西洋冷水中。我国渤海、黄海均可看到，冷水区介形虫少，暖水区介形虫多。我国南海水深 45 m 以内，除少数特有的介形虫外，多与渤海、黄海、东海近岸浅水区的属种相同。这可能与中国沿岸流的分布有关，就是说南下的沿岸流从渤海到南海，造成了我国近岸浅海区介形虫群的相似性。在南海水深 45~150 m 的中外陆架，其介形虫组合与渤海、黄海介形虫组合差异极大，而与东海南部的介形虫组合比较相似。这些相似的介形虫组合，都分布在黑潮暖流及其分支的流经区。其特征的 *Uroleberis*（尾面介属）、*Xestoleberis*（光面介属）、*Cytherelloidea*（小花形介属）、*Bairdia*（土菱介属）、*Neocytheretta*（新微花介属）、*Bradleya dictyon*（网格布腊德雷介）及 *Monoceratina punctata*（凹坑单角介）等，都是热带、亚热带海区的特有类别。

现代 *Candona*（玻璃介属）似乎是一种厌热性的介形虫，因为除墨西哥有两种外，大部分布于北纬 20° 以北直至斯匹茨卑尔根和南纬 20° 以南的非洲南部的德兰士瓦。其间广大地区基本上没有玻璃介的报道。

3）深度

水域的深度对底栖介形虫的类别分布、数量变化及甲壳的形态特征，都有一定影响。从我国中、新生代一些内陆盆地和近海湖泊半咸水沉积中的介形虫组合来看，总的特点是，在水域宁静的较深水且有机质较丰富的淤泥底质环境中，介形虫种类和个体数量都比较丰富，壳体相对都较大，壳壁较薄。具有壳饰的类型，壳饰都较明显，且多具细长或空心的瘤刺，化石保存也都比较完整；在水域动荡的较浅水且有机质缺乏的砂泥底质环境中，介形虫种类和个体数量都比较少，壳体相对都较小，壳壁较厚，两壳超覆明显，壳面多光滑或具有短粗的瘤脊，化石保存多不甚完整。叶得泉和张莹（1985a, b）通过对松辽盆地介形类化石形态、分异度、个体数量及保存状况与湖盆的大小和深度关系的研究，发现壳面蜂窝的大小、形状及网脊的宽窄与环境密切相关（表 2-1），并认为在湖水较深而静的情况下，*Cypridea* 的网孔发育较好，网孔以圆形和椭圆形为主，网孔大小不一，网脊粗细不一。下白垩统青山口组下部和中部为黑色页岩、泥岩为主的沉积，有机质丰富，反映初期和中期湖水较深且较宁静，其中的介形虫化石丰富，计有 *Cypridea*（女星介属）、*Limnocypridea*（湖女星介属）、*Triangulicypris*（三角星介属）、*Sunliavia*（松辽介属）、*Kaitunia*（开通介属）、*Ziziphocypris*（枣星介属）、*Lycopterocypris*（狼星介属）等 7 属 35 种，本组上部形成一套灰绿、紫红色泥岩、砂岩交互沉积，有机质减少，湖水开始变浅且较动荡，介形虫化石明显减少，计有 *Cypridea*（女星介属）、*Triangulicypris*（三角星介属）、*Lycopterocypris*（狼星介属）、*Ziziphocypris*（枣星介属）等 4 属 24 种。

表 2-1　嫩江组介形类的形态、分异度、个体数量和保存状况与湖盆变化的关系（据叶得泉等，1985a）

湖盆变化 / 变化趋势 / 壳体特征	大小：大 → 小 深浅：深 → 浅
壳形	梯形、长方形 → 圆三角形 → 椭圆形
壳壁	薄 → 厚
瘤、刺	刺 $\xrightarrow{\text{变粗}}$ 棒瘤 $\xrightarrow{\text{变短、变大}}$ 瘤
蜂孔	深 → 浅　大 → 小
长厚比	大 → 小
个体数量	少 → 多 → 少
分异度	低 → 高 → 低
保存	差 → 好 → 差

此外，如渤海湾地区古近纪沉积中的 *Chinocythere*（华花介属），在泥质底质的较深水环境中壳体较大，壳壁薄，腹侧凸，壳面具粗短且空心的刺状瘤或细长的空心刺；在砂泥质或泥质底质的浅水动荡环境中壳体相对较小，壳壁厚，壳面一般具粗刺状的实心瘤，腹中部具明显的隆脊。*Candona*（玻璃介属）在淤泥底质的较深水环境中，壳体以梯形、近三角形为主，在砂泥底质或生物碎屑底质的较浅水环境中，壳体则以伸长的形态为主。

在南黄海西北部的现代沉积中，由于海水深度不同，介形虫可分为 3 个组合（汪品先等，1980）（图 2-14）。

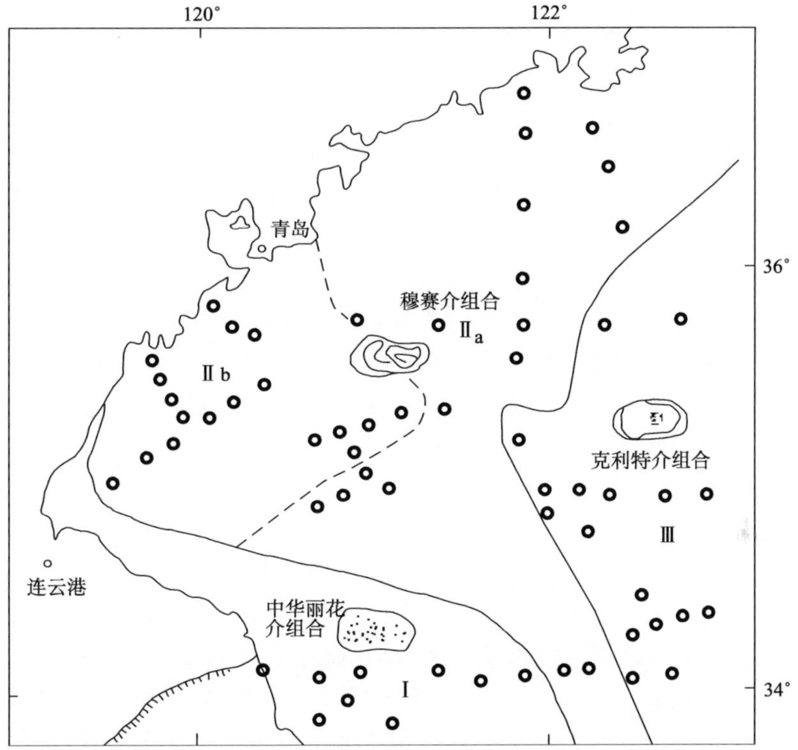

图 2-14 南黄海西北部现代沉积物中的介形虫组合分布图（据汪品先等，1980）

第一组合为 *Sinocytheridea*（中华丽花介属）组合。主要分布在水深 20 m 以内的Ⅰ区。计有 *Sinocytheridea latiovata*（宽卵中华丽花介）、*Neomonoceratina dongtaiensis*（东台新单角介）、*Albileberis sinensis*（中华洁面介）、*Cushmanidea triangulata*（三角库士曼介）等我国东部沿海分布最广的广盐性浅水介形虫。此外，在Ⅰ区和Ⅱ区近岸处还有较多的 *Leguminocytheris hodgii*（侯德豆艳花介）、*Echinocythere cribriformis*（筛棘艳花介）、*E. bradyi*（布氏棘艳花介）、*Sinocythere sinensis*（中华中华花介）、*Alocopocythere transcendens*（超越沟眼介）等窄盐性浅海介形虫。

第二组合为 *Munseyella*（穆赛介属）组合。主要分布在水深 20~50 m 的Ⅱ区，可少量见于Ⅲ区，但不见于Ⅰ区。计有 *Munseyella japonica*（日本穆赛介）、*M. pupilla*（瞳孔穆赛介）、*Cytheropteron miuense*（三浦翼花介）、*Trachyleberis scabrocuneata*（粗楔粗面介）等东、黄海陆架浅海常见的介形虫。Ⅱ区西部的Ⅱb 区，介形虫种类最为丰富，除上述各属种外，还有一些属种只限于Ⅱb 区，其他区基本上不见。计有 *Aurila miii*（三井耳形介）、*Stigmatocythere dorsinoda*（背瘤戳花介）、*Loxoconcha viva*（现生弯贝介）、*Bythoceratina sheyangensis*（射阳深海角介）、*Hermanites tosaensis*（土佐双辉介）、*Cytheropteron jiangsuensis*（江苏翼花

介）、*Nipponocythere asamushiensis*（浅桥日木花介）、*Callistocythere multirugosa*（多皱花花介）等。

第三组合为 *Krithe*（克利特介属）组合。主要分布在水深＞50 m 的III区。计有 *Krithe producta*（长克利特介）、"*Cytheropteron*" *fenestratum*（窗孔"翼花介"）、*Abyssocythere squalidentata*（糙齿渊花介）、*Henryhowella acanthoderma*（棘皮亨氏介）、*Ambocythere* sp.（双花介未定种）等。

上述不同组合分布的控制因素主要是海水深度，3 个组合大致按 20 m、50 m 等深线分界。其次是温度，IIa 区受黄海沿岸冷水流的影响，夏季底层平均水温多在 15 ℃以下，比IIb 区低，因此两区属种数量相差很大。再次是盐度，I 区相当于废黄河水下三角洲，有灌河、射阳河等流入，底层海水平均盐度一般在 31‰以下，是南黄海西北部海水盐度偏低区，故广盐性属种发育。

4）水底其他性质

水底性质包括水域底质、水底稳定性、氧气及有害气体的含量等。这些因素对介形虫的发育和分析，也有一定的影响。一般来说，水域底质为砂泥质、泥质或淤泥质，有机质丰富，水底稳定，氧气充足，则介形虫发育，种类和数最都较丰富，且多两瓣对称，壳饰较明显，壳体相对较大；若水域底质为砂质或泥砂质，有机质不丰富或缺乏，水底环境动荡，氧气不充足或有害气体（CO_2、H_2S）较多，则介形虫不发育或极少，甚至没有，且多为光滑壳，两瓣超覆明显，壳体相对较小，壳壁较厚。其他诸如水介质性质、水域浑浊度、底流或洋流的影响、沉积速度等因素，也都对介形虫的生存发育和分布带来一定的影响。

第五节　介形虫的地史分布

介形虫亚纲自寒武纪出现以来，一直延续到现在，许多属种地理分布广，时间延续较短，已形成重要的标准化石类群，可用作区域或地方性的地层对比依据，因此介形虫不仅具有重要的生态意义，在确定地层的地质时代和地层对比等方面也起到一定的作用。

最原始代表高肌介类出现于寒武纪早期，至寒武纪末期，高肌介已完成了发生、发展、衰落的历史过程，并绝灭于早奥陶世，从寒武纪晚期开始逐渐被豆石介目和古足介目所取代。奥陶纪至泥盆纪是豆石介目主要繁荣时期，泥盆纪以后仅剩少数代表。奥陶纪到二叠纪，整个古生代时期十分繁荣的古足介目，二叠纪末已基本绝灭，少数孑遗分子延续到中生代早期的三叠纪。奥陶纪开始出现的速足介目在整个古生代一直未占重要地位，仅有少数海相种类（巴尔德介超科、达尔文介超科、金星介超科），但它在泥盆纪至二叠纪时分布较为普遍，最早的淡水类型可能出现于这一时期。丽足介目虽出现于奥陶纪，但未占重要地位，古生代末，少数类别继续发育延至现代。

三叠纪时，速足介目开始占据统治地位，其中的主要有达尔文介超科、土菱子介超科、希尔德介超科、浪花介超科和金星介超科；侏罗纪时，浪花介超科、金星介超科和小浪花介超科等大量繁盛，达尔文介超科、土菱子介超科和希尔德介超科仍继续发展。白垩纪，介形虫动物群又开始进入大发展的时期，以金星介超科和浪花介超科最为重要，介形虫组合更趋于多样性，这种状况一直到新生代并延续到现代。

近年来资料表明，介形虫在我国地理分布广，地质历程长，并发育于不同沉积类型的地层中，尤其在古生代海相地层、海陆交互相煤系及中-新生代陆相地层中更为丰富多彩，显示了我国各大区特有的组合类群。从目前我国各地已发现的介形虫来看，以速足介目数量最多，占总数的2/3，其中金星介超科和浪花介超科的属种占优势；其次是古足介目，约占1/5；此外，还有高肌介目和豆石介目的化石，而丽足介目仅找到少数代表。现将我国介形虫生物地层简介如下。

1. 晚古生代介形虫生物地层

我国晚古生代介形虫研究以往着重于华南、西南以及青藏等地的海相地层，而近年来华北、西北晚古生代煤系介形虫研究成果日益增多，丰富了该期动物群面貌。晚古生代介形虫以豆石介和古足介目为主，其次为速足介目，根据华北、西北石炭二叠纪煤系介形虫的研究，初步建立了甘肃靖远早石炭世臭牛沟组 *Microcheilinella-Orthbairdia- Healdianella-Cribroconcha* 组合（李祖望，1987），以及鄂尔多斯盆地西缘晚石炭世羊虎沟组 *Healdia-Bythocypris*、*Healdia-Paraparchites* 组合（袁凤细、郝诒纯，1988）。华北板块晚石炭世太原组下部建立了 *Cryptobairdia xiaodonggouensis-Rectobairdia sysmmetrica- Silenites mui* 组合，以及早二叠世早期太原组上部 *Bairdia verwiebei-Orthobairdia chasae* 组合（施从广，1987）。华北板块中二叠世山西组及中、晚二叠世石盒子群目前未发现介形虫，但庞其清在晚二叠世晚期石千峰组（天津地质矿产研究所，1984）建立了 *Darwinula-Fengfengia-Panxinia* 组合。上述组合总的面貌反映了华北-祁连山生物地理区介形虫动物群的特征。

刘浩等（2010）研究了湖北崇阳二叠系-三叠系界线附近地层中的介形类，其中在二叠纪末生物大灭绝界线之下的长兴组灰岩中发现6属20种，大灭绝界线之上的微生物岩中发现7属11种。崇阳微生物岩中的介形虫化石与广西、重庆地区微生物岩中发现的介形虫在属种类型上存在差别，可作为海水含氧量指标的滤食性分子所占的比例也明显不同，反映出华南地区二叠纪末生物大灭绝后古海洋环境的多样性。在纵向地层序列上，大灭绝界线之下200 cm处部分介形虫已开始消失，界线附近再次遭受灭绝，在灭绝界线之上微生物岩的顶部，部分属种再度消失。这种分阶段、多幕式演化规律表明，在二叠纪-三叠纪之交这一全球重大地质转折期，作为大灭绝后仅存的几类多细胞生物的介形虫所遭受的损失是个逐渐变化的过程。碳同位素测试分析也显示，古海洋环境的变化早在大灭绝界线之下 200 cm 处就已开始。碳同位素曲线的波动与介形虫属种类型的变化和消失相关，但与介形虫化石的丰度变化没有必然联系。

2. 中生代介形虫生物地层

我国中生代地层以陆相沉积为主，介形虫动物群非常繁盛，形成了我国特有的区域性动物群。海相介形虫主要发现于西南地区三叠系及西北、西南、西藏等地的侏罗系和白垩系，介形虫动物群主要以速足介目的 *Darwinula* 为主，其次为 *Cypridea*。中生代非海相介形虫主要分布于我国西部几个大型盆地和东部小型盆地。三叠系以鄂尔多斯盆地最发育，发现较丰富的介形虫动物群，自下而上划分 3 个组合（表 2-2），分属早、中、晚三叠世；侏罗系、白垩系以冀北–辽西剖面为代表，其中侏罗系除下统外划分了 4 个组合，白垩系划分 5 个组合。

3. 新生代介形虫生物地层

新生代所产介形虫化石也十分丰富多样。依其沉积环境或生活环境，可分为海相类型、过渡相类型和陆相类型三大类型。不同区域环境的差异使介形类的分异度也增加，尤其是非海相地层沉积范围扩大，全国划分为华北、东北、西北、中南、华东、西南六大区（据侯祐堂等，2002）。非海相介形类动物群分布如下：

古新世为 *Porpocypris-Eucypris* 动物群，其成员包括 *Porpocypris*、*Parailyocypris*、*Cypridea*、*Ilyocypris*、*Candona*、*Eucypris*、*Homoeucypris*、*Cyprois*、*Talicypridea* 等。见于广东上湖组、江苏北部阜宁群、内蒙古脑木根组等地层。

始新世为 *Sinocypris-Parailyocypris-Heterocypris* 动物群，其成员包括 *Sinocypris*、*Parailyocypris*、*Ilyocypris*、*Caspiocypris*、*Typhlocypris*、*Pseudocandona*、*Candona*、*Cyprois*、*Homoeucypris*、*Herpetocyprella*、*Eucypris*、*Cypris*、*Cypria*、*Heterocypris*、*Cryptocandona*、*Echinocypris* 及非海相 Cytheracea 超科中的一些属种，主要分布于江苏阜宁群、渤海湾沿岸地区孔店组–沙河街组、广东罗佛寨组、江西新余组、青海贡觉群等地层。

渐新世为 *Pinnocypris-Austrocypris-Cyprinotus* 动物群，其成员包括 *Pinnocypris*、*Cyprinotus*、*Heterocypris*、*Ilyocypris*、*Eucypris*、*Tuberocypris*、*Paracandona*、*Cypridopsis*、*Cyprois*、*Cypris*、*Austrocypris*、*Phacocypris*、*Huabeinia*、*Hebeinia*、*Camarocypris*、*Guangbeinia*、*Dongyingia*、*Miniocypris*、*Chinocypris*、*Xiyingia*、*Glenocypris*、*Berocypris*、*Chinocythere*、*Limnocythere* 等。主要见于渤海湾沿岸地区沙河街组、江汉盆地周矶组、民和盆地马哈拉沟组、柴达木盆地下干柴沟组等地层。

表 2-2 华北地区非海相中生代介形虫化石组合系列（引自丁惠、张锡麒，1995）

地层单位		化石		动物群	组合
白垩系	上统	助马堡组 / 胡拉沟组		Ⅵ	12. *Cypridea-Talicypridea-Candona* 组合
		左云组 / 土井子组			11. *Cypridea-Candona-Rhinocypris* 组合
	下统	黄家堡组 / 固阳组		Ⅴ	10. *Cypridea-Lycopterocypris* 组合
		九佛堂组 / 李三沟组			9. *Cypridea-Djungarica-Rhinocypris* 组合
		建昌组			
		金刚山组			
		义县组		Ⅳ	8. *Rhinocypris-Yanshanina-Cypridea* 组合
侏罗系	上统	大北沟组			7. *Eoparacypris-Luanpingella-Pseudocypridopsis* 组合
		张家口组			
		后城组		Ⅲ	6. *Djungarica-Mantelliana-Damonella* 组合
	中统	髫髻山组			
		九龙山组		Ⅱ	5. *Darwinula sarytirmenensis-D. impudica-D. magna* 组合
		下花园组 / 门头沟组			4. *Darwinula sarytirmenensis-Timiriascvia catenularia* 组合
	下统	南大岭组			
三叠系	上统	杏石口组	谭庄组		3. *Darwinula-Tungchuania* 组合
		延长组	椿树腰组		
	中统	铜川组	油房庄组	Ⅰ	2. *Darwinula-Luthevichinella* 组合
		二马营组			
	下统	和尚沟组			1. *Darwinula triassiana-D. fengfengensis* 组合
		刘家沟组			

Ⅵ：*Cypridea-Talicypridea* 动物群

Ⅴ：*Cypridea* 动物群

Ⅳ：*Eoparacypris-Luanpingella-Yanshanina* 动物群

Ⅲ：*Djungarica-Mantelliana* 动物群

Ⅱ：*Darwinula sarytirmenensis-D. impudica* 动物群

Ⅰ：*Darwinula triassiana-Lutkevichinella-Tungchuania* 动物群

中新世为 *Mediocypris* 动物群，其成员包括 *Mediocypris*、*Candona*、*Heterocypris*、*Potamocypris*、*Ilyocypris*、*Hemicyprinotus*、*Eucypris*、*Cypris*、*Cyprinotus* 等属。分布于新疆沙湾组和塔西河组、西宁车头沟组。

上新世为 *Potamocypris-Candona* 动物群，其成员包括 *Potamocypris*、*Paracandona*、*Pseudocandona*、*Heterocypris*、*Cyclocypris*、*Ilyocypris*、*Candona*、*Cyprinotus*、*Eucypris*、*Cypris*、*Cypria*、*Herpetocyprella*、*Zonocypris*、*Candoniella*、*Cyprideis*、*Limnocythere* 等。主要见于柴达木盆地上油砂山组、狮子沟组、西藏南部、山西大沟组和小白组等地层。

更新世为 *Ilyocypris* 动物群，其成员包括 *Ilyocypris*、*Eucypris*、*Prionocypris*、*Cypria*、*Candona*、*Candoniella*、*Cyprinotus*、*Lineocypris*、*Cyclocypris*、*Pseudocandona*、*Candonopsis*、*Herpetocyprella*、*Yunnanicandona*、*Cytherissa*、*Cyprideis*、*Limnocythere* 等。主要分布于河北泥河湾组、晋中盆地史家社组、义安组、汾河群、三门组、秦川群、陕西蓝田中上更新统、江苏东台群等地层。

第三章　牙　形　石

第一节　概　　述

牙形石（Conodonts）是一类已绝灭的海洋游泳生物的器官或骨骼化石，由于其外表形态很像鱼的牙齿和蠕虫动物的颚器，故称牙形石。由于其完整的动物个体尚未发现，至今分类位置还不能十分肯定。

这些不同形态的微小分子成对成群地排列在一起，是组织和功能未知的一种或几种器官的内部支持物。通常所见呈分散状态保存，其大小一般为 0.1~0.5 mm，最大可达 2 mm。颜色呈琥珀褐色，灰黑色或黑色，透明或不透明，风化后质脆。化学成分为磷酸钙，经 X 射线衍射等手段测试，由磷灰石类矿物组成。质地坚硬，溶于稀盐酸，但不溶于弱酸。其摩氏硬度 3~5，相对密度 2.84~3.1，折射率 1.595~1.612。

从寒武纪到三叠纪的各种海相沉积地层中均有发现牙形石。由于分离的牙形石骨骼分子个体微小、质地坚韧、数量众多、形态各异，在地层中分布均匀，且地理分布广泛，很多属种分布时限短，已成为良好的标准化石，在地层划分对比中已起了极其重要的作用。

第二节　牙形石分子的形态及构造

一、外部形态与构造

根据分离的牙形石骨骼分子的不同形态，大致可以分为 4 类。

1. 锥型分子

（1）形态。多数锥形分子为圆锥、角锥或棱锥状，形如牛角或象牙。由基部和主齿两部分组成（图 3-1）。基部多少有点膨大，内有一个大小不一，深浅不同的亚圆锥形的凹穴，称为基腔或髓腔。主齿是基腔尖顶之上的实体部分，向顶端逐渐变尖。齿锥表面光滑或饰有粗细不同的纵向饰。宽、圆而且高的纹饰称为隆脊；狭窄的尖棱称为齿肋；低于齿锥表面之下的纵向凹陷称为齿沟。纹饰粗细和发育部位的变化，使齿锥横断面呈多种形态（圆形、椭圆形、透镜型、三角形、多角形、复杂形等）。

（2）定向。为了描述，需对锥型分子定向。主齿的尖顶向上，基部的上缘近乎水平，通过齿顶、基部上缘和基部下缘有一个假想平面，这个假想平面与主齿有两条交线，凹的那条交线为后缘，而凸的那条交线为前缘。假想平面的两侧对称为侧面，往往两侧不对称，凸的一侧称外侧，凹的一侧称内侧。主齿尖顶所在的位置为口面，相反的一面也就是基腔所在的一方称为反口面。主齿的后缘即主齿弯曲的凹的一方称为后方，而前缘所指的一方即主齿弯曲的凸的一方称为前方（图 3-1）。

根据锥型分子的基部上缘和齿锥后缘相联接处的形态不同。可将锥型分子分为两种类型：一种是膝状锥型分子，其基部上缘与齿锥后缘呈锐角；另一种是非膝状锥型分子，其基部上缘与齿锥后缘是逐渐过渡的（图 3-1）。

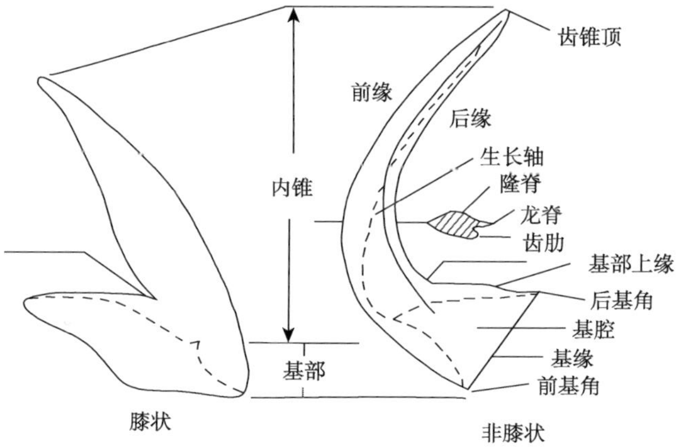

图 3-1　两种锥型分子的形态、构造术语及定向（据 Sweet and Bergstorm，1971）

2. 分枝型分子

1）形态

分枝型分子又称齿棒状分子。这种分子至少在基部的侧面或基部边缘的一面从主齿的侧方、前方或后方伸出一个齿突或称齿棒。齿突上具细齿。与锥型分子一样，枝型分子也具有基部和主齿两个基本部分。基部具至少一个齿突，其上边缘具细齿。细齿可以很小，也可以比主齿大或与主齿相等，分枝型分子基腔的大小及其范围有很大的变化，基本上是一种亚圆锥形的凹穴，在邻近主齿的下方是基腔的尖顶所在，基腔沿着各齿突的下边（即反口面）延伸有齿槽。多数分枝型分子的基腔是宽阔的，齿槽状延伸明显，直达各齿突的末端。但有些分枝型分子中，基腔限于主齿下方，呈一个小的凹坑，叫做基坑，而齿突的下边呈扁平的或呈尖锐的边缘，齿突上的细齿可以彼此分离，或相邻细齿在大部分高度上彼此愈合，这类分子可以具有 1～3 个齿突甚至 4 个齿突。形态多样，主要有以下七种类型（图 3-2）。

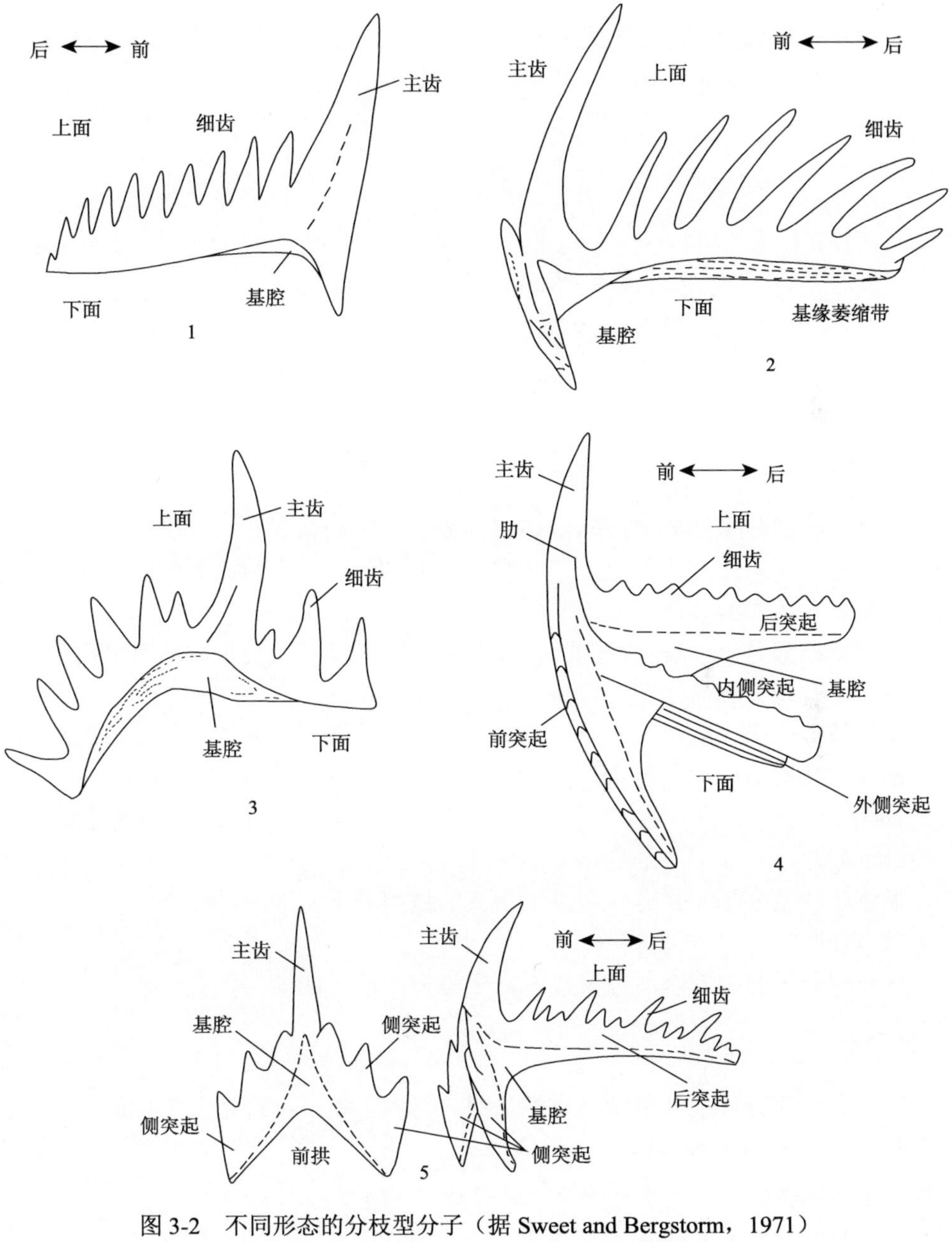

图 3-2　不同形态的分枝型分子（据 Sweet and Bergstorm，1971）

1. M 分子；2. Sc 分子；3. Sb 分子；4. Sd 分子；5. Sa 分子

翼状枝型分子（Sa 分子）：两侧对称，无前齿突，有后齿突，主齿两侧各有一侧齿突，两侧齿突对称于主齿，向下伸，形成前齿拱，后齿突长或短，有细齿或无（图 3-2-5）。

三脚状枝型分子：与翼状枝形分子相似，主齿两侧各有一侧齿突，但不对称，具有一个后齿突，通常后齿突长并具细齿（图 3-3）。

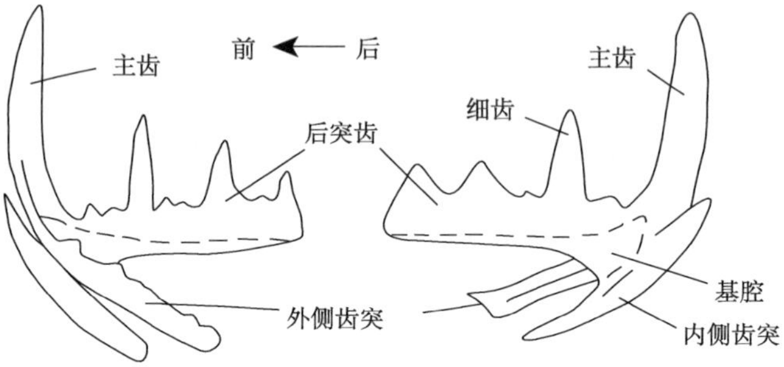

图 3-3　三脚状枝形分子（据 Sweet，1988）

指掌状枝型分子（Sb 分子）：齿突的数目与定向与翼状、三脚状枝形分子相似，中间面不是两侧对称的面，后齿突短，无细齿，两个侧齿突的远端通常向相反方向扭转（图 3-2-3）。

双羽状枝形分子（Sc 分子）：仅有前后齿突，且后齿突长，前齿突常向侧方弯、扭转，有时无细齿（图 3-2-2）。

锄状枝型分子（M 分子）：仅有一个后齿突，侧视呈锄状，基缘前部有一向下突伸的齿状构造，称反主齿（图 3-2-1）。

四枝状枝型分子（Sd 分子）：具有前后齿突以及主齿两侧的两个侧齿突（图 3-2-4）。

多枝状枝型分子：具有 4 个以上齿突的枝型分子。

2）定向

分枝型分子的定向以后齿突置于水平位置为准（图 3-2）。

3. 耙型分子

缺失典型的分枝型分子所具有的齿突。基本上是一种锥型分子，但在主齿后缘常具有一个至数个细齿而有别于锥型分子。耙型分子（图 3-4）侧扁，两侧不对称，基腔较深，在后末端后缘具明显凸起的“踵”，在踵和主齿尖顶之间有一排细齿。少数耙型分子在踵和主齿尖顶之间无细齿，这种无细齿的类型很像膝状锥型分子。亦有少数分子无踵。

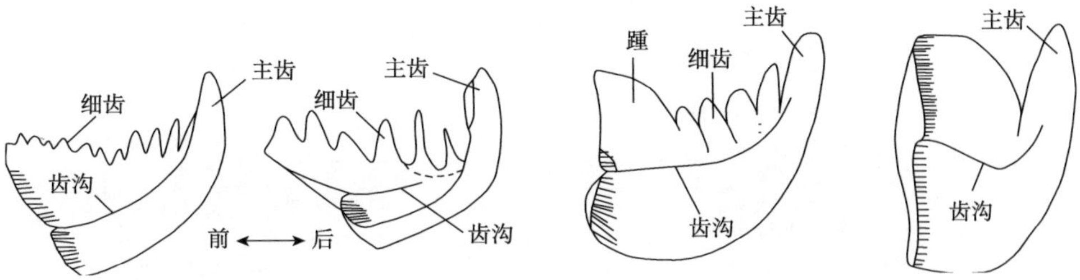

图 3-4 耙型分子及其定向（据 Sweet，1988）

4. 梳齿型分子

1）形态

梳齿型分子是齿片状分子和齿台型分子的总称。均具梳状齿片或齿台，齿片型分子是侧方扁平的、薄而且高的齿突，细齿较窄，往往彼此愈合，主齿与细齿等大或稍大于细齿。基腔位于主齿之下，在基部的两侧多少有点膨大，成唇缘。

齿台型分子由齿台和齿片组成。齿片位于窄的一端，其上细齿较高，排成一列。但齿台面上的细齿高度明显变低，形成一列隆脊（也称齿突）。齿台面上中间一列为主隆脊，两侧或一侧还可以具有次级隆脊。此外，还可以饰有各种纹饰，如横脊、瘤粒、结节等。齿台的下面又称反口面（也称附着面）。基腔有两种，一种为不受限制基腔也叫开阔基腔，基腔大，几乎占据了整个齿台的下面或后部，随个体的增大而增大，也叫舟形分子；一种为受限制基腔（或基坑），基腔很不显著，有的具有反转基腔的宽带，个体发育的各个阶段大小不变，也叫台形分子。

根据一级齿突的数目及排列方式可将梳齿型分子分为 5 种主要类型，根据基腔性质，每种类型又有舟形和台形分子。①星状梳型分子。至少有 4 个一级齿突，即前、后和两侧齿突，这些齿突中的 1 个或多个可以在末端分出二级齿突（图 3-5）。②三突状梳型分子。有 3 个一级齿突，即前、后和侧齿突（图 3-6）。③梳状梳型分子。具前、后两个一级齿突，侧视齿突的长轴是直的，或基本上是直的。（图 3-7、图 3-8）。④角状梳型分子。和梳状梳型分子一样，具前、后两个一级齿突，区别是角状梳型分子侧视长轴在主齿下是拱的，即两个齿突在主齿下相交成角（图 3-9）。⑤片状梳型分子。只有一个前齿突。主齿位于后末端，有些类型亦可以具有 1~2 个侧齿突，但具有宽而深的基腔，分别称为舟形双片状分子和舟形三片状分子（图 3-10）。

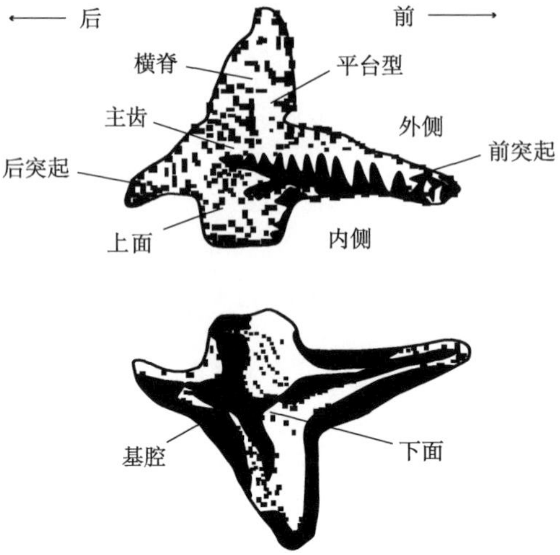

图 3-5　舟形星状梳型分子（据 Sweet，1988）

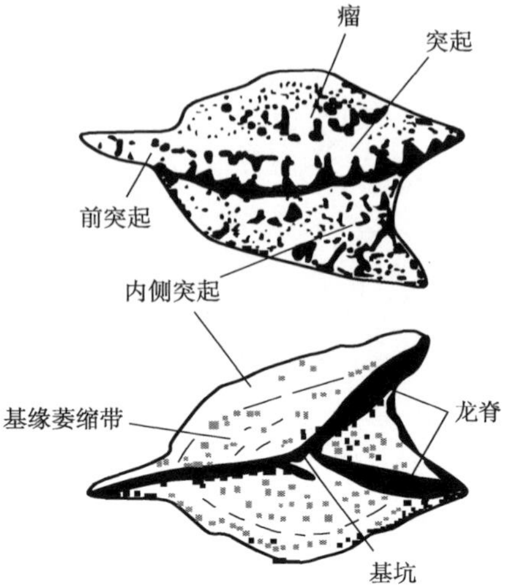

图 3-6　台形三突状梳型分子（据 Sweet，1988）

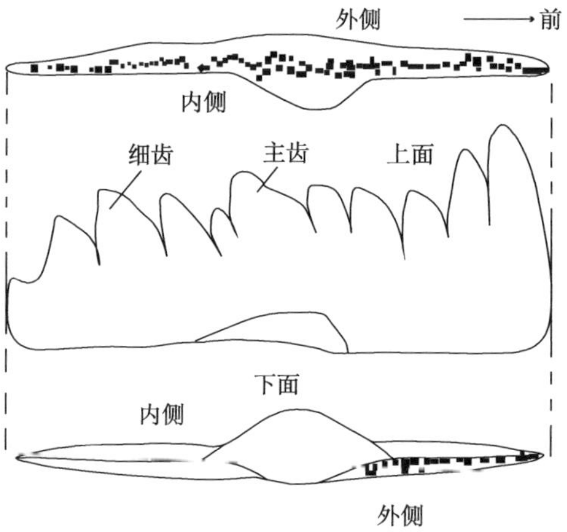

图 3-7　梳状梳型分子（据 Sweet，1988）

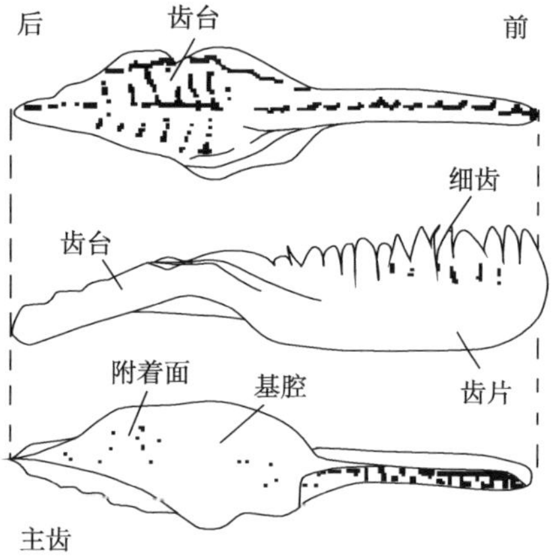

图 3-8　舟形梳状梳型分子（据 Sweet，1988）

2）定向

基本上同锥型分子，细窄的一端为前，主齿和基腔位于后方。如果主齿不明显，则齿突高的一端为前，主齿和细齿的两侧为侧方，将齿台前后连成一条中线，其凸的一侧为外侧或称外齿台，凹的一侧为内侧或内齿台，齿台面为口面或上面，基腔所在面为反口面或下面。

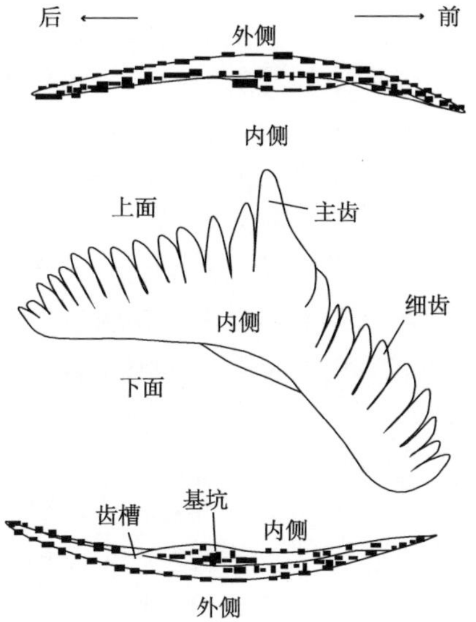

图 3-9 角状梳型分子（据 Sweet，1988）

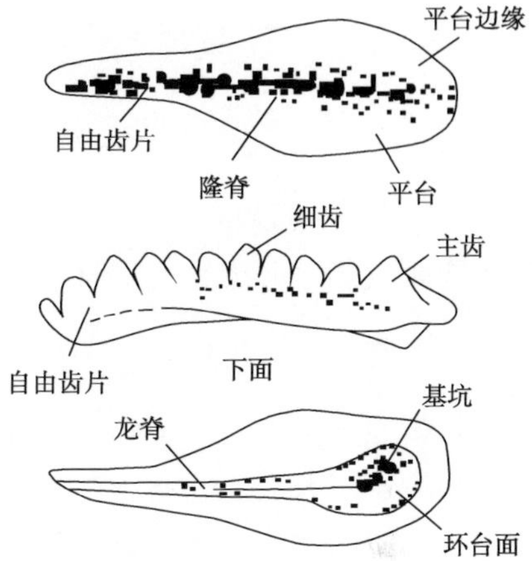

图 3-10 台形片状梳型分子（据 Sweet，1988）

二、内部微细构造

牙形石骨骼分子的内部构造一般由薄层、白色物质和基底充填三部分组成。前二者构成牙形石分子本体，加上基底充填就组成了一个全牙形石分子，但基底充填容易从牙形石分子的本体中脱落，不易保存成为化石。

1. 薄层构造

由厚 2~3 μm 的薄层组成（图 3-11）。每一个牙形石分子只有一个生长中心，它是由最早分泌的薄层形成的一个生长核，以后每一个生长薄层都环绕着这个生长核向外叠覆生长，最外面的薄层就限定了整个牙形石分子的形态。薄层与薄层

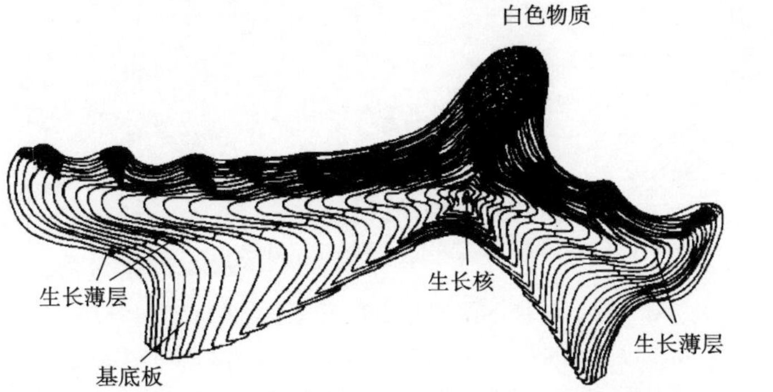

图 3-11 *Palmatolepis* 的齿合型分子的理想横切面（引自 Clark，1981）

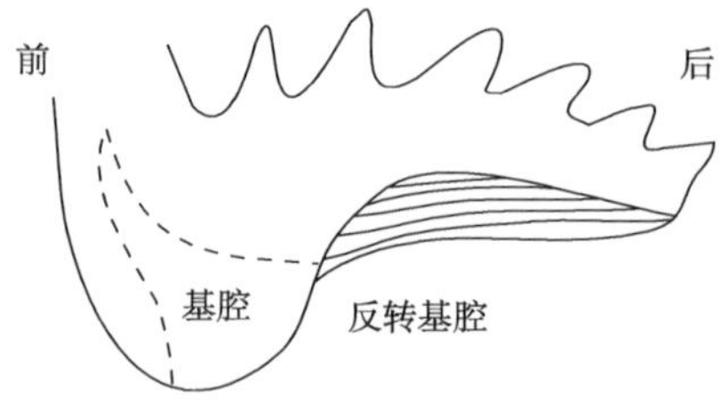

图 3-12 反转基腔（引自 Lindstrom，1964）

之间近于平行，通常新生成的薄层的底缘超出先形成的薄层的底缘，而形成基腔，在基腔内可见到许多同心状的线纹，即为薄层之底缘。如果薄层底缘退缩，使先形成的薄层底缘裸露，则形成反转基腔，也称附着痕（图 3-12）。在牙形石分子中可见到薄层沿生长轴明显加厚，而在近边缘变薄，薄层空间也有周期性增加的现象，这可能与生物节律有关。

2. 白色物质

在反射光下牙形石分子的主齿和细齿往往表现为白色或乳白色，不透明，通常将这种构造叫做白色物质。白色物质比薄层构造具较大的耐酸性，可能和白色物质由非晶质的微小的磷灰石雏晶组成有关。在透光镜下研究白色物质的切片，发现似乎有一排呈暗色的微细构造，这种特征几乎在所有高级的牙形石分子中都可见到。从化学成分看，白色物质和牙形石分子的其他部分一致，但它可能有较高含量的有机质。白色物质由排列紧密、分枝而不规则的小细胞构成。小细胞的排列可以是与生长轴成锐角射出的射线。也可以是与细齿的生长轴相垂直或平行的小管，如果上述两组小细胞同时存在，就呈现出网格状构造。此外小细胞还可以构成密集平行于细齿生长轴的放射束。

3. 基底充填

又名基底板。即基部充填物，附着在牙形石分子的反口面，但它往往从本体脱落，不易保存成为化石。

基底板随着薄层生长方式不同有着不同的形态（图 3-13）。

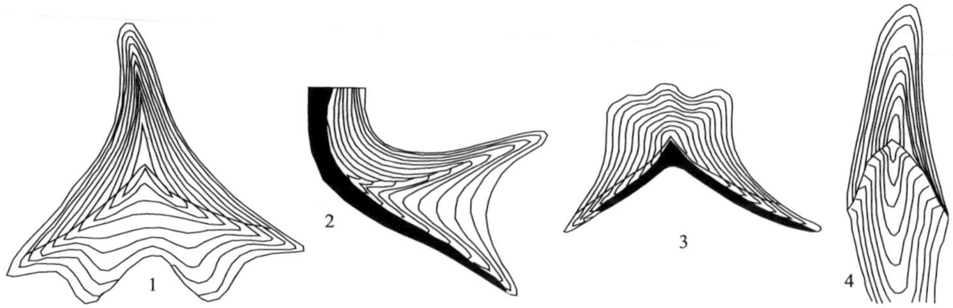

图 3-13　各种不同的基底充填（引自 Clark，1981）

1. *Ozarkodina primus*（Branson et Mehl）的宽角状梳型分子，有两个明显凸出的生长方向；2. 锥型的 *Oneotodus nakamurai* Nogami，基底充填的生长薄层明显弯曲，下面封闭；3. *Icriodus* sp.，具有很大基腔的舟形片状梳型分子，基底充填与锥型分子的基底充填相似；4. *Neocoleodus breviconus* Branson et Mehl，基底充填的薄层明显向下突出

第三节 牙形石的自然集群和器官属

1. 自然集群

在一个岩层面上不同形态的牙形石分子有规律地成对成行排列在一起形成一种组合，这种组合是牙形石动物的某种器官的一种支持构造，叫做牙形石动物的自然群集，由此建立的牙形石属称为群集属（图 3-14）。目前，世界上已发现的群集标本数量很少，大都保存在石炭纪的黑色页岩中，这可能是因为黑色页岩属静水还原环境，生物体死亡后未经扰动而保存下来。群集标本的发现对研究牙形石动物的生物分类位置有着极其重要的意义。它使人们确信，同一牙形动物体内包含不同牙形类属种，按照自然群集建立的分类更接近于自然分类。

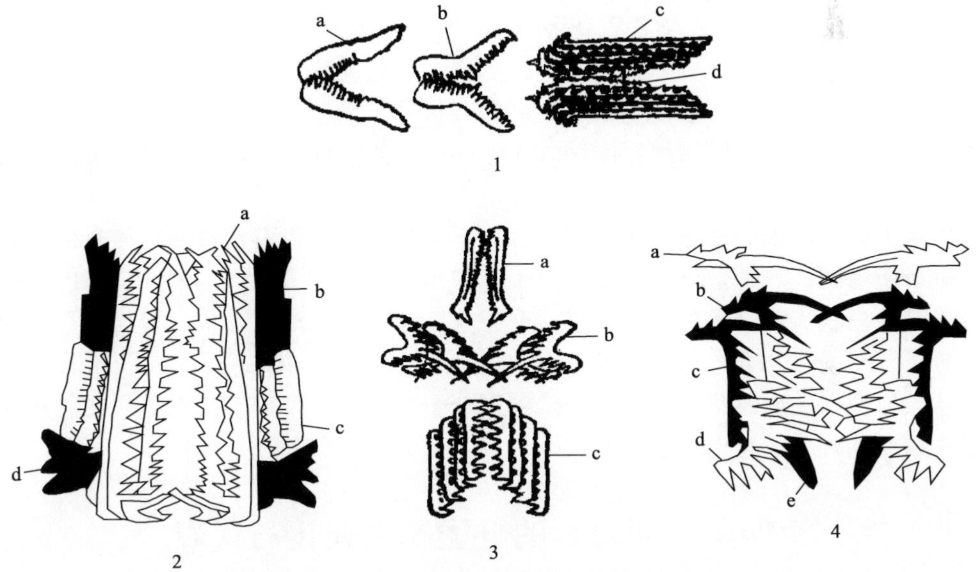

图 3-14 牙形石群集属（引自 Rhodes，1962）

1. *Scottognathus*（斯科特颚刺属）：a. 异颚刺（idiognathodus）或曲颚齿刺（streptognathodus）分子；b. 奥泽克刺（ozarkodina）分子；c. 小欣德齿刺（hindeodella）分子；d. 同锯片刺（synprioniodina）分子；2. *Lochriea*（洛奇里刺属）：a. 小欣德齿刺（hindeodella）分子；b. 锯片刺（prioniodiza）分子；c. 窄颚齿刺（spathognathodus）分子；d. 新锯齿刺（neoprioniodus）分子；3. *Illinella*（伊林刺属）：a. 舟刺（gondolella）分子；b. 茅刺（lonchodina）分子；c. 茅齿刺（lonchodus）分子；4. *Duboisella*（杜波伊斯刺属）：a. 希巴德刺（hibbardella）分子；b. 锄刺（ligonodina）分子；c. 后矛刺（metalonchodina）分子；d. 矛刺（lonchodina）分子；e. 新锯齿刺（neoprioniodus）分子

群集属具有以下几个主要特征。①群集中牙形石分子成对出现，排成一列。一般认为这些分子成对产出，大小相同，左、右型互为镜象，而且成对分子排成一行，前后拉长。由此证明牙形石动物是两侧对称的。②群集所包含的形态分子的种类是不等的，大多数群集有 4 种不同的形态分子，但也可以有 3 种或 5 种形态类型。每类形态分子的数目也不相同，可以有 1 对，2 对……4 对等。一般一个群集由 12~22 个形态分子所组成。③同一个分枝型分子可以在不同的群集属中出现，当然，在不同的群集中它们的形态构造略有不同。④一个梳型分子的 Pa 分子只存在于一个群集属中。

2. 器官属

近年来很多牙形石专家根据自然群集的原理用数量统计的方法，把一定数量的灰岩样品经处理获得分离的牙形石分子，用回归分析方法，计算各种不同形态的牙形石分子之间的相关性，然后根据各分子之间的比率将几对或几种分离的牙形石骨骼分子组合在一起，组成和恢复牙形石动物的某种器官，力求接近自然分类。这种方法的缺点是当牙形石动物死亡后，遭到了种种的破坏，以致存在着各种误差。还有一些牙形石学者凭着多年来的研究经验，根据形态功能分析的原理，主要依据各分离的牙形石分子的颜色、形状、基腔发育情况、白色物质的有无及分布、表面的纹饰、薄层构造以及它们的产状等，将各分离的牙形石骨骼分子组合在一起，建立一个属。用这两种方法建立起来的属称为器官属，也叫多分子属或种。这只是一种人为的分类，但它更接近自然分类。

根据自然群集的原理，牙形石学者普遍认为一个牙形石器官属应该有以下几种分子所组成：即 P 型分子，M 型分子和 S 型分子。 P 型分子包括 Pa 和 Pb，Pa 分子是除角状梳型分子以外的所有梳型分子，包括星状、三突状、梳状和片状梳型分子。Pb 分子以角状梳型分子为代表。M 型分子处于中间位置，是一类分枝型分子，以拱的尖形锄状分子为代表。S 型分子是由分枝型分子所组成，往往包含了 3 种或 4 种分子类型，它们是 Sa，Sb 和 Sc 分子，有的还有 Sd 分子。

第四节　牙形石的分类及主要化石代表

1. 牙形石的分类

关于牙形石的分类，不同的学者有不同的分类方法，1962 年 Hass 采用实用的形态分类，将牙形石目分为 7 个科，13 个亚科。1970 年 Lindstrom 采用了生物学的分类方法，将牙形石分为 2 个目，8 个超科，21 个科和 4 个亚科。Clark（1981）在此基础上作了修正，他根据牙形石分子的构造和化学成分的差异，将其分成 2 个目，11 个超科，47 科。本书采用克拉克的分类方案。

牙形石动物门 Conodonta Eichenberg，1930

牙形石纲 Conodonta Eichenberg，1930

副牙形石目 Paraconodontida Müller，1962

分子个体大，基腔深，缺失白色物质，有些标本的外表被暗色有机质薄层所覆盖，生长薄层比牙形石目的生长薄层少，而薄层间的空间却比牙形石目分子的薄层间的空间宽。除最早期的生长阶段的生长薄层是连续的，其余的生长阶段其生长薄层都是在齿顶之下开始生长并包围基缘，延伸到基腔内直至基腔尖顶之下终止。薄层的生长方式都是由齿顶向下生长，而不是由基部向上生长，基部构造（基部漏斗）不明显或缺失。该目所有的属可能都是由单分子组成的器官。生活于寒武纪—中奥陶世。

目以下分两个超科：

双脊牙形石超科 Amphigeisinacea Miller，1981

费氏牙形石超科 Furnishinacea Miller，1981

牙形石目 Conodontophorida Eichenberg，1930

分子缺失暗色有机质外层，由本体（齿锥和基部）和基底充填所组成。化学成分为磷酸钙。生长薄层的数量多，且薄层间的间距小。所有的薄层环绕着齿顶连续生长，其生长方式从基腔的顶向上向外生长，白色物质一般分布于主齿和细齿中，基腔浅。器官属可以由单分子或多分子所组成。生活于晚寒武世—晚三叠世。

目以下分 9 个超科：

前牙形石超科 Proconodontacea Miller，1981

费里克塞牙形石超科 Fryxellodontacea Miller，1981

锯齿牙形石超科 Prioniodontacea Bassler，1925

掌颚牙形石超科 Chirognathacea Branson et Mehl，1944

潘德尔牙形石超科 Panderodontacea Lindstrom，1970

端牙形石超科 Distacodontacea Bassler，1925

希巴德牙形石超科 Hibbardellacea Müller，1956

舟牙形石超科 Gondolellacea Lindstrom，1970

多颚牙形石超科 Polygnathacea Bassler，1925

此外，将分类位置尚未研究清楚的都归在一起，建立一个分类未知的超科。

2. 牙形石主要化石代表

副牙形石目 Paraconodontida Müller，1962

费氏牙形石超科 Furnishinacea Miller，1981

费氏刺属 *Furnishina* Müller，1959（图 3-15-1，2）

两侧不对称的锥型分于，齿锥前倾到直立，向侧方有点弯曲，基部大，齿锥显著，前面宽平，相当于齿锥的最大宽度，具前和后侧隆脊，以致齿锥横切面呈三角形，基腔大而深，分布于北美，欧洲，亚洲，我国辽宁、山东、安徽等地。生活于寒武纪第三世—早奥陶世。

韦氏刺属 *Westergaadodina* Müller，1959（图 3-15-3）

齿体两侧对称，其形状常呈“U”或“W”形，具有两个侧齿和一个中齿，中齿可大可小。基腔很大，有的种基腔分成两个侧腔。分布于北美，欧洲，亚洲，我国华北、山东、安徽等地。生活于寒武纪第三世—中奥陶世。

牙形石目 Conodontophorida Eichenberg，1930

前牙形石超科 Proconodontacea Miller，1981

肿刺属 *Cordylodus* Pander，1856（图 3-15-6，7）

由两个锄状分子所组成的多分子属，刺体由主齿和后齿突组成，主齿大，后齿突上具 1~5 枚分离的细齿，基腔深，并可延伸至齿突的反口面。二者的主要区别是：一个分子的后齿突与主齿相连接呈平滑弯曲，两侧对称，横断面为圆形至卵圆形；另一分子则以锐角相连，两侧不对称。除了后齿突上具细齿外，与锥形分子的非膝状分子和膝状分子相似。分布于世界各地。生活于早奥陶世。

锯齿牙形石超科 Prioniodontacea Bassler，1925

贝刺属 *Icriodus* Branson et Mehl，1938（图 3-15-4，5）

齿台状，齿体呈纺锤形或水滴形。没有明显的齿片，口面中间具一条隆脊，两侧具不规则的瘤或短的横脊。反口面基腔大，深而开阔，几乎占据了整个反口面。在器官属中占据 Pa 的位置。分布于世界各地。生活于志留纪—泥盆纪。

围刺属 *Periodon* Hadding，1913（图 3-15-10）

器官属由 6 个分子组成：2 个 P 分子，为角状梳型分子，其中 1 个分子有点扭曲；1 个锄状或法洛刺型（falodontiform）的 M 分子，后齿突无细齿；3 个 S 分子，代表对称过渡系列。S 分子都是由分枝型分子所组成，具短的前侧齿突，其上具很小的细齿，后齿突长，拱形，两侧扁，细齿部分愈合，近末端细齿最大。分布于欧洲、北美，我国华北、华南均有发现。生活于早、中奥陶世。

潘德尔牙形石超科 Panderodontacea Lindstrom，1970

潘德尔刺属 *Panderodus* Ethington，1959（图 3-15-8，9）

一般认为该器官由 2~6 分子组成。在由 2 分子所组成的器官中，由一个无齿肋的分子和一个具一排齿肋的分子形成一个过渡系列，锥型分子的特征是无细齿，但某些分子沿基部上缘具锯齿，在侧面具纵向沟线和齿肋，近基缘具纵向纹，在齿体的中部近齿沟处侧面光滑或具细的纵纹，基腔深达齿锥长度的 1/2，基部横切面前边宽而圆，向后变窄。分布于世界各地。生活于奥陶纪—泥盆纪。

端牙形石超科 Distacodontacea Bassler，1925

镰刺属 *Drepanodus* Pander，1856（图 3-16-1，2）

该属由 2 个分子组成，一个 *Drepanodus* 分子和一个 *Sandodus* 形的箭刺型（oistodiform）分子。镰刺型（drepanodiform）分子基腔呈锥形，深，具有一个弯曲的轴。基部比齿锥稍宽。该分子近对称，两侧浑圆，具前、后缘脊。箭刺型分子明显地不对称，多数标本的齿锥近直，浑圆的一侧向外向前扭转，另一侧沿边缘有浅圆的齿沟并向内侧转。齿锥与基部明显可以分开，但二者在后方不成锐角。齿锥在后方可具细肋。发现于欧洲，北美，亚洲，澳大利亚。生活于早奥陶世。

舟牙形石超科 Gondolellacea Lindstrom，1970

新舟刺属 *Neogondolella* Bender et Stoppel，1965（图 3-15-11，12）

由齿台形片状梳型分子占据 Pa 位置，以分枝型分子为 S 和 M 位置。齿台形 Pa 分子，齿体呈舌形或舟形，齿台位于齿轴的两侧，自由齿片有或无。主齿位于后末端或近后端，口面具隆脊，反口面龙脊和基坑显著，具齿槽。分布于世界各地。生活于二叠纪—三叠纪。

多颚牙形石超科 Polygnathacea Bassler，1925

异颚刺属 *Idiognathodus* Gunnell，1931（图 3-16-3）

由 6~7 个分子所组成的器官。Pa 为舟形梳状分子，Pb 为角状分子，M 为锄状分子，Sa 为翼状分子，Sb 和 Sc 为双羽状分子。Pa 分子的特征：自由齿片长，至少达齿体的 1/2，隆脊部分或全部受到抑制，口面横脊明显，尤其在口面的后部更为明显。分布于世界各地，我国新疆、山西等地均有发现。生活于晚石炭世晚期—早二叠世。

曲颚刺属 *Streptognathodus* Stauffer et Plummer，1932（图 3-16-4）

器官属由 6~7 分子组成。即 Pa，Pb，M，Sa，Sb 和 Sc。除 Pa 分子外，该属与 *Idiognathodus* 的骨骼器官组成极其相似。Pa 分子特征为齿体稍呈矛形，近对称，齿台面上具一条深的轴向齿沟，齿沟切割了后齿台面上的横脊，其横脊一般为 8~12 个或更多一些。齿台的基部常向两侧延伸出架状齿突，齿突上可以饰有瘤。前方有自由齿片，其上具细齿，大部愈合，向后方细齿高度渐变低，最后形成一条几乎是光滑的隆脊，该隆脊和齿沟常在齿台的中前部之间相连，齿轴常弯曲。反口面上有一条纵向的齿沟，齿沟在齿台的下方突然张开形成一个宽的基腔，基腔向后末端收尖。分布于北美，欧洲，我国山西太原、新疆等地。生活于晚石炭世晚期-二叠纪。

多颚刺属 *Polygnathus* Hinde，1879（图 3-16-7）

该器官由 6 个分子组成。Pa 分子为齿台形梳状分子，Pb 为角状分子，M 为锄状分子，S 为过渡系列，齿突上具愈合细齿。Pa 分子的特征为齿体叶形或披针形，由自由齿片和齿台构成。自由齿片的细齿交于齿台或与齿台等高，在齿台中部或近中部与固定齿脊（隆脊）相连接。齿台简单，向前、后端变窄，其上有隆脊、横脊、瘤、近脊沟等装饰。反口面有一基腔或基底凹窝，位于齿台下方。反口面具齿槽、龙脊和基缘萎缩带。该器官属与 *Ozarkodina* 的区别在于 Pa 分子和 Sa 分子的不同。本属的 Pa 分子为齿台形梳状分子，Sa 分子为后齿突上具细齿的翼状分子。分布于世界各地。生活于早泥盆世—早石炭世。

奥泽克刺属 *Ozarkodina* Branson et Mehl，1933（图 3-16-8）

该器官由 6 分子组成，与 *Polygnathus* 的区别在于 Pa 和 Sa 分子不同。本属 Pa 分子为梳状梳型分子，或舟形梳状分子，一般为窄颚齿刺型（spaththognathodontiform），该分子口面具一排细齿而无明显的主齿，前齿片稍高，细齿紧密排列。基腔位于近中部，常向侧方膨大成唇缘，有时在基腔的唇缘或向侧方膨大的口面上具细齿或瘤。反口缘弯曲或直。Sa 分子为冀状分子，缺失明显的后齿突。分布于世界各地。生活于晚奥陶世—泥盆纪。

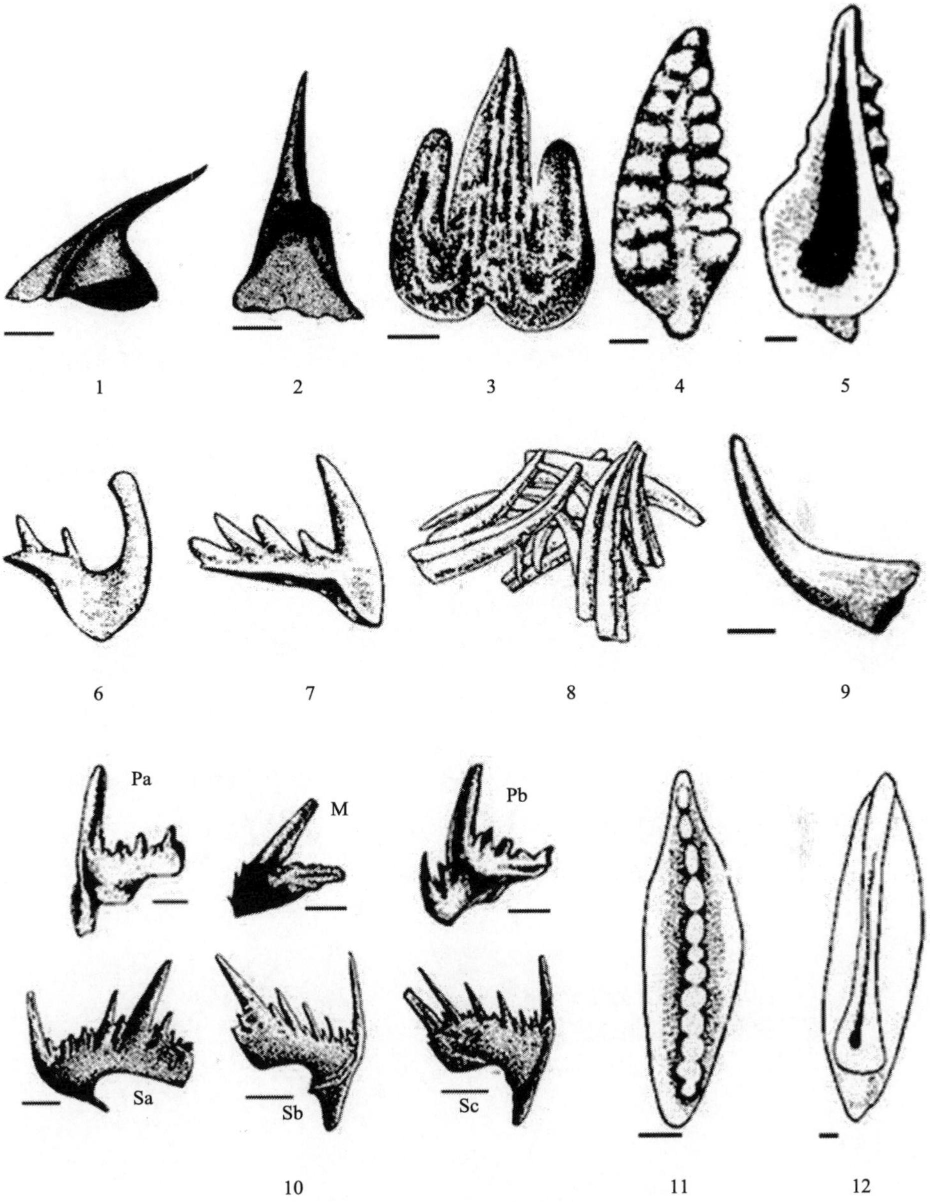

图 3-15 牙形石化石图版（1）

1, 2. *Furnishina furnishi* Müller 侧视、后视，Є$_4$；3. *Westergaadodina tricuspidata* Müller，Є$_4$；4, 5. *Icriodus expansus* Branson et Mehl 口面、反口面，D_3；6, 7. *Cordylodus* Pander 侧视，O_1；8. *Panderodus* 分子的齿簇，O_2；9. *Panderodus feulneri*（Glenisler）侧视，O_2；10. *Periodon grandis*（Ethington），均为侧视，O_2；11, 12. *Neogondolella constricta*（Mosher et Clark）口面、反口面，T_2；比例尺为 100 μm

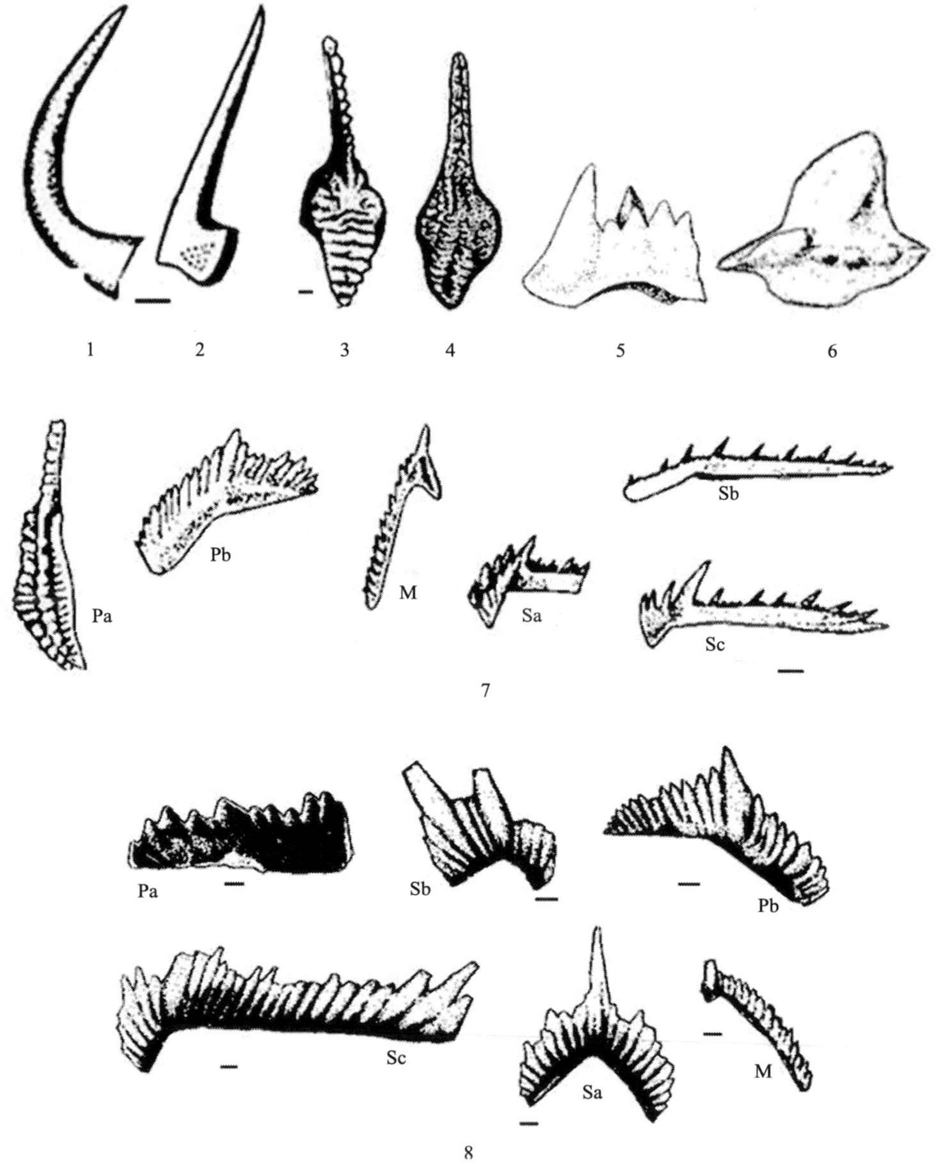

图 3-16　牙形石化石图版（2）

1. *Drepanodus arcuatus* Pander 的 drepanodiform 分子，O_1；2. *Drepanodus arcuatus* Pander 的 oistodiform 分子，O_1；3. *Idiognathodus delicatus* Gunnell 的 Pa 分子口面，C_2；4. *Streptognathodus* Stauffer et Plummer 的 Pa 分子口面，C_2；5,6. *Isarcicella isarcica*（Huckriede），侧面、口面，T_1；7. *Polygnathus dubius* Hinde；8. *Ozarkodina confluens*（Branson et Mehl）；比例尺为 100 μm

伊莎西刺属 *Isarcicella* Kozur，1975（图 3-16-5，6）

器官未知，可能为单分子器官的 Pa 分子。齿体小，短而高，前端有一大齿，其后方有 3~7 个细齿。后齿片末端相当拱，膨大的基腔几乎占了刺体的全部反口面，可以在膨大基腔的一侧或两侧有瘤或齿脊，分布于欧洲、北美、亚洲，我国见于西藏、华南等地。生活于早三叠世。

第五节　牙形石的演化趋向与地史分布

牙形石从前寒武纪晚期开始出现至三叠纪末绝灭，在漫长的地质历程中经历着各种演替，其早期演化在寒武纪进行。Bengtson（1976）根据牙形石分子的构造和功能，系统地将早期牙形石分为原牙形石类（Protoconodonts）、副牙形石类（Paraconodonts）和真牙形石类（Euconodonts），并提出由原牙形石类经副牙形石类到真牙形石类的早期演化模式。在 Clark（1981）的分类中，原牙形石类和副牙形石类均归属于副牙形石目，真牙形石类相当于牙形石目。副牙形石目以基腔深和鞘壁薄为特征，不同的是原牙形石类的薄层生长方式是只在基腔内表面增加，而副牙形石类最早期的薄层是连续生长的，以后生长的薄层在齿顶周围是不连续的，逐渐地在基部往往也不连续。真牙形石类薄层的生长线是一个在另一个薄层的外面生长，并环绕着齿顶连续生长，这表明牙形石薄层的生长方式与外皮层有着密切的关系。

牙形石由于个体微小，特征清楚，演化迅速且分布广泛，不论在露头地层剖面还是在井下地层的对比中都起着重要的作用。寒武纪是牙形石动物发展的初期阶段（表 3-1），早寒武世以原牙形石类为特色，中寒武世才出现副牙形石类，直至晚寒武世才出现真牙形石类的低级代表。

奥陶纪的牙形石动物演化快，数量丰富，是牙形石动物的第一个繁盛期。以牙形石目端牙形石超科、潘德尔牙形石超科、掌颚牙形石超科、锯齿牙形石超科等为主要代表，至中-晚奥陶世出现了希巴德牙形石超科和多颚牙形石超科的某些代表，这个时期主要以锥型分子和分枝型分子为主，梳型分子和齿台型分子有少量代表。

志留纪的牙形石与奥陶纪、泥盆纪相比属种较为单调，以多颚牙形石超科中的梳型分子为特征。泥盆纪是牙形石的极盛时期，属种多，大量的齿台型分子的出现逐渐取代了奥陶纪极盛的锥型分子，以多颚牙形石超科和锯齿牙形石超科最为重要。

表 3-1　牙形石各超科的地史分布简表

	寒武系	奥陶系	志留系	泥盆系	石炭系	二叠系	三叠系
副牙形石目 Paraconodontida	——	——					
费氏牙形石超科 Furnishinacea	——	——					
双脊牙形石超科 Amphigeisinacea	——						
牙形石目 Conodontophorida	——	——	——	——	——	——	——
原牙形石超科 Proconodontacea	——	——					
端牙形石超科 Distacondontacea	——	——					
费里克牙形石超科 Frexellondotacea		——					
掌颚牙形石超科 Chirognathacea		——					
潘德尔牙形石超科 Panderodontacea		——	——	——			
锯齿牙形石超科 Prioniodontacea		——	——	——			
希巴德牙形石超科 Hibbardellacea		——	——	——	——		
多颚牙形石超科 Polygnathacea			——	——	——	——	——
舟牙形石超科 Gondolellacea					——	——	——

石炭纪牙形石不像泥盆纪那样繁盛，锥型分子在石炭纪时已趋于绝灭，泥盆纪繁盛的多颚牙形石超科中的 *Palmatolepis* 和 *Polygnathus* 等逐渐被 *Gnathodus* 所替代，至晚石炭世舟牙形石超科开始出现。二叠纪是牙形石发展史上又一个萧条时期，属种大大减少，大部分属是由石炭纪延续来的，主要以舟牙形石超科和多颚牙形石超科的某些属为代表。三叠纪是牙形石动物最后一个繁盛期，属种丰富，演化也较迅速，但三叠纪牙形石与古生代相比一般个体较小，早三叠世以片状梳型分子为主，中-晚三叠世以齿台型分子为主，舟牙形石超科占优势。至三叠纪末期，牙形石动物趋于绝灭。

第六节　牙形石的古生态、色变及其应用

由于牙形石是一类已经绝灭了 180 Ma 的生物，其确切的生物归属尚未最终解决，对其生态研究带来一定困难。但随着大量的牙形石生物地层工作的开展，古生态资料逐渐积累，有些学者根据它们的生物组合特征及产状来恢复它们的生活习性、居住地和生态选择。对这类生物的生态有了较一致的认识。

1. 牙形石动物的生活方式

牙形石广泛产出在各种海相地层中，与珊瑚、腕足类、头足类和棘皮动物等共生。根据具软体印痕的几个完整标本的研究发现，牙形石动物具长形的蠕虫状躯体和很细的尾，两侧对称，一般可以得出这类动物是自游动物的结论，牙形石动物头的叶部具矿化的齿状和颚状分子组成的骨骼器官，被认为是一种食肉动物。牙形石像现代的毛颚类，具有不同深度的垂直分层性。毛颚类两侧对称，一般只有 3 cm 长，全属海生，大多数营漂游生活，在潮间带和流动水体中漂浮或游泳，与海底性质无关。毛颚类有明显的垂直分层性，例如，已知晚泥盆世的牙形石 *Icriodus* 和 *Polygnathus* 是浅海的类型，而 *Palmatolepis* 和与它共生的 *Ancyrodella* 和 *Ancyrognathus* 代表了较深的水体的动物群（据 Clark，1981）。经综合分析，牙形类生活方式有 3 种：游泳深度分层模式、兼营游泳模式、底栖游泳模式。

2. 影响牙形石动物古生态的主要因素

根据目前的资料，牙形动物中各种不同类群出现的丰度与海水的深度、盐度和温度有关，也与海水性质、含氧量和水动力条件等有关。

（1）深度和能量。一般来说，牙形类丰度、分异度在浅水高能区较低，在深水、较深水的低能区较高，水体太深至 1000 m 以下处，只有少数特殊种或个别种。牙形石按水的深度可分 3 个生物相，水深小于 50 m 以单锥类型为特征，水深 50 m 左右以简单类型为特征，水深大于 50 m 以复杂类型为特征。据 Clark（1981）的研究资料，早石炭世 *Siphonodella-Pseudopolygnathus* 动物群与 *Spathognathodus-Polygnathus-Cladognathus* 动物群代表深水低能相，*Idiognathodus-Streptognathus-Cavusgnathus* 动物群代表浅水高能相。

（2）盐度。大多数牙形石适应正常盐度环境，例如，牙形石常与窄盐性的头足类、腕足类等共生，并常产出在正常盐度的海相灰岩中，我国华南晚二叠世 *Neogondolella* 的各种普遍出现于灰岩中，含量丰富，在浙江长兴、四川广元上寺，它常与菊石共生，由此证明它属窄盐性的生物。而早三叠世的 *Pachycladina* 的某些种可以产出在不同含盐度的岩性中，如灰岩，白云岩等。因此，它属广盐性的类型。

（3）温度。如果是浮游类型的牙形石，那么温度就成了这类牙形石分布的一个重要的控制因素，窄温性的生物类型只限于特殊的地理区或深度带，广温类型 *Polygnathus* 的某些种有广泛的地理分布和深度分布。Clark（1981）以古地磁资料对比自古生代和三叠纪牙形石的丰度分布点，得出在低纬度牙形石最丰富的结论。Nicoll 和 Druce（1979）发现西澳大利亚在含其他化石的二叠纪正常海的岩层中缺失牙形石，他认为是由于高纬度低水温引起的，证明二叠纪牙形石对温度的容忍低于广温性的腕足类、苔藓虫、棘皮动物、介形类和有孔虫等无脊椎动物，属于窄温动物。

3. 牙形石分子的色变及其应用

未经变质的牙形石骨骼分子的颜色为浅揭色，变质后可以变为深褐色、黑色甚至晶体透明。1977 年 Epstein 等对北美阿帕拉契盆地的牙形石作了系统的研究。他们用未经变质的牙形石做加温试验，并记录不同温度时牙形石颜色的变化。实验结果表明，牙形石骨骼分子的颜色随温度的升高而由浅黄褐色变为深褐色到黑色，再由黑色经过灰白色最后变为晶体透明。他们将实验得到的结果与野外采集的原始标本进行比较，确立了 8 个等级的牙形石颜色变化指标（Color Alteration Index，简称 CAI）（表 3-2）。

表 3-2 牙形石颜色变化指标（据 Epstein 等，1977 修改）

牙形石颜色变化指标（CAI）	颜色	温度范围/℃	固定碳比范围/%
1	浅黄色	＜80	＜60%
1.5	淡褐色	50~90	55%~70%
2	褐至深褐色	60~140	55%~70%
3	很深的灰褐色至紫褐色至黑色	110~200	70%~80%
4	黑褐色至黑色	190~300	80%~95%
5	黑色	＞300	＞95%
6	灰色		碳挥发掉
7	不透明的白色	＜300	碳挥发掉
8	晶体透明		失去结晶水

Epstein 等认为牙形石骨骼分子的颜色由浅到深的变化为有机质发生碳化作用的结果，而由黑色到灰白色直到白色或晶体透明则为去碳化作用的结果。他们根据野外和室内实验结果提出，牙形石骨骼分子的颜色变化与埋藏深度、埋藏时间和地温梯度成正比，与固定碳、镜煤反射率、孢粉半透明度以及等厚度资料有关，他们利用牙形石骨骼分子的颜色变化指标制作了阿帕拉契盆地奥陶纪—二叠纪牙形石颜色变化指标图，按 CAI 的不同等级画出了 CAI 的等值线图。CAI 的等值线图可以提供油、气产区的温度上限，对评价产油、产气有着特殊的经济意义。

但是，在研究牙形石骨骼分子的颜色变化的同时，还应考虑特殊的情况，如果在同一时代的同一地层剖面中，不同的岩层所含的牙形石分子的颜色不同，是局部变化的结果，与区域的地温梯度无关，在这种情况下就应将个别岩层中的特殊的牙形石分子的颜色变化排除在区域的 CAI 等级之外。这种个别牙形石的颜色变化可能是成岩作用过程中由于地下水的作用，牙形石分子进行了交代作用的结果，因此，与埋藏深度、埋藏时间和地温梯度无关。

第四章 硅 藻

第一节 概 述

硅藻（Diatoms）为单细胞藻类，属硅藻门（Bacillariophyta），个体微小，一般为 1 ~2000 μm。也有许多种类的细胞能分泌胶状物质，使单细胞连成丝状、带状、链状、星状、枝状及无定形片状群体。细胞由原生质和保护它的细胞壁组成。原生质中所含色素主要为叶绿素 α、β-胡萝卜素和叶黄素 3 种，因此呈黄绿色或黄褐色。硅藻大多是自养生物，极少数异养，储藏的养分为脂肪和金藻淀粉。

硅藻的细胞壁薄而透明，由内、外两层组成，外层为非晶质硅质（$SiO_2 \cdot xH_2O$），内层为果胶质。硅藻的细胞壁类似于肥皂盒或培养皿互相套合，由两个壳片组成，一个壳片盖在另一个壳片上。

硅藻的生殖以无性的细胞分裂为主，母细胞的原生质体纵裂为二，两个壳片分开，新的子细胞各拥有一个母细胞的壳片，再在内侧长出一个新的壳片，形成两个新的细胞。这种分裂繁殖，在底栖类型中每天 3 次，而在浮游类型中每天可达 8 次，每次分裂后 10~20 分钟即可长出新的壳片。这样多次分裂后，细胞的体积越来越小，当小到不能维持细胞应有机能时，便进行有性生殖，产生复大孢子，使细胞恢复到原来大小。

它们无边无际的繁殖能改变数万平方公里洋面的颜色。最后这些硅藻吸收完水体中的营养物或生活条件发生改变，就大批大批地死亡而下沉，使大片的海底、湖底铺上一层硅藻沉积物，有的厚达 300 m。在千百万年间，随着大洋的上升和陆地的移动，这些沉积物变成为丰富的硅藻土矿床。

第二节 硅藻的细胞壁

一、细胞壁结构

硅藻细胞的壳壁千姿百态，有长椭圆形、圆形、三角形、五角形等（图 4-1），但其结构基本一致，上面较大的壳片称上壳，套在里面较小的壳片称下壳。两个壳片又可分为盖面和侧面，上壳的盖面称顶面，下壳的盖面称底面，上下壳之间的侧面称为壳环或壳环带，壳面周边向侧面弯曲的部分称壳套，上下两壳的壳环互相套合的部分称相连带 （图 4-1）。

二、定向

为了正确地观察和描述，需要统一定向。硅藻有 3 个基本轴向（图 4-2）：长轴（或纵轴），即壳面上细胞长轴方向的轴；切顶轴（或短轴），即壳面中央和纵轴垂直相交的轴；贯穿轴，垂直于以上两轴的轴。因此硅藻细胞可以有 3 个平面：由长轴和短轴决定的盖壳面，由短轴和贯穿轴决定的短轴面，由长轴和贯穿轴决定的长轴面。轴和面不一定是直的，也可以是弯曲的。观察方向不同，硅藻壳有不同的形状，从顶面或底面观察时，称壳面观；从侧面观察时，称为壳环面观，壳环面观又有长轴面决定的宽壳环面观和短轴面决定的狭壳环面观。对于大多数硅藻，壳面是主要的观察面。

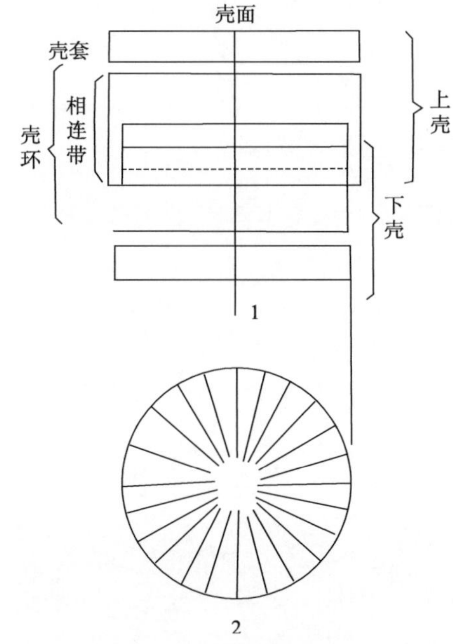

图 4-1　中心目硅藻细胞壁的模式图
（引自郝诒纯、茅绍智，1993）
1. 壳环面观；2. 壳面观

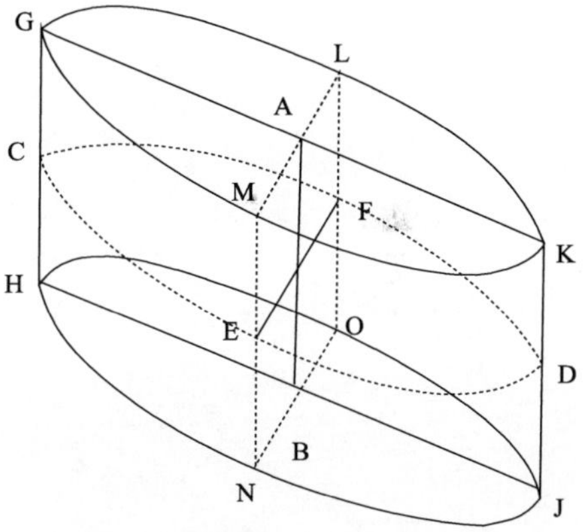

图 4-2　硅藻细胞的轴和面（据 Hustedt，1930）
AB. 贯穿轴；CD. 长轴；EF. 短轴；CFDE. 盖壳面；GHJK. 长轴面；LMNO. 短轴面

三、细胞壁构造

1. 壳面纹饰

少数硅藻的壳面是平滑的，大多数硅藻细胞壁上有孔、凹穴、室等，规则地排列成各种花纹（图 4-3）。常见纹饰有点纹、线纹、肋纹、孔纹。点纹有两种，一种是细孔，为开口的小孔，也称真孔，直径 0.1~0.6 μm，壳面边缘的真孔，常突出呈尖细的小棘，或呈结状的小突起，可分泌胶质；另一种为类似孔，不开口，只是周围厚、中央薄的拟孔，直径大于 0.6 μm，分布于壳面或集中于一端，也能分泌胶质，使细胞连成各种形状的群体。点纹有粗有细，粗的点纹连在一起成为肋纹，细的紧密相连成线纹。孔纹为蜂窝状，其形态有六角形、长圆形等，形成的原因是壳壁内有具侧壁的小室构造，小室外有一层硅质内膜，膜内布满许多小穴，小室内面还有一层硅质内膜，膜的中央有一圆形大孔，有的种类圆形大孔在外膜中央（图 4-4）。因此，在显微镜下观察时，不同的焦距下呈现出不同的花纹。

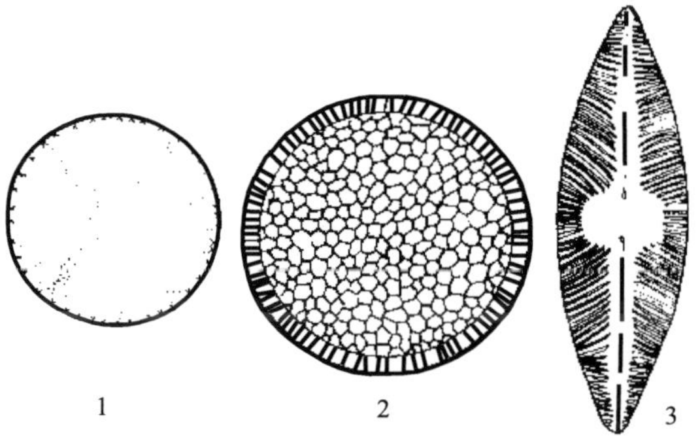

图 4-3　硅藻的壳面纹饰

1. 点纹；2. 孔纹；3. 肋纹

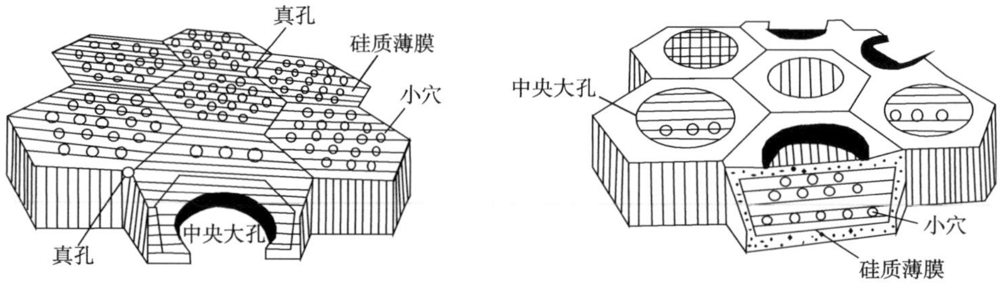

图 4-4　中心目硅藻的六角形花纹构造（据金德祥等，1965）

2. 纵沟

羽纹目硅藻有些代表在壳面中部或偏向一侧具一纵向的无纹饰平滑区，称中轴区（图 4-5）。中轴区的中部，横线纹较短，无纹平滑区面积稍大，称中央区。沿中轴区中部有一直或弯曲的纵裂隙，称纵沟或沟缝。多数硅藻上、下壳面均有纵沟，少数硅藻仅一个壳面具纵沟或两面都无纵沟。纵沟在细胞中央为由壁向内加厚形成的中央结节所断开，在两端终止处各有一向外凸起增厚部分，称极结节或端结节。有的羽纹目硅藻在壳面中央仅线条中断不相连，无纵沟，称假纵沟。纵沟在横断面上呈“＞”形、由向外开口的外沟缝和向内开口的内沟缝组成。外沟缝通到壳面中央，因受到中央结节的阻挠，而绕着中央结节的一侧弯转。内沟缝到中央结节处于其两侧中断各向上弯，在中央结节两侧和外沟缝相连。外、内沟缝在细胞的两端分开并围绕着极结节。生活着的羽纹硅藻类，原生质在沟缝中不停地流动，与水产生摩擦，使硅藻运动。

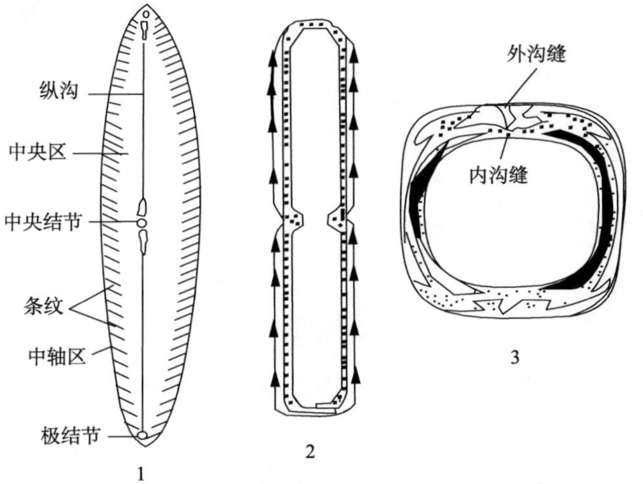

图 4-5 羽纹硅藻类的纵沟构造（引自郝诒纯、茅绍智，1993）

1. 纵沟示意图；2. 原生质流动图；3. 壳壁横断面

3. 间插带

有的硅藻在壳面和相连带之间发育有一种环状片，称间插带。在上、下壳片各有一片或数片，通常在细胞形成后立即形成，也有在以后增加的，使扁平的细胞成为很长的圆柱体。因此，间插带的数目，在幼小的细胞中少，老的细胞中较多。间插带呈轮状或鳞片状（图 4-6），有的细胞壁的间插带与壳面平行向细胞内延伸为舌状，把细胞分为几个小区，这种构造称为隔壁（图 4-7）。隔壁有的自一侧伸入呈波浪状，有的自周围向中央一圈伸入，中央有几个孔。隔壁的数目依间插带的数目而定。

有些硅藻细胞壁上还生有各种各样的突起、刺、角等附属物。

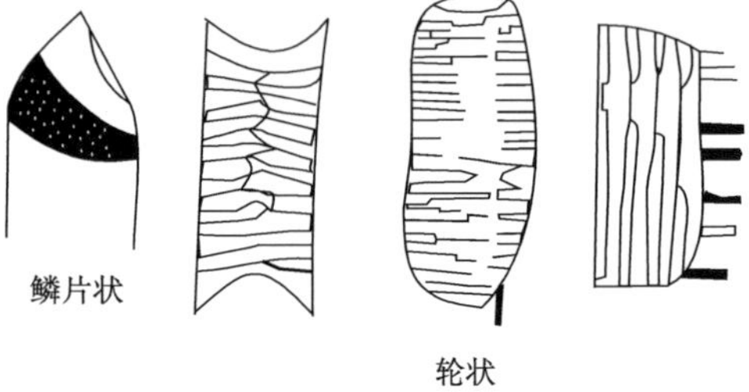

图 4-6　间插带类型（据小久保清治，1960）

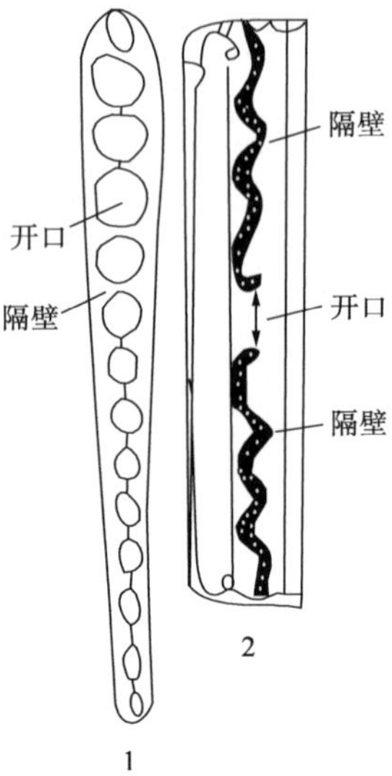

图 4-7　硅藻隔壁类型（引自郝诒纯、茅绍智，1993）

1. 梯形隔壁；2. 波状隔壁

第三节　硅藻的生态和地史分布

硅藻大多数水生，几乎所有水体里都能生长，如池塘、河流、盐碱滩、泻湖、海水、大洋中均有硅藻生存。只有少数生活在潮湿的泥土里、树皮上、苔藓中等地方。硅藻一般喜欢生活于低温水域。因此较寒冷的水域比热带水域中产量要高。据统计，现代亚北极，亚南极海区每克表层沉积物中含硅藻壳高达数百万个以上。赤道上涌洋流盛行的海区，硅藻也较丰富。

硅藻的分布受水体温度、盐度、酸碱度、含氧量、水动力等因素控制。现在生存的硅藻，环境不同其种类组成和数量都呈现明显的时空差异，不但海、淡水域随季节而不同，而且从低纬度到高纬度种类减少，数量增多。随着水深的增大，无论种类组成或是数量均减少。在真光层以下水域则无法进行细胞分裂。因此在远洋、浅海、沿岸、低潮线、潮间带、高潮线、河流、湖泊等各有不同的硅藻组合。一般生活于海洋的硅藻种不存在于淡水，但有些能在江湾、河口或海边盐泽地区的半咸水中生活，而淡水中的硅藻种极少能生存于半咸水或海水中。

硅藻的生活方式有被动漂浮和自发运动，也有营固着或依附他物生活的。浮游硅藻硅质壳轻而薄，壳体圆球形或圆盘形，细胞外的空心突起增多、增大，这一类多数属于中心目硅藻，海水或淡水中均一样。海洋浮游硅藻又可分为远洋性和近岸性两类，由于远洋存在不同性质的海流，因此各海流分布区分布有各种不同的特有的硅藻种。而近岸浮游硅藻仅局限于近岸。自发运动的硅藻主要是一些底栖类型，大多为羽纹目硅藻，生活在水底岩石和沉积物上，具有纵沟，借以运动。壳体形态也呈扁长形，以适应在水中作某一方向的运动。附着类的硅藻是以胶质分泌物附于基质上或水中动植物体上生活。

硅藻化石的最早记录是德国下侏罗统里阿斯阶中的 *Pyxidicula boallexsis*（圆箱藻）是 Rothpletz 于 1896 年发现的，侏罗纪以前可能有更早的硅藻，Simonsen（1922）认为硅藻的前身是一种无硅质壳的单细胞藻类，故不能保存为化石（引自郝诒纯、茅绍智，1993）。

最早的硅藻是海相和辐射型的，晚白垩世是硅藻的一个大发展阶段，并一直延续到古近纪。从晚白垩世发现的全部属都延续到现代，这些属的主要特征迄今没有变化，这对研究古今硅藻的形态结构、生态及分类极为有利。

第四节 硅藻的分类和化石代表

据资料统计，全世界的硅藻约有 300 个属，11200 个种（包括已灭绝的种），大多数分类学家将硅藻列为一个纲，即硅藻纲，再根据细胞的形态及花纹，分为两个目，即中心目和羽纹目。

中心目 Centrales

圆筛藻科 Coscinodiscaceae

壳面呈圆形、椭圆形、三角形、五角形、六角形等，表面具有同心状或辐射状排列的纹饰，大多是海洋浮游种类，少数淡水。细胞壁常具突起和刺毛等构造。生活于侏罗纪至现代。

圆筛藻属 *Coscinodiscus* Ehrenberg，1838（图 4-8-1~3）

细胞通常为盘状，壳面一般为圆形，少数为椭圆形，或不规则形。壳面上具孔纹，孔纹呈六角形、斑点状、颗粒状、多角状等，排列成辐射状、线状、束、螺旋状或不规则状。本属是较大的一个属，依据孔纹特点可以划分成几个亚属。单体，多为海洋浮游生活，淡水里少见。生活于晚侏罗世至现代。

直链藻属 *Melosira* Agardh，1824（图 4-8-4~6）

细胞圆球形或圆柱形。依靠壳面相连成念珠状。壳面球形或扁平，细胞壁一般很厚，有细点纹或孔纹，壳环带无纹或有较粗的点纹或孔纹，分裂时壳环带可以伸得很长。本属主要生活于淡水湖沼中，种类繁多，数量丰富，是淡水浮游生物中最重要的硅藻类，但也有生活于海水的种，以附生和漂浮的方式生存。生活于晚白垩世至现代。

小环藻属 *Cyclotella* Kutzing，1834（图 4-8-7，8）

细胞圆盘形，少数呈椭圆形。壳面花纹分为外围和中央区。外围有向中心伸入的肋纹，少数成点条纹或有微刺。中央区或大或小，平滑无纹，或有向中心排列的点纹，或具不规则排列的不同形状的斑点。壳面平坦或波浪起伏，或中央部分向外突出。单体，少数可以壳面结合成链状群体。本属多为淡水底栖附着生活，极少数为海生。生活于晚始新世至现代。

盒形藻科 Biddulphiaceae

三角藻属 *Triceratium* Ehrenberg，1839（图 4-8-9、图 4-9-1~4）

细胞盒形，壳高或长或短。壳面三角形、四角形、五角形或多角形，中央通常鼓起。各个角隅有略高的突起。突起上常有明显的细孔纹或小棘。壳面孔纹多数六角形，也有五角形或圆形，一般呈放射状排列。单体或组成短链。海生，多为沿岸性种类，营固着生活，单体亦见于浮游生物群中。生活于白垩纪至现代。

羽纹目 Pennales

壳面观多半呈长椭圆形、舟形、纺锤形等。壳面纹饰垂直长轴呈羽状排列，多两侧对称，发育纵沟、假纵沟等。生活于白垩纪至现代。绝大多数见于淡水。

脆杆藻科 Fragilariaceae

脆杆藻属 *Fragilaria* Lyngbye，1819（图 4-9-5）

细胞由壳面连成带状群体，少数连成星状群体。壳面针形至椭圆形，有时中央部分向侧面膨出或凹入。某些海水种类具有间插带。壳面具有线纹和假纵沟。本属多数为淡水种，在海产的浮游生物里也出现。生活于晚白垩世至现代。

桥穹藻科 Naviculaceae

羽纹藻属 *Pinularia* Ehrenberg，1843（图 4-9-6~8）

壳面近长椭圆形，有时中部或壳端膨大，或壳缘波浪形。壳面具肋纹，纵沟线形或带形，中节明显。本属大多数种类生活于淡水的沟渠、水池和泉水中。生活于晚白垩世至现代。

图 4-8　硅藻图版（1）

1. *Coscinodiscus argus*；2. *Coscinodiscus asteromphalus*；3. *Coscinodiscus biangulatus*；4. *Melosira clavigera*；5. *Melosira oamaruensis*；6. *Melosira sulcata*；7. *Cyclotella stylorum* Brightwell；8. *Cyclotella comta*（Ehr.）*Kuetzing*；9. *Triceratium cuspidatum* Janisch；比例尺为 10 μm（自程兆第等，1996）

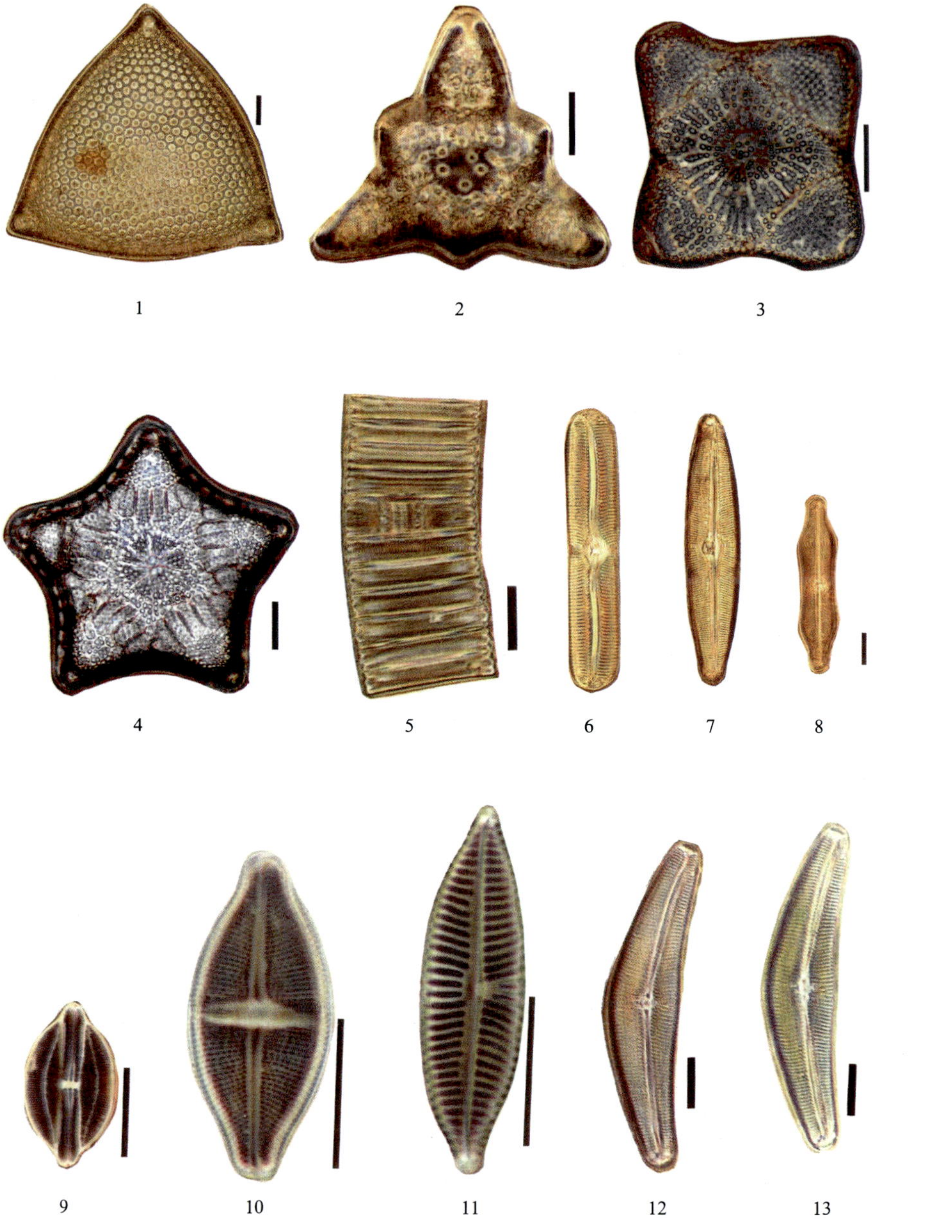

图 4-9 硅藻图版（2）

1. *Triceratium favus* f. *quadrata*（Grun.）Hustedt；2. *Triceratium arcticum* Brightwell；3. *Triceratium elegans*（Grev.）Grunow；4. *Triceratium pentacrinus*（Ehr.）Wallich；5. *Fragilaria capucina* Desmazieres；6. *Pinularia cardinalis*；7. *Pinularia dactylus* var. *miocenica*；8. *Pinularia mesolepta*；9. *Navicula clavata* Gregory；10. *Navicula asymmetrica* Pantocsek；11. *Navicula cancellata* Donkin；12, 13. *Cymbella americana* Schmidt；比例尺为 10 μm（自程兆第等，1996）

舟形藻属 *Navicula* Bory，1822（图 4-9-9~11）

单细胞，也有的以胶质块形成群体。壳面多为舟形，也有的呈椭圆形、菱形、棍棒形和长方形等。上、下壳面上均有明显的沟缝和结节以及由点组成的点条纹。本属是硅藻类中种类最多的一个属。分布极广，生存于热带到寒带的海水、半咸水和淡水中，甚至在土壤中也能发现，能适应半咸水的种类较多. 海产浮游的种类能以壳面结合而成带状的群体，还有少数海生种类成分枝丝状。生活于晚白垩世至现代。

桥弯藻属 *Cymbella* Agardh，1830（图 4-9-12，13）

细胞单独生活，或以胶质柄附着在他物上，或在胶质管中生活。壳面纵轴内侧不对称，呈半月形，偏舟形或近舟形。壳沟缝偏向腹侧，直或弧状弯曲。具有明显的中轴区和中心区，点条纹通常放射状排列，点纹明显。本属是典型的淡水种类，但也有少数出现于半咸水。生活于晚白垩世至现代。

除中心目和羽纹目外，还有一个中间类别，称中间目，但未被广泛采用，其形态左右对称，与羽纹目接近，但壳面构造复杂，既有条纹，也有真孔，介于羽纹目和中心目之间，中间目是较古老的类型，如 *Rutilaria*（舟辐藻）等，该类硅藻从古近纪开始出现。

第五节 硅藻化石的地质意义

人类对化石硅藻的研究至少已有 200 余年历史，但在最初的一个多世纪一直局限于对化石硅藻的鉴定、描述和分类。19 世纪中叶，少数硅藻学者认识到化石硅藻的古生态价值，并开始对硅藻的古环境进行初步解释。如 Okeden 根据英国威尔士内陆沉积物中发现海湾相硅藻的事实，认为该地过去属于海岸环境（Okeden，1855）；Gregory 通过苏格兰沉积物中海湾和湖泊硅藻的确定来分析过去的海面变化（Gregory，1855）。至 20 世纪 20 年代，化石硅藻在古生态学中的应用得到了广泛的认识。此后，化石硅藻生态学发展迅速，硅藻在古生态学中的应用扩展到水体环境的 pH、盐度、矿物质元素、湖泊深度、海陆变迁乃至古气候变迁等各个方面。总之，硅藻化石在地质学上的应用主要有以下几个方面（支崇远，2005）。

一、地层划分与对比

从硅藻化石在地层中出现的时代来看，虽然最早可能始于早侏罗世，从晚白垩世开始才大量发展起来，但迄今为止的研究主要集中在新生代，尤其以全新世化石硅藻的研究最为广泛和深入。此外，间冰期、冰后期（晚 Devensian 和 Flandrian 期）、古近纪和新近纪等均有较多报道（Stoermer and Smol，1999；福迪，1971；Lowe，1974）。

220 万年以来，共有 8 次硅藻化石上的重要事件，可用作地层对比，而 Burckle 和 Akiba（1978）将下中新统到更新统底部定出 43 个时间基准面。目前，硅藻化石从中新世中期至今已有相当可靠的地层分带，包括低纬度区、北太平洋和南大洋三种不同的分带方案，各自可与磁性地层年表相对比。

王开发等（1985）对位于马绍尔群岛和夏威夷群岛之间的中太平洋海盆的表层和柱状样品进行了硅藻研究，根据热带、亚热带种类百分含量的变化，利用一些有时代意义的化石硅藻种出现的层位和赤道太平洋地区硅藻地层学划分方案相对照，将 M_{14} 钻孔以 98 cm 为界分为上、下两部分，98 cm 以上的地层所出现的硅藻全部为现代种，主要属种为桶形假短缝藻、结节圆筛藻、细圆齿圆筛藻、海洋菱形藻、楔形半盘藻、培氏根管藻、菱形海线藻、非洲圆筛藻。桶形假短缝藻是最年轻的硅藻种类，开始出现于松山反向期中部，作为划分更新世和上新世界线的标志。以桶形假短缝藻为特征种，全部由现代种构成的硅藻化石组合的地层时代为中、晚更新世，其绝对年龄为 63 万年到现代。

而在 98 cm 以下地层则出现了今已绝灭的种类雷恩霍尔菱形藻、化石菱形藻，其他主要有桶形假菱形藻、方格罗氏藻及其变种、结节圆筛藻、细圆齿圆筛藻和海洋菱形藻等（表 4-1）。为第四系地层的划分提供了依据。

表 4-1　M_{14} 柱状样重要化石硅藻地层层位（据王开发等，1985）

第四纪		地质时代	种类
早更新世	中、晚更新世		
霍恩霍尔菱形藻带/化石菱形藻带	桶形假短缝藻带	化石带(据Burckle，1977)	
		绝对年龄	
松山反向期	布容正向期	极性事件	
3 m　　2 m	1 m	深度	

种类
Nitzschia reinholdii
Nitzschia fossil
Pseudoeunotia doloolus
Roperia tesselata
Coscinodiscus nodulifer
Hemidiscus cureiformis
Thalassionema nitzschioides
Nitzschia marina

二、古生态、古环境意义

水体中的硅藻对其生存的环境变化十分敏感，同时数量多、分布广，而且易于保存，因此硅藻已成为研究水体环境变化的重要手段。水体环境变化的重要参数有：pH、盐度、碱度、水体深度、水流速度、营养水平、矿物质元素溶解重碳酸钙以及光照和水温等。因此，化石硅藻在重建古环境、恢复古气候方面起着重要的作用，并且由定性向定量发展。

支崇远（2005）对东海南部陆缘硅藻与环境进行了定量研究，运用聚类分析、最优分割、因子分析、主成分分析、相关分析、回归分析等多种数理统计方法研究了现代硅藻与环境和化石硅藻与古环境关系。

闽北段3个钻孔岩心硅藻中常见海水种有环状辐裥藻 *Actinoptychus annulatus*（Wallich）Grunow、波状辐裥藻 *Actinoptychus undulates*（Bailey）Ralfs、爱氏辐环藻 *Actinocyclus ehrenbergi* Ralfs、辣氏辐环藻 *Actinocyclus ralfsii*（W. Sm.）Hustedt、减小圆筛藻 *Coscinodiscus decrescens* Grunow、辐射圆筛藻 *Coscinodiscus radiatus* Ehrenberg、蛇目圆筛藻 *Coscinodiscus argus* Ehrenberg、条纹小环藻 *Cyclotella stylorum* Brightwel、具槽直链藻 *Melosira sulcata*（Ehrenberg）Cleve 等。

比较常见的半咸水种有洛氏圆筛藻 *Coscinodiscus rothii*（Ehrenberg）Grunow、舌形圆筛藻 *Coscinodiscus blandus* Schmidt、小眼圆筛藻 *Coscinodiscus oculatus*（Fauv.）Petit、条纹小环藻 *Cyclotella stylorum* Brightwel、史密斯双壁藻 *Diploneis smithii*（Bréb.）Cleve、大美壁藻 *Caloneis permagna*（Bail.）Cleve、颗粒菱形藻 *Nitzschia granulate* Grunow 等。

常见的淡水种有波缘曲壳藻 *Achnuthes crenulata*、膨大曲壳藻 *Achnuthes inflata*、海氏窗纹藻 *Epithemia hyndmamii* Smith、赖氏窗纹藻 *Epithemia reicgeltii* Friche、光亮窗纹藻 *Epithemia argus* Kützing、纤细异极藻 *Gomphanema grucile*、微细异极藻 *Gomphanema paroulum*、歧纹羽纹藻 *Pinnularia divegentissima*（Grunow）Cleve、披针桥穹藻 *Cymbella lanceolate*（Ehrenberg）Van Heurck、极小桥穹藻 *Cymbella perausilla* Cleve、扭曲小环藻 *Cyclotella comta*（Ehrenberg）Kützing，以及广布型的细弱圆筛藻 *Coscinodiscus subtilis* Ehrenberg、平片针杆藻 *Synedra tabulate*（Ag.）Kützing 和大形羽纹藻 *Pinnulaia major*（Kützing）Cleve 等。

硅藻组合反映的东海南部陆缘晚更新世以来的古环境演化过程如下：玉木冰期Ⅰ（早大理冰期）海平面较低，玉木亚间冰期（大理亚间冰期）在2900~3500 a BP 时期海平面有了较大回升，玉木冰期Ⅱ（晚大理冰期）海平面比前一阶段有所下降，前北方期，海平面回复上升，北方期海平面继续上升，大西洋期为海侵盛期，亚北方期海平面比前一阶段有所下降，亚大西洋期则接近现代的环境。

表层沉积硅藻的很多种类与环境因子关系密切，因而对环境具有以下几种指示作用。

（1）爱氏辐环藻 *Actinocyclus ehrenbergi* Ralfs 可能受水体 pH 影响较大，pH 高的环境有利于爱氏辐环藻的生长繁殖；辐裥藻 *Actinoptychus* 与氧化还原环境有很明显的相关关系，还原作用和较强还原作用的环境中，辐裥藻出现比例明显上升。

（2）具槽直链藻 *Melosira sulcata*（Ehrenberg）Cleve 的分布与海域沉积类型有关，如砂粉砂黏上和砾砂粉砂沉积类型是具槽直链藻较多的区域。

（3）蛇目圆筛藻 *Coscinodiscus argus*（Ehrenberg）对现代九龙江口、厦门岛沿岸的水体环境有较好的适应性，在硅藻总数中占有较高比例，且分布较均匀，即在 217 个硅藻种及亚种中，它是优势种之一。在钻井的其他层位里，不同地层时代有不同的硅藻优势种。

（4）细弱圆筛藻出现比例高的区域是强氧化作用和有机质含量为 1.74%重叠的区域，可能强氧化作用和有机质含量适度的环境对细弱圆筛藻的生长繁殖有较好的促进作用。

（5）线形圆筛藻在水环境有机质含量为 2.4%左右的区域有较高比例出现，这些区域的水体环境受河流和水库排水及海水的综合影响。线形圆筛藻在有机质含量高的环境中生长较繁盛，可作为环境指示。

（6）琼氏圆筛藻在九龙江口、厦门岛沿岸的分布比例随环境而变化，其在台湾海峡的厦门岛海域的出现比例较高，在有机质含量为 2.4%的水域中其出现率受到限制；琼氏圆筛藻与线形圆筛藻对有机质含量适应性的表现则相反。

（7）条纹小环藻和洛氏圆筛藻 *Coscinodiscus rothii*（Ehrenberg）Grunow 分布在较典型的半咸水环境，其分布规律与沉积能量分布有关，在细粒沉积物区其出现率较高。

通过东海南部的河口、海湾和海洋环境 46 个取样点表层沉积硅藻的 217 个种及亚种的数据，运用 SPSS 计算机统计软件，在主成分分析的基础上，经多元逐步回归，得出两个回归模型：

$$Y=(0.203+0.000\,960\,9X)\times 100$$

式中，Y 为水体盐度；X 为海水种硅藻（单位为%）。

$$Y=(0.287-0.001\,213X)\times 100$$

式中，Y 为水体盐度；X 为淡水种硅藻（单位为%）。

在水体盐度较大的环境中，海水种模型较淡水种模型更具有典型意义和实用价值。利用这种回归模型可定量恢复的古环境水体盐度有河口环境、河口外口环境、海湾环境、深水海湾环境、近岸环境等。另外还可以根据硅藻中氧同位素确定水体的绝对温度。

三、硅藻土矿产资源

硅藻土是以硅藻遗骸（壳体）为主的一种生物沉积岩。在非海相（包括淡水、微咸水和咸水）硅藻土中常伴有淡水海绵骨针、金藻内生孢子等生物遗骸。在海相硅藻土中，除硅藻遗骸外常伴有硅鞭毛类、放射虫等硅质生物遗骸。除此之外，经常与其共存的有各类黏土矿物（高岭石、蒙脱石、水云母等）和碎屑矿物（石英、长石等）。因而，应根据硅藻土原土中的硅藻壳体、黏土矿物和碎屑矿物三者之间的比率（以其体积而言）及原土中的化学组分对硅藻土进行划分和命名。

我国硅藻土可划分为：硅藻土、含黏土硅藻土和黏土质硅藻土 3 类。硅藻土是指原土中的硅藻壳体含量在 80%以上，原土的化学组分中 SiO_2 含量在 75%以上的土。

当前世界上较大的海相硅藻土矿——美国加利福尼亚州的隆波克（Lompoe）硅藻土矿、中国吉林省长白自治县马鞍山硅藻土矿、西大坡硅藻土矿、云南省寻甸县先锋硅藻土矿、山东省临朐县解家河硅藻土矿和浙江省嵊县硅藻土矿都是在中新世形成的。另有一些硅藻土矿如四川省米易县回汉沟硅藻土矿、中梁子硅藻土矿、吉林省蛟河县南岗硅藻土矿以及云南省腾冲县观音塘硅藻土矿等则分别在上新世和更新世形成。

硅藻土作为一种矿产资源，广泛地应用于建筑、制造、造纸、橡胶等工业生产中，作为保温材料、化学催化剂载体、吸收剂、助滤剂等。

第五章　孢子和花粉

第一节　概　　述

藻类、菌类、苔藓植物和蕨类植物进行无性生殖的生殖细胞就是孢子（spore），产生孢子的器官称孢子囊。花粉（pollen）是裸子植物和被子植物的雄性小配子体，裸子植物的花粉一般产于球果状的雄花中，如松科等。被子植物的花粉都聚集在雄蕊的花药内。孢子囊或花粉囊发育成熟后，可借助风、水、昆虫或其他动物，将孢子或花粉从植物母体中散布出去。孢子花粉的外壁成分是孢粉素，分子式为 $C_{96}H_{22}O_{24}$，其性质稳定，抗酸碱及生物的酶化，并可承受一定的温度、压力而不被破坏。孢粉被迅速埋藏，并经漫长的地质时期的石化过程变成化石保存在地层中，就形成化石孢粉。

现代孢粉研究始于显微镜发明以后，如生物学家 Grew 在 1682 年开始观察现代植物的孢粉，化石孢粉的研究始自 1838 年，Ehrenberg 首次发表了有关化石孢粉的著作，但是把研究应用于地质上的方法是由挪威学者 L. von Post（1916）开创的（引自郝诒纯、茅绍智，1993）。

孢粉学研究的内容包括基础研究和应用研究。基础研究包括现代和化石孢粉的形态学、孢粉生理学、孢粉化学，研究孢粉形态、分类、命名、组成成分等；应用研究包括地层孢粉学、石油孢粉学、海洋孢粉学、考古孢粉学、农业孢粉学、医学孢粉学、蜜源孢粉学等。

孢子和花粉是由植物体上的孢子囊或花药中的母细胞经减数分裂而形成。首先一分为二，形成二分体，然后每个二分体分裂为二，形成四分体。不久四分体的 4 粒孢粉分离形成 4 个单独的子细胞，即为孢子或花粉。孢子花粉在四分体中排列的方式有 5 种类型（图 5-1）。成熟的花粉有单粒花粉和复合花粉两种类型：单粒花粉为花粉粒成熟时单独存在，绝大多数植物花粉属于这一类型；复合花粉

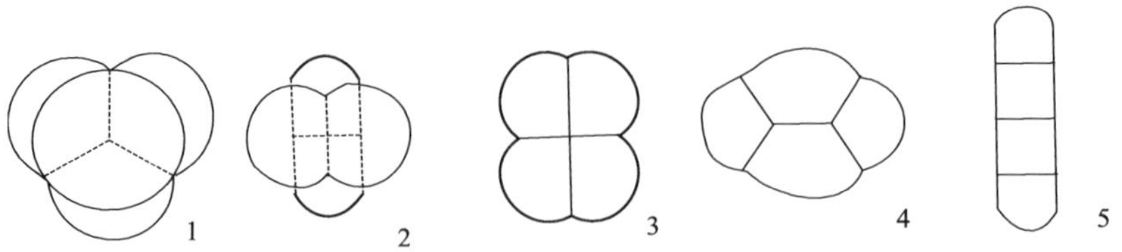

图 5-1　花粉四分体的排列方式（引自郝诒纯、茅绍智，1993）

1. 四面体形四分体；2. 十字形四分体；3. 正方形四分体；4. 菱形四分体；5. 线形四分体

为 2 个以上花粉粒集合在一起，一般是 2、4、16、32、64 个细胞集合在一起，如杜鹃花科（Ericaceae）的花粉为四合花粉，金合欢属（*Albizzia*）为十六合花粉，兰科（Orchidaceae）的许多花粉粘连在一起形成花粉块。

第二节　孢子花粉的形态及壁部构造

一、孢子花粉的形态和术语

高等植物的孢子和花粉都有一定的几何形态，具有极性和对称性。为便于观察描述和定向，采用和地球相类似的名称来命名孢子花粉的相应部位（图 5-2）：把四分体中心的一点称为近极；由近极与孢子花粉的中心连线并延至表面的交点称为远极；从近极通过孢粉粒中心与远极之间的一条假想的线称极轴；通过孢粉粒中心与极轴垂直的线称为赤道轴；赤道轴沿孢子表面的轨迹称为赤道；赤道把孢粉粒分成两个极面，靠近近极的称近极面，靠近远极的称远极面；通过两极与赤道直交的线称子午线。凡被赤道等分的孢子花粉称等极的，反之为异极的，少数不能辨别极性的称无极的。

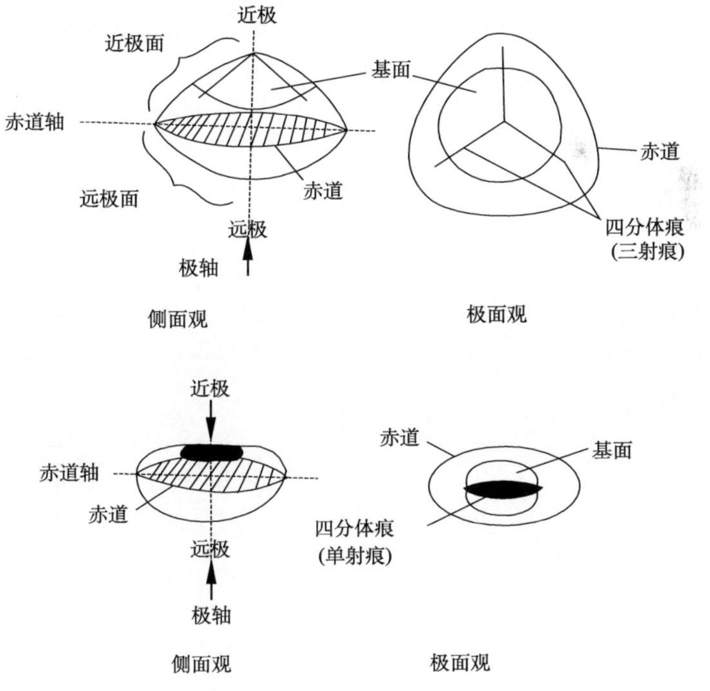

图 5-2　孢子花粉的形态和术语（据 Brasier，1980）

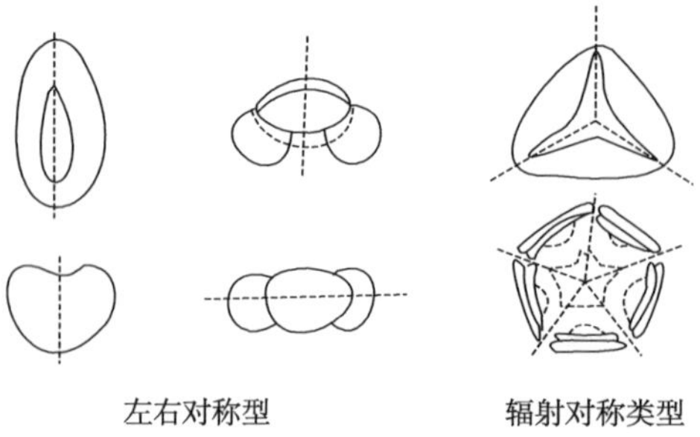

图 5-3　孢粉的对称类型

（据 Заклинская，1965）

孢子花粉的极性和对称性取决于母细胞的排列方式。四方型排列的一般为左右对称，四面体型的孢子花粉多为辐射对称。左右对称型有两个或两个以下的对称面，如单缝孢或具气囊的花粉（图 5-3）。辐射对称型有两个以上的对称面，如三缝孢和三孔沟的花粉。圆球形花粉粒通过花粉粒中心所切割的任何一个面都对称，称为完全对称，属特殊辐射对称。

二、孢子花粉的萌发构造

孢子花粉壁上的开口——射缝、孔、沟、或薄壁区等，称为萌发构造。当孢粉成熟时，原生质通过这些开口流出。孢子的萌发构造就是在近极面上的射缝。花粉的萌发构造为其壁上的孔、沟。无射缝或孔沟的孢粉藉薄壁区进行萌发。孢子由射缝开始发育成原叶体，花粉则由孔、沟或薄壁区长出花粉管进行授粉而繁殖。不同植物萌发构造的数目（N）、位置（P）及特征（C）不同，它们是鉴定属种的重要特征，也是形态分类的主要依据。因此，Erdtman（1978）提出 NPC 分类系统（图 5-4）。这一分类系统据萌发孔的数目分成 9 类，据位置分 7 类，据特征也分 7 类。

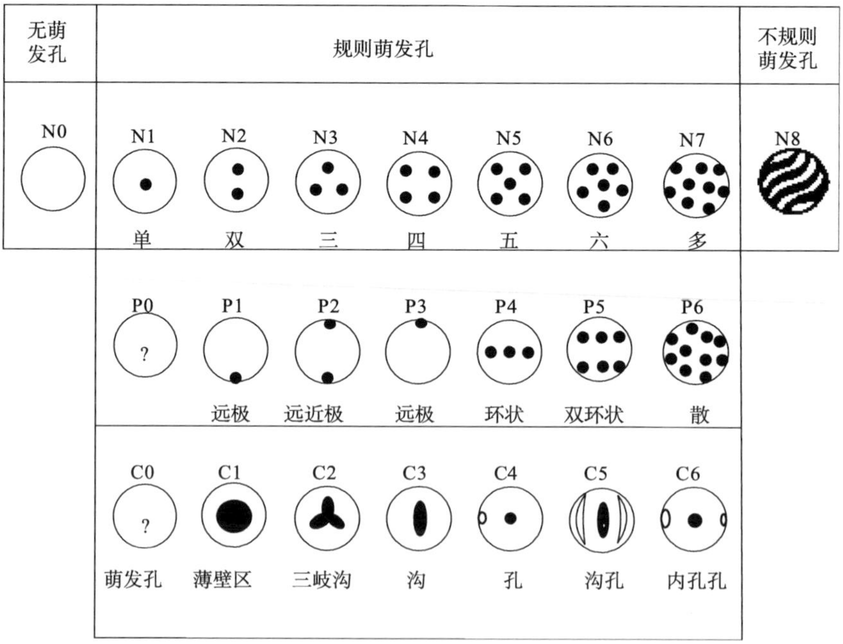

图 5-4　孢粉的 NPC 系统（据 Erdtman，1978）

三、孢子花粉的形状、轮廓、大小

孢子花粉的形状是多样的，取决于它们在母细胞中的排列方式和萌发器官的类型，可以从它们的立体形状或极面观（沿极轴方向所观察到的面）、赤道面观（沿赤道轴方向所观察到的面）的轮廓来描述。按孢粉粒的极轴与赤道轴比值可将孢子花粉分成以下 5 级：①超扁球形，极轴/赤道轴＜0.5；②扁球形，极轴/赤道轴的值为 0.5~0.88；③近球形，极轴/赤道轴的值为 0.88~1.14；④长球形，极轴/赤道轴的值为 1.14~2；⑤超长球形，极轴/赤道轴＞2。

化石孢粉由于长期在地层中受压，往往被压扁。时代越新的孢粉压扁度越低，立体感越强。在薄片中所见的往往是某一位置的投影轮廓。常见而重要的投影为垂直极轴的和垂直赤道轴的，前者称为极面轮廓，后者称为赤道轮廓，这两种轮廓的结合即表示其立体形状。常见极面观的轮廓有圆形，三、四、五、六角形等。常见的赤道轮廓有圆形、扁圆形、豆形、椭圆形、宽椭圆形、窄椭圆形等。

孢粉学家按照孢粉的大小分成 6 个等级（以孢粉粒最长轴的长度为准）：很小（＜10 μm），小（10~25 μm），中等（25~50 μm），大（50~100 μm），很大（100~200 μm），巨大（＞200 μm）。

一般孢子大小范围多在中等至大之间，个别大孢子直径可达 400 μm 到 1 mm。花粉大小变化较大，被子植物花粉在中等到小之间，个别小到几个微米，裸子植物花粉中具气囊的花粉多在中等到大之间，有的可达 200 μm。

四、孢子花粉壁的构造及纹饰

1. 孢粉壁的分层

孢粉壁的结构和纹饰是鉴定属种的重要依据之一。孢粉的壁部主要由内壁和外壁组成（图 5-5），有的孢子还具周壁。

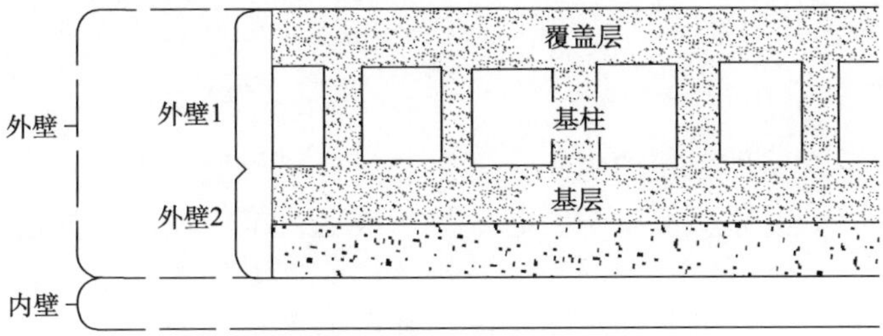

图 5-5　孢粉壁分层（据 Brasier，1980）

内壁为最里面的一层，其成分主要是纤维素。易分解，在化石中及经酸碱处理的孢粉均不保存。

外壁为孢粉外面较复杂的一层，具有一定的结构，并形成纹饰。由致密坚硬角质化的高分子有机化合物孢粉素组成，这种物质耐一定的压力和温度，能经受强酸的处理，故可保存为化石，是孢粉学研究的主要对象。在高倍生物显微镜下，可见外壁由内层和外层组成。内层光滑无纹饰，外层又称雕纹层，可细分为两层，里面的为柱状层，外面的为覆盖层（图 5-6）。有时覆盖层之上还可以有上层分子构成雕纹。不同层次的物质成分不同，因而据孢粉壁的化学成分，可分出两个基本层次，即外壁 1 和外壁 2（图 5-5）。

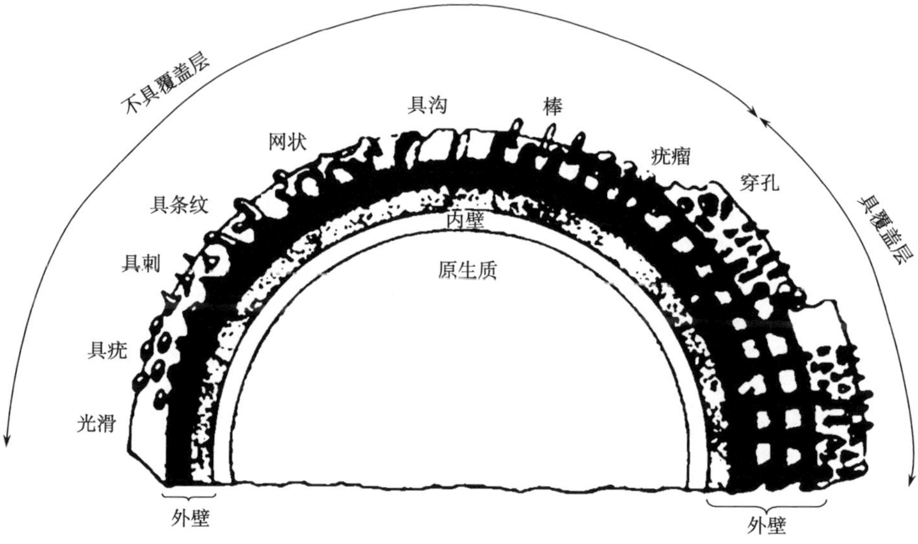

图 5-6　孢粉壁的结构和纹饰（据 Brasier，1980）

周壁是覆盖在外壁上的一层薄膜状物质。花粉一般不具周壁，仅某些孢子具有。周壁一般和外壁的接触不紧密，经酸碱处理后易脱落。周壁上多光滑具皱，有的具瘤、网、颗粒等纹饰。

2. 外壁纹饰

这是鉴定不同属种孢粉的重要依据之一。外壁外层分子排列组合的不同显示不同类型的纹饰，覆盖层上由于突起变化形成的纹饰叫雕纹，外壁外层分子（柱状层）不同排列方式反映在表面上的纹饰称为肌理或结构。在一般光学显微镜下较难区分雕纹和肌理，因此把外层表面反映出的各种图案统称为纹饰，是分类描述中的重要依据。常见有下列类型（图 5-6、图 5-7）。

（1）光滑。表面平滑，均一，如 *Betula*（桦属）。

（2）颗粒状。表面布满颗粒状突起，轮廓线呈微波形，如 *Quercus*（栎属）。

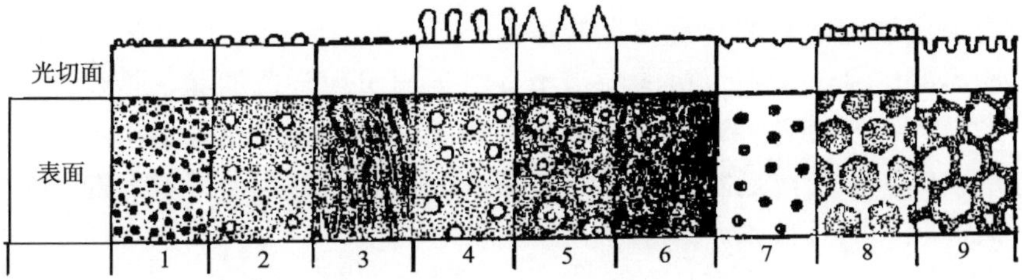

图 5-7　外壁纹饰类型（据 Заклинская，1965）

1. 颗粒状；2. 小瘤状；3. 条纹状；4. 棒状；5. 刺状；6. 脑纹状；7. 穴状；8. 网状；9. 负网状

（3）瘤状。表面布满半圆形突起、突起的宽度大于高度，轮廓线呈宽波状，如 Valerianaceae（败酱科）。

（4）疣状。由规则或不规则的块状突起组成，突起的宽度大于高度，顶端平，基部不收缩，如 *Liriodendron*（鹅掌楸属）。

（5）刺状。由尖顶的圆锥状突起组成，轮廓线呈明显的刺状，如 Lauraceae（樟科）。

（6）网状。由凹下的网眼和突起的脊条组成，似蜂巢状，轮廓线上具网脊突起，如 *Lycopodium*（石松属）。如果网脊凹下网眼突起则为负网，如 *Botrychium boreale*（阴地蕨）。

（7）条纹状。由排列成条纹状的细颗粒组成，似细线条，如 *Acer*（槭属）。

（8）棒状。呈棒状突起，突起的顶部和基部等宽，或棒的末端膨大，如 *Ilex*（冬青属）。

（9）脑纹状。弯曲短线条似脑纹，如 *Ulmus*（榆属）。

（10）穴状。为圆形的凹坑，与网状区别是没有突起的网脊，轮廓线为大的波状，如 *Ophioglossum*（瓶尔小草属）。

为了详细鉴别外壁上的各种纹饰，可采用 Erdtman 的明暗（LO）分析法，即不断提高或下降镜筒，使焦点落在纹饰不同位置上来观察。

五、各类植物孢粉的主要形态特征

苔藓植物的孢子多数缺少萌发构造，个体小，一般 5~10 μm，无射缝孢子多为圆形，具刺状、网状纹饰，具三射缝的孢子也多为圆形，表面常光滑。

蕨类植物的孢子形态有两种：一种呈辐射对称，形状多为圆或三角形，发育三射缝；另一种呈左右对称，形状多呈豆形、椭圆形，发育单射缝。所有射缝均位于近极面上。射缝的宽窄与成熟程度有关。射缝的长短是不同属种植物的孢子的特征之一，其长度可以是孢子的半径或半径的 3/4、1/2、1/3 等。射缝有简单的、直的或波状弯曲的，有的在射缝边缘加厚，或在末端发生分叉（图 5-8）。

晚古生代的孢子有的具有明显的基面（指孢子的近极面）。许多孢子的两个极面具有明显的区别，常在近极面的孢子接触区内出现颜色加深、具纹饰及加厚现象。有的在赤道发育各种环饰，其形状、厚薄、纹饰和宽度各不相同，可能是外壁的外层在赤道区变薄延宽而形成（图 5-8、图 5-9）。孢子外壁上的纹饰常见为颗粒、瘤、刺、网等纹饰。

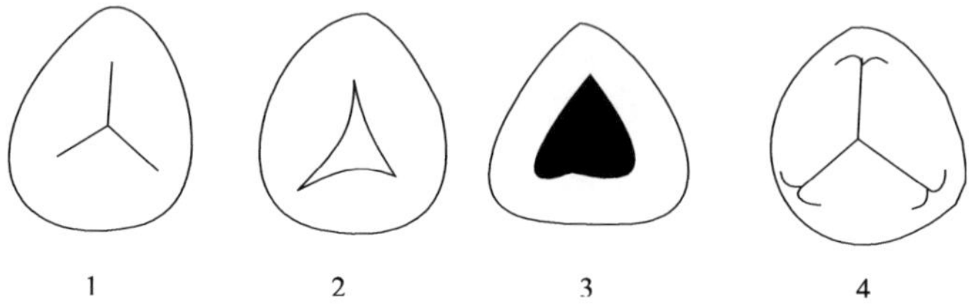

图 5-8　孢子的射缝类型（据王开发、王宏曾，1983）

1, 2 为简单射缝；3, 4 为复杂射缝

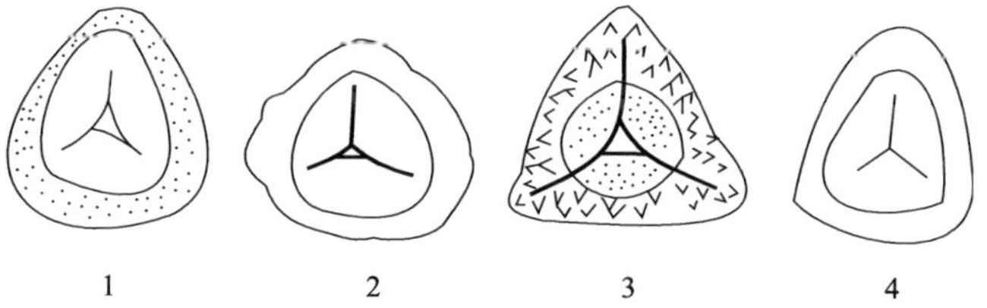

图 5-9　具环饰的孢子类型（据王开发、王宏曾，1983）

裸子植物花粉的形态特征据气囊的有无、萌发构造的形状和结构，可分为 5 种基本类型（图 5-10）。

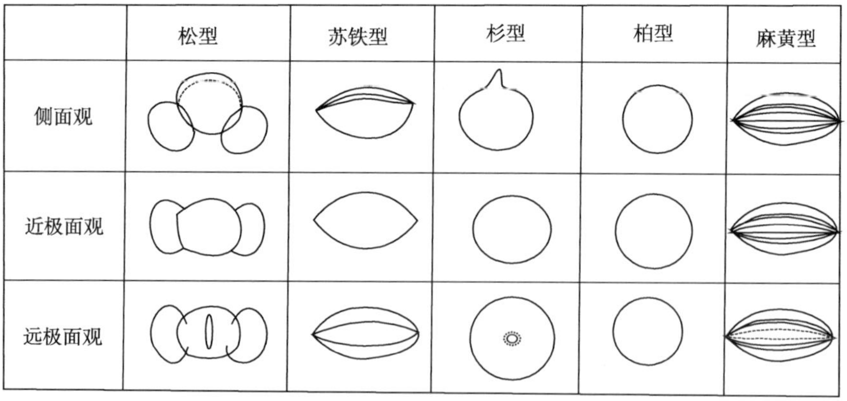

图 5-10　裸子植物花粉类型（据王伏雄等，1995）

（1）具气囊的花粉（松型）。具有一个近圆形的本体，其两侧各延伸出一个近半圆形的气囊，远极面上具一个单沟，如 *Pinus*（松属）、*Picea*（云杉属）、*Abies*（冷杉属）等。

（2）具单沟的船形花粉（苏铁型）。花粉粒船形、纺锤形，远极面上具明显的单沟，如 *Cycas*（苏铁）、*Ginkgo*（银杏）等属。

（3）球形花粉（杉型）。花粉粒球形，外壁在远极具一乳头状突起。突起处外壁变薄，末端为单孔，如 Taxodiaceae（杉科）。

（4）球形花粉（柏型）。花粉球形，外壁上不具明显的萌发构造，但常有一个起萌发作用的薄壁区，如 Cupressaceae（柏科）、Taxaceae（紫杉科）。

（5）橄榄形花粉（麻黄型）。花粉椭圆形，外壁上有多条纵肋和纵沟，有一远极沟或无萌发构造，如 *Welwitschia*（百岁兰）、*Ephedra*（麻黄属）。

具气囊花粉是松科（Pinaceae）和罗汉松科（Podocarpaceae）花粉的主要类型，其构造较复杂，由本体和两侧的气囊组成（图 5-11）。本体近极面的外壁加厚成帽，帽的边缘加厚称帽缘。气囊由本体两侧的外壁外层向外延伸而成，多为半圆形、近圆形，一般为两个，也有具一个或三至四个气囊的，常具各种内网状纹饰。气囊和本体在近极面上的交点叫近极基，在远极面上的交点叫远极基。本体上一般具颗粒状纹饰。

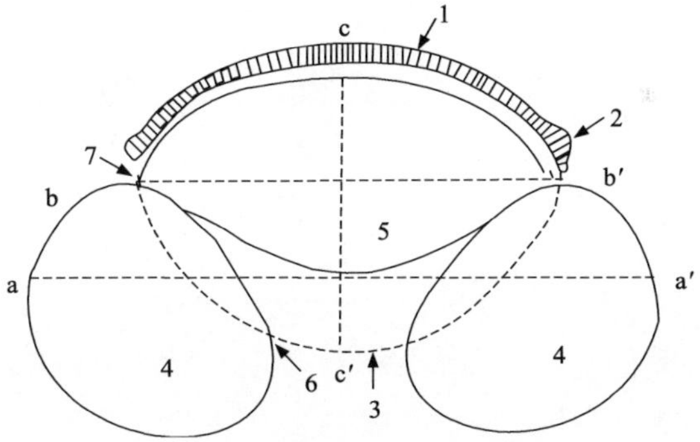

图 5-11　松属花粉的构造和测量

1. 帽；2. 帽缘；3. 远极沟；4. 气囊；5. 体；6. 远极基；7. 近极基；a—a′. 全长；b—b′. 体长；c—c′. 体高

被子植物花粉的形态多样而复杂，其萌发构造有孔和沟。孔指短的萌发孔，长轴/短轴小于或等于 2。孔的形状、排列和分布是鉴定花粉粒的重要特征。据孔的数目可分为单孔、双孔、三孔、多孔、散孔等。据孔的结构又可分为简单孔和复杂孔。简单孔（又称无孔室的孔）由单层或多层外壁组成，但在孔处外壁没有分离形成自由空间，孔道简单。据孔处外壁厚度的变化，可分 8 种类型（图 5-12）。复杂孔（又称有孔室的孔），在孔处两层外壁分离形成自由空间的孔室。不同属的孔室形状不同，孔道也多样，常见类型见图 5-13。

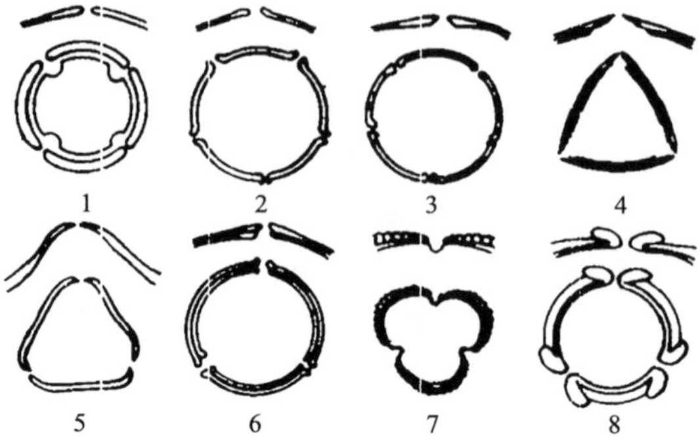

图 5-12　简单孔基本类型（据宋之琛等，1965）

1. *Rumex*；2. *Carpinus*；3. *Celtis*；4. *Myrica*；5. *Engelhardtia*；6. *Betula*；7. *Artimisia*；8. *Nyssa*

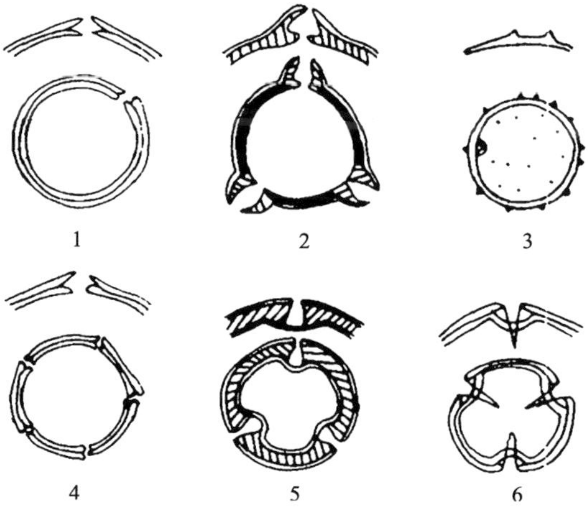

图 5-13　复杂孔基本类型（据宋之琛等，1965）

1. Gramineae；2. Oenotheraceae；3. *Platycodon*；4. *Alnus*；5. *Tilia*；6. *Rhus*

沟是长的萌发孔，其长轴的长度至少为短轴的两倍以上。沟的数量从一个至多个。一个时往往位于远极，两个以上时通常均匀分布于赤道上，沿子午向延伸。尚有特殊形态的沟，如环沟、螺旋状沟，球面散沟等。若三沟延伸至两极并相合时可形成合沟或副合沟。孔沟是由沟及中央的孔构成的复合萌发构造。

被子植物的花粉形态分复合的和单粒的两大类（图 5-14）。单粒花粉根据萌发构造的特征又分以下类型。

无萌发构造：外壁上不具孔、沟构造，如 *Populus*（杨属）。

具螺旋状沟：为一螺旋状单沟，如小檗科（Berberidaceae）。

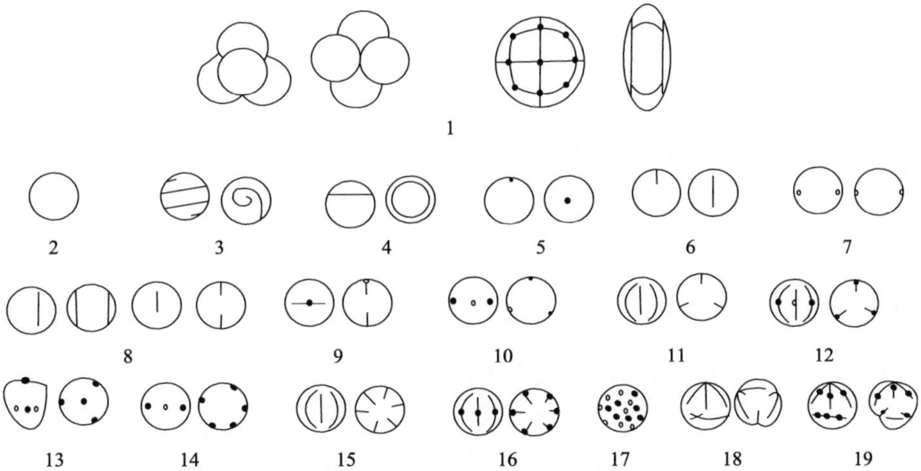

图 5-14　被子植物花粉类型

1. 复合花粉；2~19. 单体花粉；2. 无萌发构造；3. 螺旋状沟；4. 环状沟；5. 单孔；6. 单沟；7. 二孔；8. 二沟；9. 二孔沟；10. 三孔；11. 三沟；12. 三孔沟；13. 四异孔；14. 多孔；15. 多沟；16. 多孔沟；17. 散孔；18. 散沟；19. 散孔沟（据王伏雄等，1995）

具环状沟：为一环形单沟，沟与赤道平行，如 *Nymphaea*（睡莲属）。

具单孔：单孔位远极，如禾本科（Gramineae）。

具单沟：多位于远极面，如木兰科（Magnoliaceae）、百合科（Liliaceae）。

具二孔：沿赤道面均匀分布两个孔，如 *Morus*（桑属）。

具二沟：两个沟平行或垂直于赤道分布，此类型少见，如棕榈科（Palmae）中某些属。

具二孔沟：两个孔沟垂直或平行赤道分布，此类型少见。

具三孔：三个孔均匀分布于赤道上，如桦属。

具三沟：三个沟均匀分布于赤道，沿子午线向延伸，是双子叶植物花粉中的常见类型，如 *Quercus*（栎属）。

具三孔沟：三个孔均匀分布于赤道，沟沿子午线向延伸，沟的中央具孔，是双子叶植物花粉中的常见类型，如 *Castanea*（栗属）。

具四异孔：赤道上均匀分布三个小孔，远极面上有一个大孔，如莎草科（Cyperaceae）。

具多孔：赤道上均匀分布着三个以上的孔，一般四至五个，如 *Pterocarya*（枫杨属）。

具多沟：垂直于赤道均匀分布着三个以上的沟（一般四至五个，或六个），如茜草科（Rubiaceae）。

具多孔沟：三个以上的沟均匀分布在赤道上，沟中央具孔，以四孔沟为常见。

具散孔：不定数目的孔均匀分布在花粉粒球面上，如藜科（Chenopodiaceae）。

具散沟：不定数目的沟均匀分布在花粉粒球面上，如 *Polygonum amphibium*（水蓼）。

具散孔沟：孔沟散布于花粉粒球面上，较少见。

第三节 孢粉分析的原理及其分类命名

1. 孢粉分析原理

由一块岩石或一定层位的样品中所获得的孢子和花粉的全部成分称为孢粉组合，如进一步用百分数表示其中各成分（科、属、种）的相对含量，就称之为孢粉谱。在一定程度上，前者起着“定性”的作用，而后者则起着“定量”的作用。

孢粉分析就是对地层中所得出的孢粉组合加以分析、对比，据此来划分对比地层，确定地层的时代，并进一步恢复当时的古地理、古气候和古生态。孢粉分析的理论基础就是孢子和花粉本身的特征。

1）体积小，产量高

孢粉粒的直径一般为 10~200 μm，甚至可小于 10 μm。植物的孢子和花粉产量极其巨大，据 Erdtman（1978）的统计资料，不同属种的植物其花粉产量不尽相同，不易被风扩散的 *Trifolium pratense* 的每朵花产 220 粒花粉，风媒花植物的花粉产量特别高，如 *Betula pubescens* 可达每朵花 6000000 粒。在春季或夏初，在一个地区的上空悬浮着犹如下雨一样的花粉，随沉积物一起被埋藏，故孢粉化石在地层中较其他大化石易于发现。在富含孢粉化石的岩石中，仅十至二三十克的样品，就可获得成千上万粒的孢粉。

2）能搬运一定距离

由于孢粉体小质轻，有些还具有飞翔的气囊构造，故易被流水、风及昆虫携带到广大地区。在一定程度上，较大范围内孢粉成分是混杂的，并具有综合特点，也为地层对比提供了有利条件，如 *Pinus silverstris* 的花粉可飘至 1700~1750 km 以外。

由此可知同一地史时期的陆相及海相地层中保存的孢粉化石彼此间可进行对比。化石的混生可以利用孢粉组合在大区域进行对比。一般风媒花的花粉搬运距离远远大于虫媒花；蕨类孢子多数落在原地，流水可以进一步搬运，还可以再沉积；草本植物花粉一般扩散不远，但产量高又易被流水搬走。这些因素均可影响孢粉组合反映植物群的准确性。

3）外壁坚固

孢粉的外壁能抗酸、碱，耐一定的高温、高压，故在成岩及石化过程中能很好地被保存下来。甚至在浅变质岩石中、火山岩胶结物中也能分离出一定数量的孢粉。当然，不同属种植物的孢粉外壁的坚固程度不同，有的很难保存或经化学处理即被破坏。

应用孢粉分析来划分、对比地层，确定其地质时代和恢复当时的古地理、古气候面貌的主要原理，就是在于不同的地质时期、不同的地理、气候环境下生长着不同的植物群，因而产生了不同的孢粉组合，反之，则具有相似的孢粉组合。然而，不同植物的孢粉其产量、搬运距离和外壁坚固程度均不相同，有的甚至存在很大差异，那么，从沉积物中所获得的孢粉组合究竟能否反映当时地面植物群的面貌和特征呢？半个多世纪以来，中外学者进行过理论和实践上的探讨，通过大量研究证明，尽管还存在种种影响因素，沉积物中的孢粉组合的特征基本上能反映当时地面植物群的面貌。

孢粉学家格里丘克和扎克林斯卡娅（Гричук и Заклинская，1948）研究了俄罗斯境内北部冻原带、森林冻原带、针叶林带，中部的混合林带、阔叶林带，到南部的森林草原带、草原带及沙漠带等不同植被带的表土样品，结果证明自北向南孢粉组合的变化大致反映当地植被的性质。周昆叔（1984）对长白山北坡植被带表土的孢粉分析所得针叶林带和针阔叶混交林带的表土孢粉组合，同样证明孢粉组合可大致反映当地植被面貌（表 5-1）。

表 5-1　长白山北坡针叶林带、针阔叶混交林带孢粉成分表（据周昆叔，1984）

孢粉含量/% 植被 属名	针叶林带				针、阔混交林带	
	暗针叶林带		亮针叶林带			
松属	44.5		68.7		66.2	
云杉属	17.2		5.7		1.7	
冷杉属	26.1	90.6	21.4	95.8	6.4	
黄花落叶松属					6.8	82.0
桦属	4.3		23.0		8.1	
其他阔叶树种	4.8		1.6	4.1	9.8	17.9

对于孢粉组合因不同植物的孢粉在产量和搬运距离上的差异而引起的反映植物群面貌的误差，可用植物的校正系数来消除。

孢粉组合只能大致地反映植被的面貌。Cross 曾报道墨西哥湾表层沉积及附近陆地河流沉积中孢粉分析结果，指出陆地上的母体植物和沉积物中的孢粉组合在量上有很大差异（引自郝诒纯、茅绍智，1993）。有些孢粉在组合中缺失，但在陆地上有母体植物存在。这种差异可以归纳出以下原因：旱生植物的花粉不易保存；不同植物，形态相似的孢粉，不易把它们区别到和植物一样的分类级别；不同植物孢粉属种的产量及传播距离悬殊；接近地表沉积物中的孢粉可被水冲走，被土壤中生物分解，以及受自然营力的破坏等等。因此孢粉属种数量上的统计其准确性只能是相对的。

2. 化石孢粉的分类和命名

现代植物孢粉的分类和命名与植物体的分类名称相一致。化石孢粉由于绝大多数分散保存在地层中，无法确知其母体植物，因此不得不单独进行分类和命名。常用以下三种分类方案。

（1）自然分类。孢子花粉是植物繁殖器官的一部分，按照植物的自然系统发生进行分类，按门、纲、目、科、属、种的分类等级排列。这种方法适用于第四纪孢粉学和部分新近纪地层中分散的孢子和花粉。

（2）半自然分类。孢粉化石的学名为器官属名或暗示属于某种植物的可能性，常归入不同植物科内，多用于中生代晚期和古近纪地层中的孢子和花粉，如鲍尔霍维金娜（Болховитина）的分类，她在 1952~1956 年研究前苏联威留依盆地中生代孢粉时提出了这个分类，认为不同类的具囊松柏花粉，总的演化是朝着适应其飞翔完善化的方向发展，即由最初无气囊的原始类型向气囊发达的方向发展。据这一观点找到中生代地层中具气囊花粉和现代松柏类花粉的亲缘关系。她根据气囊和本体的接触特点及其发达程度、花粉粒的形状和气囊与本体上的纹饰，将中生代具气囊的花粉分为 8 个演化组（图 5-15）。

（3）形态分类。完全根据形态，不考虑植物自然亲缘关系的分类。主要用于古生代及古生代以前地层中的孢子和花粉。如纳乌莫娃（Наумова，1937）的分类，她主要研究古生代孢子，尤其对泥盆纪的孢子有系统研究，其分类对孢子部分有较实用的价值。她首次根据有无射缝分为两大类，大类下又根据射线数目及环饰有无以及外壁纹饰分为组和亚组。该分类不足之处是没有模式种和模式标本，无详细描述，不符合国际植物命名法规，有的属包括范围太大，如光面三缝孢属包括圆形的、三角形的、厚角的等，故有的属已被废弃不用。Potonie 和 Kremp（1955）在欧洲孢粉学家和 Наумова 等的分类基础上，提出了一套较为完整的人为形态分类。此分类从实用观点出发，确立了形态属。将化石孢粉归入三个大类（Anteturma）即化石菌孢大类、化石孢子大类、化石花粉大类，大类之下为类，类下为亚类，亚类由几个系组成，或直辖各属，系下包括若干属。

总的说来，古生代和中生代地层中的孢粉，使用人为或半自然分类，第四纪采用自然分类，目前争论不大。而白垩纪、古近纪和新近纪采用人为分类法，目前国际上则争论较大。

孢粉化石的命名，应根据不同地质时代采用不同的命名。

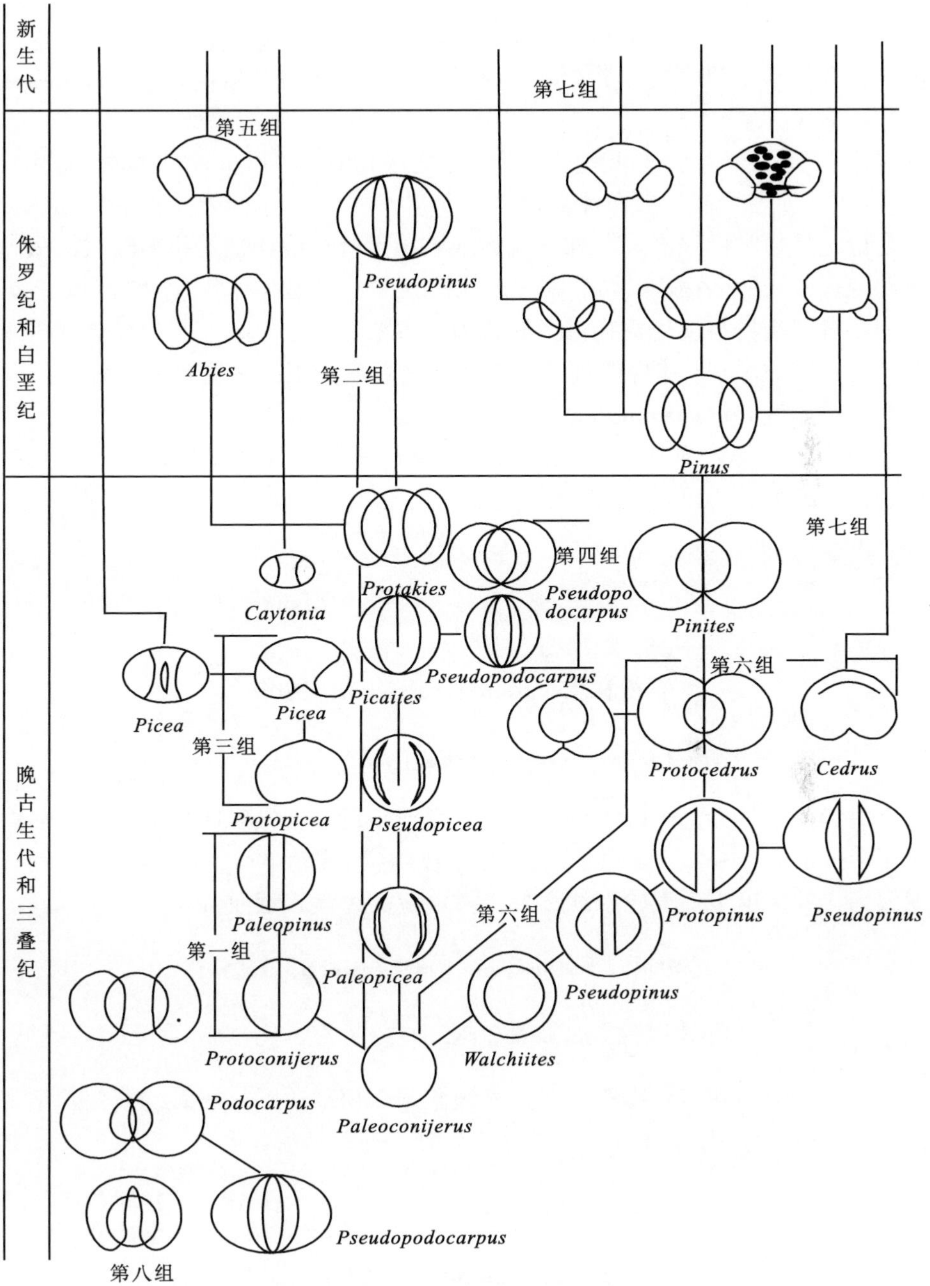

图 5-15　松柏类花粉分类图（据鲍尔霍金娜，1956）

第四纪形态特征和现代植物完全相同，则以现代植物的名称命名。若有疑义，可在种名前加"aff."(即 Affinis 的缩写，指有亲缘关系)符号，或加"cf."（Conformis 的缩写，指类似的意思），表示可以对比；若在同一层位发现这种植物的其他器官（如叶、果实等），则证明孢粉化石与现代植物的关系确无疑问，就直接以现代植物的名称命名。

新近纪孢粉形态特征与某现代植物的孢粉很相似，可以进行对比时，可用现代植物的名称，或加"cf."或在种名后加"Type"（型），以示两者并非完全相同。

古近纪孢粉时代较老，一部分植物现已绝灭或与现代植物相差较大，故一般不采用现代植物的名称，如属名采用现代植物的名称则在种名前加"cf."。古近纪和晚白垩世的孢粉与现代植物某一属花粉在主要形态上一致，其亲缘关系可以肯定但还有一定的区别，这样的孢粉可用形态属名或在相似的属名后加后缀"ites"，如拟罗汉松属为 *Podocarpites*。

目前不知亲缘关系的古近纪或白垩纪的孢粉可用形态属名，如三突孔粉属 *Extratriporopollenites*。

3. 现代孢粉的主要属例

1）蕨类植物孢子

石松科 Lycopodiaceae Rich，1805

石松属 *Lycopodium* Linnaeus，1753（图 5-16-1）

三射缝孢子，赤道轮廓近圆形或亚三角形，近极面接触区外壁光滑，射缝常达孢子半径的 2/3~3/4，远极面外壁表面覆以网状纹饰。网与网眼较规则，网脊宽平或较高，并突出于赤道轮廓线之外。本属有的种具穴状纹饰。

桫椤科 Cyatheaceae Reichenbach，1828

桫椤属 *Cyathea* Smith，1793（图 5-16-2）

三射缝孢子，赤道轮廓三角形，三边微凹，角部浑圆，三射缝清楚，常为孢子半径的 2/3~3/4。射线常具加厚的唇状边缘。外壁光滑。

水龙骨科 Polypodiaceae Brown，1810

水龙骨属 *Polypodium* Linnaeus，1753（图 5-16-3）

孢子极面观为长椭圆形，赤道观为豆形，具单射缝，其长度为孢子长度的 1/2。有时具周壁，表面覆以块瘤状纹饰，有的光滑。

2）裸子植物花粉

松科 Pinaceae Lindley，1836

松属 *Pinus* Linnaeus，1753（图 5-16-4）

花粉粒椭球形，本体极面观横椭圆形或近圆形，帽发育，有的具帽缘，帽上为颗粒或颗粒紧密相连为蠕虫状。气囊位于本体两侧，并偏向远极。侧面观气囊与帽在近极基形成一个不深的凹角，气囊表面为不规则的多角形内网状纹饰。气囊分两种类型：双束型，即气囊与本体接触处的长度短于气囊本身的直径，因此极面观气囊大于半圆形，花粉粒形成交叉的三个圆形；单束型，即气囊与本体接触的直径与气囊直径相等，极面观气囊为半圆形。

云杉属 *Picea* Dietrich，1824（图 5-16-5，6）

花粉粒具两个气囊，但不如松属或冷杉属的气囊发达显著，气囊位于本体的两侧，在近极基平缓，不形成明显的凹角。气囊上的网较细小，本体上一般为颗粒状纹饰，没有帽缘等特征可与松属区别。

银杏科 Ginkgoaceae Engler et Prantl，1897

银杏属 *Ginkgo* Linnaeus，1771（图 5-16-7）

侧面观花粉粒呈船形。极面观轮廓为椭圆形，两端稍尖，具一远极单沟，沟开裂，两端窄小，中部略宽，沟边缘的轮廓线为显著的大波浪形。表面具不明显的弯曲的细条纹或模糊的小颗粒。

麻黄科 Ephedaraceae Dumortier，1829

麻黄属 *Ephedra* Tourn ex Linn，1727（图 5-16-8）

花粉粒橄榄形，中等大小，表面具不同数目的纵肋和其间的凹沟，肋的数目 5~15 条，因种而异，凹沟直，或波浪形，或分叉。

3）被子植物花粉

桦科 Betulaceae Gray，1821

桦属 *Betula* Linnaeus，1753（图 5-16-9）

花粉粒赤道扁球形，极面观三或四角形，常见为三角形。小至中等大小。赤道具三孔或四孔。孔处外壁升高，形成突出的孔。外壁内、外层均加厚，形成孔缘。

桤木 *Alnus* Gaertner，1791（图 5-16-10）

花粉粒赤道观宽椭圆形，极面观四至六角形，中等大小，每个角上分布一孔，多为 4~5 孔。外壁在孔处分离，内、外层间形成孔室，孔间以弓形带加厚互相联系。外壁光滑，在油镜下（×1350）可见细颗粒。

椴科 Tiliaceae De Jussieu，1789

椴属 *Tilia* Linnaeus，1753（图 5-16-11）

花粉粒赤道观扁圆形。极面观为三裂圆形，多处于极面位置。花粉粒中等大小。具三拟孔沟，沟细而短，限于孔径范围内。孔处外壁内、外层分离，内层在孔处未中断，下陷垫在漏斗状孔室下。表面细网状纹饰。

山毛榉科 Fagaceae Dumortier，1829

山毛榉属 *Fagus* Linnaeus，1753（图 5-16-12，13）

花粉粒中等到大。赤道观长圆形—近圆形，极面观圆三角形。具赤道三孔沟，孔圆，沟细而短。孔边缘外壁加厚。表面颗粒状纹饰。

栎属 *Quercus* Linnaeus，1753（图 5-16-14，15）

花粉粒中等大小。多近球形，极面观为三裂圆形。具三沟，沟长达两极，或具三拟孔沟。外壁表面粗糙或颗粒状。轮廓线微波浪形。

4. 我国化石孢粉的主要属例

1）晚古生代孢子和花粉

斑点三缝孢属 *Punctatisporites* Potonie et Kremp，1954（图 5-16-16）

孢子圆形，三射缝裂开，长为孢子半径的 1/2。远极面较近极面光滑，或具微弱颗粒状纹饰。华北、华南、华东等地古生代晚期至中生代均有发现。

芦木孢属 *Calamospora* Schopf Wi1son et Bentall，1944（图 5-16-17）

孢子圆形。大小变化较大。三射缝一般不超过半径的 1/2，多数更短。表面光滑。典型的在近极面基面上有加厚现象。发现于华北、东北等地的石炭纪—二叠纪地层。

厚角孢属 *Triquitrites* Potonie et Kremp，1954（图 5-16-18）

孢子三角形，角部外壁微加厚，或在三个角部具有三个凸出的耳状体，有的厚角之间有薄的赤道环连接。为我国石炭纪—二叠纪的重要属。

鳞木孢属 *Lycospora* Potonie et Kremp，1954（图 5-17-1）

孢子极面观圆三角形，三射缝清楚，具环。表面为瘤或颗粒状纹饰。发现于华北、西北等地的晚石炭世地层。

刺面单缝孢属 *Tuberculatosporites* Imgrund，1952（图 5-17-2）

孢子极面观多少呈椭圆形，侧面近肾形。外壁具有稀疏的刺状纹饰。单射缝。发现于华北等地的晚石炭世—早二叠世地层。

蝶囊粉属 *Platysaccus* Potonie et Klaus，1954（图 5-17-3）

双气囊花粉，气囊多数超过半球形，比本体大，并包围本体。发现于华北等地的二叠纪—三叠纪地层。

罗汉松多肋粉属 *Striatopodocarpites* Sedowa，1956（图 5-17-4）

花粉具两个比本体大的气囊，气囊形状不定，常围绕本体。本体外壁具肋纹。气囊上具较粗的纹饰。发现于华北等地的二叠纪地层。

2）中生代孢子花粉

拟里白孢属 *Gleicheniidites* Ross，1949（图 5-17-5）

具三射缝的小孢子，极面观三角形，三边有时内凹，外壁沿赤道有不明显的加厚。三射缝伸达或近于孢子角端，边缘被窄唇包围。外壁光滑或具微颗粒纹饰。发现于西北、东北、中南和华东等地的侏罗纪—古近纪地层。

无突肋纹孢属 *Cicatricosisporites* Potonie et Gelletich，1933（图 5-17-6）

具三射缝，中等至大的孢子。极面观三角形。三射缝长达角部。外壁具有多条互相平行而密集的窄的肋条，部分成锐角相切。角部顶端明显加厚或略为突出。本属相似于现代海金沙科的孢子。发现于东北、西北、华东、中南和华北等地的中侏罗世—早白垩世地层。

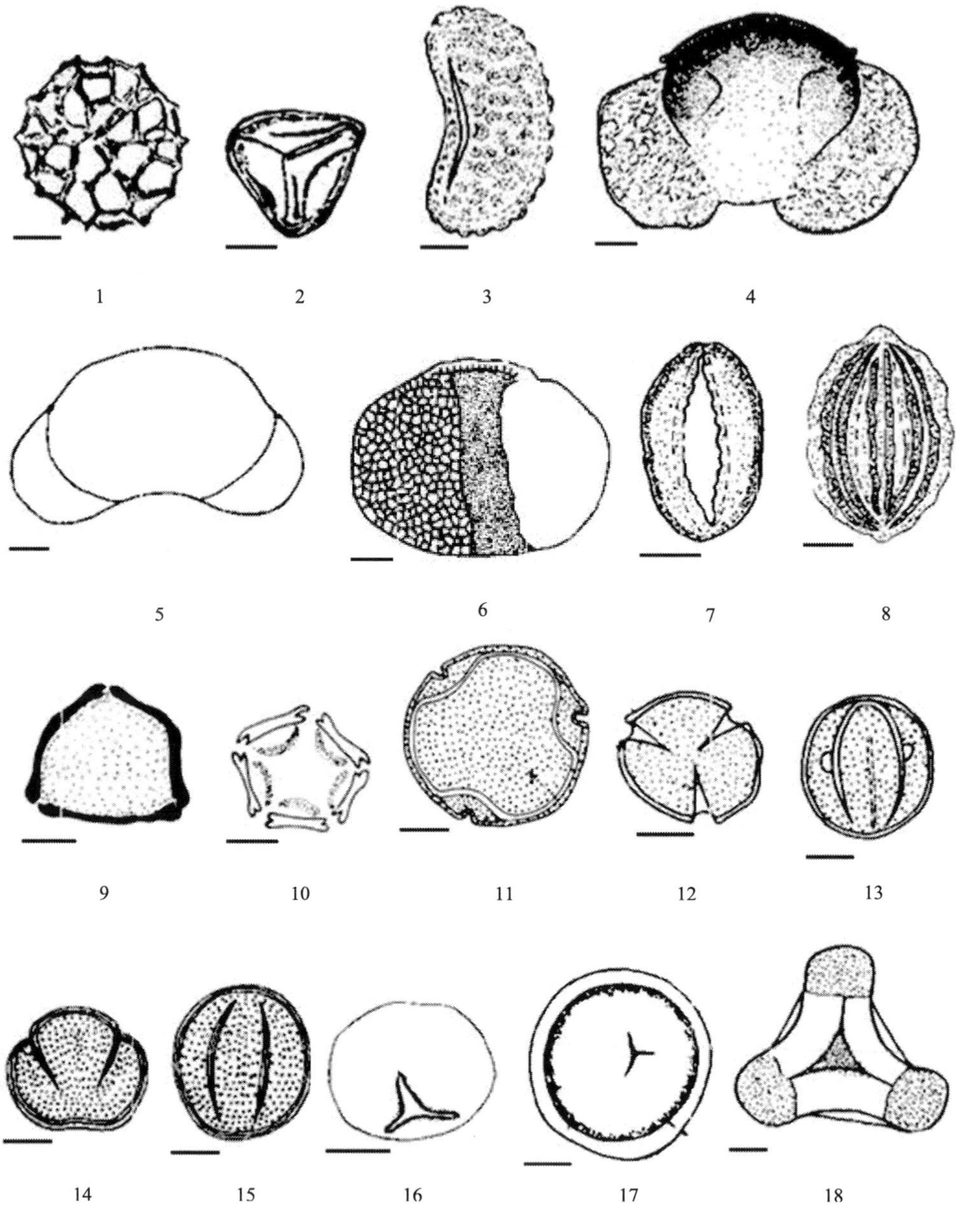

图 5-16　孢子和花粉图版（1）

1. *Lycopodium complanatum* Linnaeus; 2. *Cyathea spinulosa* Walloy; 3. *Polypodium niponicum* Mett.; 4. *Pinus* Linnaeus; 5, 6. *Picea* Dietrich，赤道面观、远极面观；7. *Ginkgo biloba* Linnaeus；8. *Ephedra likiangensis* Florin；9. *Betula* Linnaeus；10. *Alnus hirsuta* Turcz；11. *Tilia* Linnaeus；12, 13. *Fagus* Linnaeus；14, 15. *Quercus rober* Linnaeus；16. *Punctatisporites punctatus* Ibrahin；17. *Calamospora hartungiana* Schopf；18. *Triquitrites arculatus* Wilson et Coe；比例尺为 10 μm

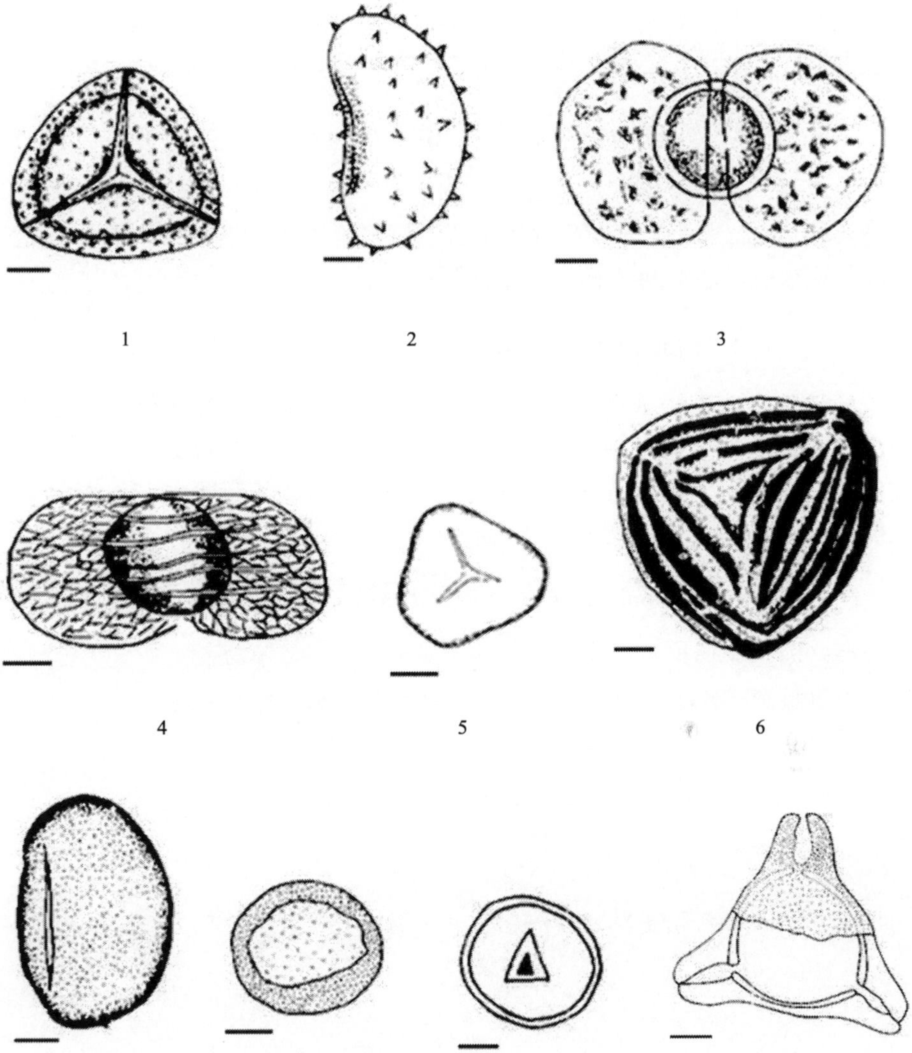

1　　　　2　　　　3

4　　　　5　　　　6

7　　　　8　　　　9　　　　10

图 5-17　孢子和花粉图版（2）

1. *Lycospora micropapillata* Wilson et Coe；2. *Tuberculatosporites anycystoides* Imgrund；3. *Platysaccus papilionis* Potonié et Kremp；4. *Striatopodocarpites tojmensis* Sedowa；5. *Gleicheniidites senonicum* Ross；6. *Cicatricosisporites dorogensis* Potonié et Gelletich；7. *Laevigatosporites vulgaris* Ibrahin；8. *Chasmatosporites major* Nilsson；9. *Classopollis classoides* Pflug；10. *Extratriporopollenites fractus* Pflug；比例尺为 10 μm

光面单缝孢属 *Laevigatosporites* Ibrabin，1933（图 5-17-7）

极面观卵圆形，侧面观豆形。单射缝直，外壁厚，表面光滑或具颗粒纹饰。我国晚古生代及中生代广泛分布。

宽沟粉属 *Chasmatosporites* Nilsson，1958（图 5-17-8）

单沟花粉，花粉粒极面观近圆形—椭圆形。外壁较厚，分两层，外层在近极面粗糙，在远极面为一个不明显的圆形或椭圆形区域（可能为变薄区）。发现于中南、西北和东北等地的晚三叠世—中侏罗世地层。

具环粉属 *Classopollis* Pflug，1953（图 5-17-9）

花粉具单孔，圆形或椭圆形。具明显的边缘加厚带。在远极近赤道处，常有一圈外表层缺失或减弱所形成的亮带。近极区具有一变薄的三角形区，常有微弱的三射缝痕。发现于西南、中南、东北、西北、华东等地的侏罗纪—白垩纪地层。

三突粉属 *Extratriporopollenites*（Pflug，1953）Skarby，1968（图 5-17-10）

花粉粒中等或相当大。极面观为喙状的三角形。等极或亚等极。具赤道三孔。孔区突出呈喙状。外壁两层。表面光滑或具复杂的瘤。常见于晚白垩世—古新世。

第四节　各地质时期孢粉组合特征

1. 南华纪和震旦纪地层中的微古植物

我国北方南华系和震旦系有些层位“古孢子”相当丰富，主要属种见图 5-18。

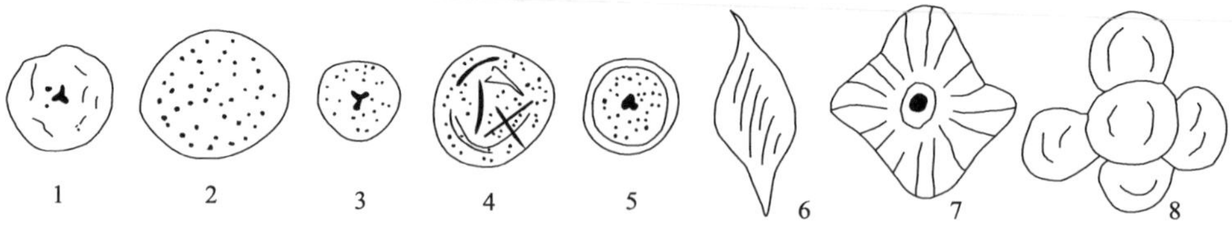

图 5-18　南华系和震旦系“古孢子”组合示意图（据魏沐潮，1990）

1. *Leiominuscula*（光面小球藻属）；2. *Protosphaeridium*（原始球形藻属）；3. *Asparatopsophospaera*（糙面球形藻属）；4. *Pseudozonosphaera*（拟环球形藻属）；5. *Pterospermopsis*（膜环藻属）；6. *Leiofusa*（梭形藻属）；7. *Polynucella*（多核藻属）；8. *Synsphaeridium*（连球藻属）

西南地区的南华纪和震旦纪地层中，也发现不少的“古孢子”化石，其中，在四川西部的甘洛、楚雄—凉红一带发现有以下重要的属：*Trematosphaeridium*（穴面球形藻属）、*Trachysphaeridium*（粗面球形藻属）、*Leiopsophosphaera*（光球藻属）、*Laminorites*（片藻属）、*Pseudozosnopaera*（拟环球形藻属）、*Hubeisphaera*（湖北球形藻属）、*Favososphaeridium*（蜂巢状球藻属）、*Monotrematosphaeridium*（单穴球形藻属）、*Zonosphaeridium*（环球形藻属）、*Quadratimorpha*（方形藻属）。

南华纪和震旦纪的微古植物以大量低等藻类植物为主，基本以球藻群占优势，到晚期才出现了少量刺球藻类的属种。这一时期的“古孢子”体积小，形态简单，表面纹饰单一。

2. 早古生代的“古孢子”组合

早古生代微古植物的明显变化是，球藻群相对减少，大量出现刺球藻亚群、卵形藻亚群、双极藻亚群、棱柱藻亚群等类型。奥陶纪时以刺球藻为特征，到了晚志留世时，开始出现陆生植物。但从总的情况看，早古生代仍以海生的浮游藻类孢子为主，到末期才出现了三缝孢，可能属裸蕨类的孢子组合（图 5-19）。

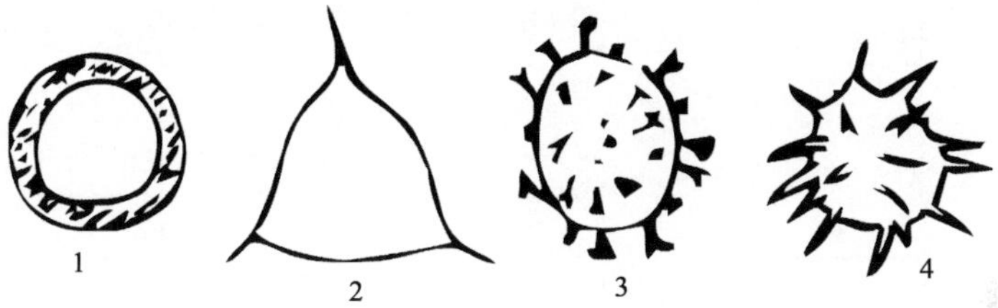

图 5-19　早古生代的孢粉组合示意图（据魏沐潮，1990）

1. *Tasmanites*（塔斯马尼亚藻属）；2. *Veryhachium*（角刺藻属）；3. *Hystrichosphaeridium*（刺球藻属）；4. *Balhisphaeridium*（波罗的海藻属）

颜铁增等（2011）在浙江西北部下寒武统荷塘组、上寒武统华严寺组、下奥陶统宁国组、上奥陶统长坞组和文昌组、下志留统霞乡组、河沥溪组和康山组、中志留统唐家坞组中发现孢粉型化石，孢粉型化石包括疑源类、隐花（陆生）植物孢子类型等，计 66 属、112 种、31 未定种。孢粉型化石特征在地层纵向上存在变化，寒武纪早期荷塘组疑源类类型单一，分异度低，主要为棘刺亚类的微刺藻，其膜壳直径小于 15 μm，表面壳饰突起简单，伴有壳饰光滑的球形亚类的球形藻；至下奥陶统宁国组疑源类类型显著增加，尤其棘刺亚类形态多种多样，壳饰突起末端简单至多次分叉（2~3 次分叉），膜层壳直径 20~25 μm；往上至上奥陶统长坞组疑源类膜壳直径为 20~35 μm，少数大于 50 μm，膜壳表面突起多数简单，仅少数突起末端 1~2 次分叉，并出现新属种棱形亚类 *Dactylofusa cabottii*、

Strophomorpha ovata、*Deunffia*、*Leiofusa*、*Navifusa* 等，而且上延至中志留统唐家坞组；再往上至文昌组出现了隐孢子类型 *Dyadospora murusattenucata*、*Nodospora buruhamensis*、*N. retimembrana*、*Tetrahedraletes medinensis* 和 *Tetraletes*，它们上延至康山组，而至唐家坞组已消亡，唐家坞组以棱形亚类和球形亚类居多，棘刺亚类仅个别出现（图 5-20）。

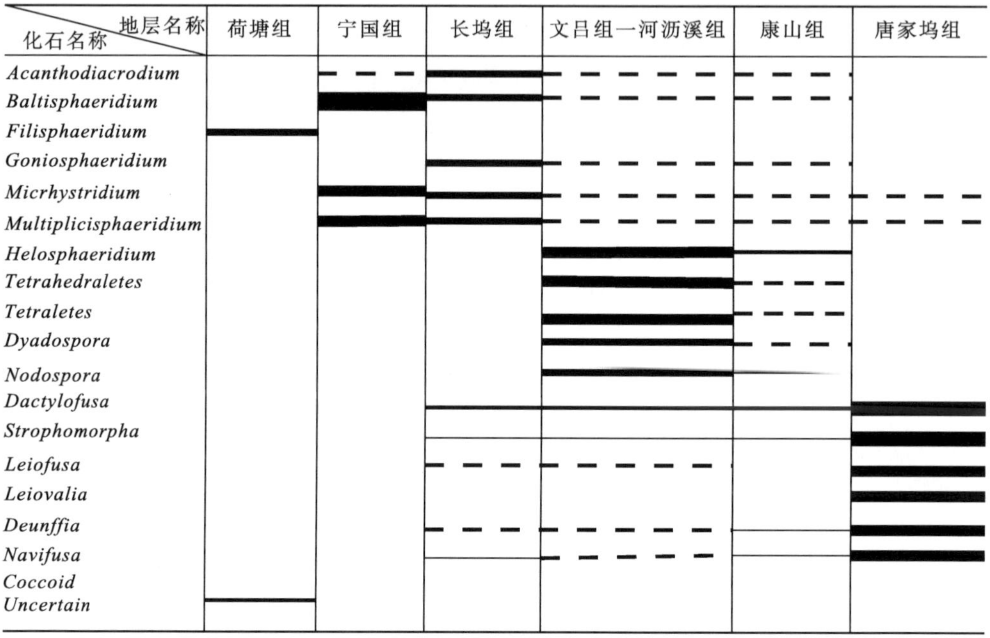

图 5-20　浙江早古生代地层疑源类、隐孢子化石分布图（自颜铁增等，2011）

3. 晚古生代孢粉组合

晚古生代为陆生植物大量繁盛时期。泥盆纪早期植物体简单，孢子属种已很多。晚期出现了原始的鳞木类和古老的种子蕨。石炭纪和二叠纪早期，鳞木类和种子蕨植物很繁盛。晚二叠世出现了古老的松柏类，并开始向中生代的裸子植物过渡。孢粉组合特征基本上与植物的发展阶段一致。

1）泥盆纪孢子组合

综合我国泥盆系孢子资料，可将其自下而上划分成 9 个组合带（引自郝诒纯、茅绍智，1993）。

早泥盆世共有 5 个孢子组合带，分别以滇东曲靖地区的面店村组、西山村组、西屯组、桂家屯组和龙华山组（徐家冲组）为代表。总的特点是，下部 3 个组合带的孢子个体小，结构简单，常为光滑、细点、小粒或小瘤。主要属如包括

Retusotriletes（弓脊孢属）、*Apiculiretusispora*（弓形脊刺粒三缝孢属）、*Emphanisporites*（脊条三缝孢属）等。上部 2 个组合带的孢子个体增大，结构复杂，出现了与下部不同的种，同时具环的孢子含量增加，如 *Cymbosporites*（杯环三缝孢属）、*Archaeozonotriletes*（古环三缝孢属）及 *Stenozonotriletes*（窄环三缝孢属）等。

中泥盆世共分 2 个组合带，可以贵州的龙水洞组、云南东部的海口组、湖南中部的跳马涧组、广西的东岗岭组为代表。孢子组合早期继承了下泥盆统组合的特点，后期的孢子组合较单调，主要以具刺瘤的 *Lophozonotriletes*（刺瘤三缝孢属）占优势。

晚泥盆世有 2 个孢子组合带。分布于滇南东部盘溪一打得组地层和苏北五通群上部擂鼓台组、湘中锡矿山组上部欧家冲段地层中。本组合早期出现了晚泥盆世早期特有的 *Archaeopersaccus*（古型单囊孢属），该属目前仅发现于俄罗斯陆台上泥盆统上部弗拉斯阶。在组合上部保存有广布北半球的 *Spelaeotriletes lepidophytus*（鳞皮茄洞三缝孢属），其时代为晚泥盆世至早石炭世早期，与其共生的孢子有 *Geminospora*（叠环三缝孢属）、*Cymbosporites*、*Acanthotriletes*（三角刺面孢属）等。

2）石炭纪孢粉组合

我国是世界上唯一在石炭纪发育有欧美植物区、华夏植物区、安加拉植物区和冈瓦纳植物区植物群的国家，并以欧美-华夏植物群最为发育。朱怀诚（2001）总结了近 20 年来华北和西北（新疆、甘肃、宁夏）的石炭系孢粉研究成果，将中国石炭系孢粉组合带划分为 15 个序列。结合最新国际年代地层表（2016）与中国年代地层表（2014）石炭系划分与对比关系，中国石炭系孢粉组合与年代地层的对比关系见表 5-2。

早石炭世有 8 个孢粉组合，晚石炭世有 7 个组合，早石炭世的孢粉组合主要分布于喜马拉雅地区的亚里组、塔里木盆地巴楚组、贵州独山的革老河组、湖南中部孟公坳组、甘肃靖远前黑山组、臭牛沟组、榆树梁组的地层中。组合多以具环的三缝孢为主。如 *Vallatisporites*（穴环孢属）、*Auroraspora*（卵囊孢属）、*Lophozonotriletes*（瘤环孢属）、*Lycospora*（鳞木孢属）、*Murospora*（窄角凹环孢属）、*Rotaspora*（宽楔环孢属）。后期组合中具环的三缝孢有所减少。晚石炭世孢粉组合分布于甘肃靖远县的靖远组、羊虎沟组下段、山西宁武本溪组、太原组。孢粉组合主要特征是，早期仍以具环三缝孢为主，后期单缝孢增加，如 *Laevigatosporites*（光面单缝孢属）、*Punctatosporites*（粒面单缝孢属）。同时出现了新类型——单裂缝一头加厚孢子，如 *Torispora*（一头沉孢属）、*Dictyotriletes*（平网孢属）、*Triquitrites*（厚角孢属）、*Triparites*（三片孢属）等。晚期裸子植物花粉含量显著增加，花粉中以具环室气囊的 *Florinites*（弗洛林粉属）含量最丰富，此外还有双气囊的 *Limitisporites*（折缝二囊粉属）、*Pityosporites*（松型粉属）。单缝孢出现了具刺和条纹状的 *Spinosporites*（刺面单缝孢属）、*Striatosporites*（条纹单缝孢属）。

表 5-2　中国石炭系孢粉组合序列（据朱怀诚，2001 修改）

系	统	阶（国际）	阶（中国）	孢粉组合
二叠系	乌拉尔统	阿瑟尔阶	紫松阶	*Perocanoidospora clatrata-Thymospora thiessenii*（CT）
石炭系	上统	格瑟尔阶	逍遥阶	*Florinites junior-Laevigatosporites vulgaris*（JV）
		卡西莫夫阶		
		莫斯科阶	达拉阶	*Torispora securis-Endosporites globiformis*（SG）
				Triquitrites tribulatus-Ahrensisporites guerickei（TG）
		巴什基尔阶	滑石板阶	*Apiculatisporites abditus-Radiizonates striatus*（AS）
				Triquitrites bransonii-Lycospora pellucida（BP）
				Crassispora kosankei-Rugospora minuta（KM）
			罗苏阶	*Densosporites sphaerotrian gularis-Dictyotriletes bireticularis*（SB）
	下统	谢尔普霍夫阶	德坞阶	*Simozonotriletes verrucus-Stenozonotriletes rotundus*（VR）
				Tripartites trilinguis-Simozonotriletes arcuatus（TA）
			维宪阶	*Rotaspora knoxiae*（Rk）
		维宪阶		*Lycospora pusilla*（Lp）
		杜内阶	杜内阶	*Lophozonotriletes-Auroraspora*（LA）
				Spelaeotriletes balteatus-Rugospora polyptycha（BP）
				Verrucosisporites nitidus-Dibolisporites distinctus（ND）
				Cymbosporites spp.-*Retusotriletes incohatus*（SI）
泥盆系	上泥盆统	法门阶	邵东阶	*Apiculiretusispora rarissima-Retispora lepidophyta*（RL）

3）二叠纪孢粉组合

我国二叠纪孢粉研究以北方资料较多，华北地区太原组上部、山西组、下石盒子组、上石盒子组都含有丰富的孢粉化石（王明镇等，2003，2004；赵秀丽等，2006，2007；张锡麒等，2005；李守军等，2013）。较系统的为山西宁武孙家沟剖面。据孢粉在地层中出现的规律，可将北方划分为 6 个孢粉组合带。

Ⅰ 组合带以华北太原组上部、山西组为代表。组合中石炭纪属种继续存在，如 *Crassispora*、*Verrucosisporites*，但石炭纪特有的类型消失。出现了华夏植物群特有属 *Sinulatisporites*（曲环三缝孢属）、*Striatosporites*（罗汉松多肋粉属）、*Strialatosporites*（条带单缝孢属）。另外，单缝孢子 *Torispora*、*Thymospora*（瘤面单缝孢属）增加，单囊的 *Florinites* 仍有一定数量。张锡麒等（2005）研究了

Sinulatisporites 的时空分布，发现其仅限于华夏植物区的北方亚区，在时间上始于早二叠世早期（太原组），灭绝于中二叠世晚期，可视为鲁西乃至华北地区早二叠世晚期—中二叠世中期华夏植物区北方亚区的典型分子。

Ⅱ组合带以山西宁武下石盒子组下段为代表。裸子植物双囊花粉发育，如 *Limitisporites*、*Alisporites*（阿里粉属），但 *Florinites* 含量减少。

Ⅲ组合带以宁武下石盒子组上段为代表。以裸子植物花粉为主，成分很单调。

Ⅳ组合带以宁武上石盒子组下段为代表。早二叠世的属种消失或减少，裸子植物花粉极丰富，以双囊具肋的占优势，个体小（18~30 μm）的开通型花粉（*Vetreisporites*、*Lueckeisporites*、*Cordaitina*）可视为组合特征。同时出现华夏特有的 *Macrotorispora*（大一头沉孢属）。

Ⅴ组合带以宁武上石盒子组中段为代表。组合与第Ⅳ带相似，仍以裸子植物花粉为主。

Ⅵ组合带以宁武上石盒子组上段为代表。组合中具肋双囊粉非常发育，如 *Vittatina*（叉肋粉属）较丰富。此外发现有疑源类。

4. 中生代孢粉组合

三叠纪早、中期，继承了晚二叠世的干旱气候，植物群属种单调，除含有中生代常见的苏铁类、银杏类、松柏类植物之外，尚有晚古生代孑遗分子。晚三叠世裸子植物大量繁盛。晚白垩世被子植物开始出现，后期被子植物占优势。中生代孢粉组合基本上与植物演化阶段一致。我国对中生代各时期孢粉组合研究较深入，资料丰富。简要介绍如下。

1）三叠纪孢粉组合

以古昆仑山和古秦岭为界，中国南北方古地理与古气候均不同，因而形成了不同的植物区系和孢粉组合。孢子主要为石松、真蕨和有节类。裸子植物花粉以双气囊的，尤以具肋条的花粉为特色，同时也存在不具肋条的双气囊粉和单沟粉。

北方区早三叠世的组合可以陕甘宁盆地的刘家沟组、和尚沟组为代表。组合中以 *Lundbladispora*（隆布拉孢属）、和本体具肋的 *Taeniaesporites*（四肋粉属）为主。中三叠世可以陕甘宁盆地的二马营组、铜川组为代表。组合中以蕨类孢子占优势，其次为不具肋纹的双囊花粉。如 *Verrucosisporites*（圆形块瘤孢属）、*Punctatisporites*（点粒三缝孢属）孢子和 *Protopicea*（原始云杉粉属）、*Piceites*（拟云杉粉属）花粉。晚三叠世以陕甘宁盆地的延长组为代表。组合中以 *Dictyophyllidites*（拟网叶蕨孢属）、*Lueckisporites*（鲁克粉属）等为特征。

南方区的孢粉与北方区差别较大。早三叠世如湖南的卡以头组以 *Aratrisporites*（阿拉曲孢属）丰富为特征，裸子植物花粉可以 *Chordasporites*（单脊双囊粉属）为代表。中三叠世湖北的蒲圻组以本体具肋的双囊粉为主，蕨类孢

子以 *Aratrisporites* 常见为特征。晚三叠世孢粉组合在南方区研究较多，如四川须家河组，蕨类孢子较丰富，占优势的主要是 Lycopodaceae、Selaginellaceae、Equsetaceae、Dipteridaceae、Angiopterdaceae、Naroniaceae、Matoniaceae 等科的孢子。裸子植物主要为松柏目的花粉，具气囊花粉少部分为具肋的。还有分类未定的 *Ovalipollis*（卵形粉属）、*Schzosporites*（裂孢属）。

2）侏罗纪孢粉组合

自侏罗纪开始，裸子植物苏铁、银杏、松柏类大发展，三叠纪常见的具肋双囊粉等古老分子基本绝灭，仅个别孑遗分子存在。尚未发现可靠的被子植物花粉。早侏罗世植物地理分区更加明显，以古秦岭、古昆仑、古大别山为界，分成南北不同的植物地理区。北方区含有大量古老的松柏类花粉和单沟粉，蕨类植物以 *Cyathidites*（拟桫椤孢属）为主。南方区则存在大员掌鳞杉科花粉 *Classopollis*（具环粉）和多种蕨类孢子。中侏罗世为重要造煤期，松柏类双气囊花粉和 *Cyathidites* 孢子十分发育。晚侏罗世，两大植物地理区的界线北移，南、北方孢粉组合趋于一致，气候普遍干旱，*Classopollis* 占统治地位，蕨类孢子不发育。侏罗纪孢粉组合中重要代表属有 *Cyathidites*、*Concavissimisporites*（凹边孢属）、*Osmundacidites*（拟紫萁孢属）、*Neoraistrickia*（新叉瘤孢属）、*Callialasporites*（冠翼粉属）、*Lycopodiumsporites*（石松孢属）、*Protoconiferus*（原始松柏粉属）、*Quadraculina*（四字粉属）、*Pseudopinus*（假松粉属）、*Chasmatosporites*（宽沟粉属）、*Classopollis*、*Cerebropollenites*（脑皱纹属）、*Exesipollenites*（隐孔粉属）。

3）白垩纪孢粉组合

早白垩世组合中以海金沙科孢子，尤其是 *Cicatricosisporites*（无突肋纹孢属）占优势。中白垩世晚期海金沙科孢子减少，出现了莎草蕨科孢子和少量古老被子植物花粉，晚白垩世被子植物花粉开始大量出现，但多为已绝灭的古老类型。我国白垩纪孢粉组合存在南北差异。

北方孢粉植物区组合见于东北鸡西、松辽、兴安岭、辽西、固阳盆地、陕甘宁盆地、华北地区。早白垩世以无缝双囊粉类（Disacciatrileti）和 *Cicatricosisporites* 为主。晚白垩世以现已绝灭的鹰粉（*Aquilapollenites*）和 *Wodehouseia*（沃氏粉属）等为特征。

南方孢粉植物区组合见于青海民和盆地、甘肃、山东、江苏、浙江、湖南、江西、广东等地。本区为南方型热带、亚热带干旱气候。早白垩世以 *Classopollis* 和 *Schizaeoisporites*（莎草蕨孢属）占优势为特征。晚白垩世耐干旱的 *Classopollis* 仍大量出现，其次是南方区特有的 *Jianghanpollis*（江汉粉属）、*Morinopollenites*（刺参粉属）。蕨类孢子中 *Pterisporites*（凤尾蕨孢属）和 *Schizaeoisporites* 较为丰富。

新疆西部中、晚白垩世孢粉组合含丰富的 *Classopollis*、*Schizaeoisporites* 等南方喜干热分子，具有南方孢粉植物区的特点，但又具有地方特色的正型粉类（Normapolles），如 *Xinjiangpollis*、*Papillotricosporites* 和 *Yengisapollis*，不含 *Aquilapollenites*、*Morinopollenites* 及 *Jianghanpollis* 等。有的研究人员将其独立划分为西北亚热带干旱、半干旱孢粉植物区。

白垩纪孢粉组合有代表性的属可归纳为：*Gleicheniidites*（拟里白孢属）、*Cicatricosisporites*、*Classopollis*、*Pinuspollenites*（双束松粉属）、*Podocarpidites*（拟罗汉松粉属）、*Cycadopites*（拟苏铁粉属）、*Monosulcites*（单槽粉属）、*Piceaepollenites*（云杉粉属）、*Abiespollenites*（冷杉粉属）、*Sequoipollenites*（红杉粉属）、*Ephedripites*（麻黄粉属），以及晚白垩世特有的类型，如 *Aquilapollenites*、*Wodehouseia*、*Extratriporopollenites*（三突孔粉属）等。

5. 古近纪和新近纪孢粉组合

新生代时，由于构造变动造成地形的分化及地理的隔离，使植物群更具明显分区性。新生代晚期植物群面貌已接近现代。孢粉组合特征与植物群基本一致。

根据孢粉植物区系，古近纪和新近纪孢粉组合可分 3 个区。

（1）东北和华北区，包括东北、河北、内蒙古东部、山东、山西。

古新世以抚顺的老虎台组、栗子沟组及内蒙古乌云的乌云组为代表。孢粉组合特征是以被子植物的三孔型花粉占优势及含有较多的 *Aquilapollenites*，三沟及三孔沟类型较少。三孔型花粉有 *Betulaepollenites*（桦粉属）、*Momipites*（拟榛粉属）等，其次为裸子植物的 *Taxodiaceaepollenites*（杉粉属）。蕨类孢子少见，代表亚热带的温湿植被类型。

始新世早期以抚顺古城子组，渤海沿岸孔店组二段，山东五图组为代表。孢粉组合以 *Betulaepollenites plicoides*、*Quercoidites*（栎粉属）各种含量较高为特征。同时含有始新世早期的特征分子 *Pistillipollenites megregorii*、*Tricolporopollenites hoshyamaeansis*，及少量古新世残留分子 *Aquilapollenites* 和 *Paraalnipollenites*。始新世中晚期的孢粉组合以抚顺计军屯组、西露天组，河南东濮地区的沙河街组四段为代表。组合中以 *Quercoidites* 及 *Ulmipollenites*（榆粉属）为主，同时含有热带、亚热带的成分，如 *Liquidambarpollenites*（枫香粉属）、*Rutaceoipollenites*（芸香粉属）、*Rhoipites*（漆树粉属）、*Meliaceoidites*（楝粉属）等。裸子植物中具双气囊的 *Pinuspollenites*（双束松粉属）、*Podocarpidites*（罗汉松粉属）占一定含量。含少量 *Schizaeoisporites* 孢子。

渐新世早期孢粉组合见于渤海沿岸地区沙河街组三段、东濮地区沙河街组三段上部、陕西渭河盆地白鹿塬组上部。组合中以被子植物的 *Meliaceoidites* 和裸子植物的 *Ephedripites*（麻黄粉属）为主，孢子为 *Lycopodiumsporites*（石松孢属）及 *Gabonisporites*（加蓬孢属），出现少量的草本植物花粉。中期的孢粉组合见于渤海沿岸地区、东濮地区的沙河街组一段、渭河盆地户县群（渐新世中晚期）。组合特征以 *Cupliferoipollenites*、*Liquidambarpollenites*、*Aceripollenites*（槭粉属）、*Randiapollis*（鸡爪勒粉属）为主。晚期的孢粉组合见于渤海沿岸地区、东濮地区的东营组、户县群及山西的繁峙组。组合以 *Ulmipollenites*、*Caryapollenites*、*Meliaceoidites* 较多为特征，仍存在一定量的亚热带类型花粉，如 *Rutaceoipollenites*。草本植物的 Chenopodiaceae 及 *Labitricolpites*（唇形三沟粉属）明显增加。

中新世早、中期的孢粉组合见于渤海沿岸地区的馆陶组、明化镇组下段，陕西渭河盆地冷水沟组，燕辽地区的昭乌达组，山东山旺组。组合特征是以桦科（*Betulaepollenites*、*Alnipollenites*）和胡桃科（*Juglanspollenites*、*Caryapollenites*）及 *Ulmipollenites* 为主。裸子植物松科含量较高。草本植物花粉及蕨类孢子普遍少见。

上新世孢粉组合见于吉林老爷岭的冈头组、陕西渭河盆地井下永乐店群四组、山西晋中盆地小白组以及渤海沿岸地区明化镇组上段。不同植物群的孢粉组合之间差异较大。

（2）南方区，即秦岭、淮河一线以南，贺兰山、雪峰山一线以东的东南地区，包括河南、安徽、江苏及江西等地，属热带至亚热带。

古新世孢粉组合总的特征是以榆科花粉占优势，晚白垩世的一些重要分子减少或消失，同时出现新类型，如 *Japotaceaelaepollenites tricolporatus*（三孔沟山榄粉）、*Pentapollenites jiangxiensis*（江西五边粉）等。晚期组合中 *Ephedripites* 及 *Pterisisporites* 逐渐增多。

古新世早期的组合见于江苏泰州组顶部及浙江长河组下部，以裸子植物花粉占优势，如 *Podocarpidites*、*Cedripites*、*Pinuspollenites*、*Taxodiaceaepollenites* 等。被子植物花粉以 *Ulmipollenites minor*（小榆粉）、*Caryapollenites*、*Alnipollenites*、*Momipites*、*Quercoidites* 等常见。早、中期组合见于广东南雄盆地上湖组，江苏阜宁群一组，江西池江组一段。组合特征以具孔及三沟的小个体被子植物花粉为主，如 *Quercoidites*、*Ulmipollenites*、*Cupliferoipollenites* 等古新世三孔沟粉常见属种，还有少量晚白垩世分子。缺少具气囊的裸子植物花粉。

晚期的孢粉组合见于南雄盆地浓山组竹桂坑段、大塘段、阜宁群二组等。组合仍以榆科、栎粉属为主。晚古新世晚期孢粉组合见于江西池江组中段、阜宁群三—四组等。最晚期的孢粉组合见于池江组上段、清江组上段，以 *Ephedripites* 高含量为特征。

始新世早期的孢粉组合可以江西池江盆地的坪湖组及清江盆地的新余组为代表。其特征是被子植物占优势，尤以热带亚热带分子大量出现为突出。*Ephedripites* 较古新世减少，以 *Podocarpidites*、*Taxodiaceaepollenites* 常见为特征。中、晚期见于江西临江组、江苏戴南组、广东华涌组一段，组合中主要为 *Quercoidites*、

Ulmipollenites 及 *Taxodiaceaepollenites*。与其时代相当的还有海南岛的流沙港组三段中部及西藏伦坡拉盆地的牛堡组孢粉组合。

渐新世早期组合以雷琼地区的流沙港组二段上部及一段为代表。组合以含大量球形藻类为特征，以 *Quercoidites* 含量最高，其次为 *Multiporopollenites*、*Tricolporopollenites*。江苏三垛组的组合代表渐新世早、中期，它以 *Inaperturopollenites* 及 *Taxodiaceaepollenites* 占优势。被子植物花粉以 *Quercoidites microhenrici*、*Ulmipollenites minor* 及 *Caryapollenites triangulus* 等为主，蕨类孢子极少。相似的组合还见于合肥盆地梁园组五段及潜江组。中、晚期的组合见于雷琼地区的涠州组、茂名油柑窝组。涠州组下部以 *Quercoidites microhenrici* 占优势，蕨类孢子以 *Megnastriatites* 为主，上部 *Pinuspollenites* 及 *Piceaepollenites* 含量增加。

中新世孢粉组合见于云南小龙潭组，广东北部湾及雷琼地区的下洋组、珠江组、角尾组、灯楼角组，湖北江汉盆地广华寺组及江苏盐城群等。小龙潭组孢粉组合以 *Quercoidites* 占优势，裸子植物花粉以 *Tsugaepollenites* 为主。北部湾雷琼地区早中新世下洋组孢粉组合以 *Quercoidites microhenrici* 及红树科的 *Zonocostites* 大量出现为特征，并有少量的 *Dacrydiumites*（陆均松属）出现，相似的组合还见于珠江组。中中新世角尾组的孢粉组合以水龙骨单缝孢占优势。被子植物花粉出现新类型海桑科的 *Florschaetzia*、*Casuarinidites* 等。相似的组合还见于韩江组下段。晚中新世灯楼角组的孢粉组合仍以小亨氏栎粉、栗粉属为主，并出现一定量的红树科及海桑科花粉。

上新世孢粉组合见于云南洱源三营组及雷琼地区梁楼港组及海南岛南部的莺歌海组。

（3）西北区。

古新世孢粉组合见于新疆库车盆地塔拉克组、莎车盆地齐木根组、青海西宁民和盆地祁家川组一段，主要以三孔类型的被子植物花粉占优势，尤以正型粉类及 *Proteacidites*（山龙眼粉属）较发育为特征。始新世的孢粉组合见于莎车盆地乌拉根组、巴什布拉克组，库车盆地的小库孜拜组顶部及民和盆地祁家川组三、四段等，此时正型粉类有所减少，*Ephedripites* 含量增加，被子植物花粉主要为三孔沟型花粉。渐新世孢粉组合见于库车盆地苏维依组，民和盆地洪沟组四段、马哈拉沟组上段，准噶尔盆地安集海河组及柴达木盆地下干柴沟组，组合早期 *Meliaceoidites*、*Ephedripites* 发育，也含有较高的 *Nitrariadites*（白刺粉属）。其后具双囊的松科花粉含量增加，草本植物花粉渐增多。赵秀丽等（2015）研究了西宁市塔山村一带（36.5°N，101.8°E）马哈拉沟组中的孢粉样品，建立了两个孢粉组合，自下而上为：Ⅰ. *Nitrariadites-Meliaceoidites-Quercoidites*（35.4~33.9 Ma）；Ⅱ. *Quercoidites-Labitricolpites-Qinghaipollis*（33.3~33.2 Ma）。表明西宁盆地植被由晚始新世的暖温带半干旱的疏林灌丛、疏林，在早渐新世向干旱的温带疏林草原的转化。中新世组合见于库车盆地吉迪克组中、上段，上干柴沟组及下油沙山组，以葇荑花序的被子植物花粉及松科花粉发育为特征，Chenopodiaceae 及 *Artemisiaepollenites*（蒿粉属）含量增多。上新世孢粉组合见于柴达木盆地的上油沙山组及狮子沟组，以草本植物花粉占优势。

6. 第四纪孢粉组合

第四纪开始，全球性的冰川活动引起气候变冷。冰川的前进后退对气候和植物群有很大影响。此时植物群的分化已接近现代，植物群落较复杂，同一个气候带可有不同的植物群落。冰川的波动可造成冰前期、冰期、间冰期和冰后期几个阶段。植被变化和冰期、间冰期有密切关系。据孢粉资料得知，冰期时没有植物和孢粉；冰期接近时为以旱生植物为主的寒冷草原、森林草原或沙漠，气候干旱；间冰期到来，形成阔叶林或针、阔叶混交林为主的森林或森林草原，气候温暖潮湿；冰期后退期为无森林景观，以寒冷湿润的冻原为主。由于第四纪的古气候和植物群存在以上特点，在第四纪地层中要用冷暖组合来划分。依时代划分为早更新世、中更新世、晚更新世和全新世。据现代植被分区性，第四纪孢粉组合可分为 6 个区。

（1）西北荒漠草原区。主要包括内蒙古、甘肃、新疆、柴达木，孢粉组合主要由反映荒漠草原植被的耐干冷的蒿、藜花粉组成。

（2）青藏森林、高寒灌丛、草甸区。早更新世孢粉组合主要由代表暖温带森林草原植被的 *Picea*、*Abies*、*Quercus* 及 Chenopodiaceae 等组成，气候转冷。中更新世间冰期为温带森林草原。晚更新世气候干冷。全新世为高寒灌丛草甸荒漠的现今景观。

（3）华北针、阔叶森林和草原区。早更新世孢粉组合见于泥河湾层张家坡组、山西南部、下辽河平原，孢粉组合代表了暖温带落叶阔叶林、草原与寒带针叶林、草原交替出现的景观。早更新世可以泥河湾层孢粉组合为代表，组合主要是云杉构成的乔木林花粉，亚热带成分有 *Keteleeria*、*Cedrus*、*Tsuga*、*Podocarpus*、*Carya* 等花粉，冷暖气候变化明显。中更新世孢粉见于陕西蓝田、北京周口店，“蓝田人”层中的孢粉组合以草本植物花粉占优势，反映气候干燥；周口店“北京猿人”层的孢粉组合自下而上由 *Quercus*、*Ulmus*、*Juglans*、*Carpinus*、*Pinus*、*Ephedra*、*Artemisia*、*Chenopodium* 构成针阔叶林和灌丛草原孢粉类型，气候偏干。晚更新世孢粉组合见于辽河平原、滦南、西安、陕西渭南，孢粉组合总体特征是耐干冷的草原和针叶树花粉增加，落叶阔叶树花粉减少，气候偏干冷。

（4）西南亚热带阔叶林区。本区位于青藏隆起区至东南低海拔区之间，孢粉组合具有过渡特点，即水平气候带属亚热带，而垂直分布的有寒温带、温带及与热带关系密切的亚热带植物区，成分复杂。此时草本植物及温带针阔叶林发育，孢粉植物群的地理分区极明显。孢粉组合见于四川西部昔格达组下部，云南“元谋人”地层。

（5）东北松、桦、莎草温带区。主要见于三江平原。早更新世早期为云杉、桦林。中期为*Juglans*、*Quercus*、*Betula*、针阔叶林和草原，气候暖湿。末期气候干冷。中更新世早期处于冷期，*Picea*、*Betula*、*Artemisia*等发育。晚期气候转暖为*Quercus*、*Betula*、*Pinus*阔叶林。晚更新世气候变冷。全新世为冰后期的温带松、桦、栎阔叶林。

（6）东南热带、亚热带湿润森林区。主要见于上海、浙江、安徽潜山、江西庐山、湖南、台湾、广东等地。本区由于地处秦岭淮河东南，孢粉组合成分复杂，以喜热木本为主，草本及针叶植物极少。在暖热期时热带成分发育，形成热带湿润常绿阔叶林。

第五节　孢子花粉在地质学中的应用

1. 地层的划分、对比和时代的确定

孢粉和其他古生物类别一样可作为划分、对比地层的手段，应用孢粉和应用其他古生物相比，不同之处在于除了考虑个别演化快、时代延续短的重要分子外，更重要的是要用组合分析的方法。孢粉组合指某一段地层中所发现的全部的孢子花粉成分和各属种的百分含量。组合的划分根据各大类的比例，高峰值分子或主要成分，有时代意义的重要分子和某些属种的首次或末次出现等因素。某一段地层中孢粉组合与邻近已知时代的地层中孢粉组合对比，特征相似，说明其时代相同。

我国南海珠江口拗陷古近系、新近系根据孢粉划分为6个组合。根据组合特征和世界各地，尤其是邻近地区已知时代的组合进行对比并参考其他省生物资料确定其时代分别为渐新世、早中新世、中中新世、晚中新世和上新世（中华人民共和国石油勘探公司南海分公司，1981）。

2. 古植被、古气候、古地理的恢复

植物对气候反应灵敏，对地理条件具选择性，因此，植物是气候的指示剂，作为其繁殖器官的孢子花粉可用来指示当时的古气候和古地理。孢粉分析应用于古植被、古气候、古地理的恢复主要针对新生代的沉积，应用于新生代以前的推测要特别谨慎小心。

王宪曾等（1979）分析了江苏北部始新世晚期至渐新世的孢粉组合。始新世晚期阜五段沉积时，孢粉组合反映地面为含有常绿成分的针叶落叶阔叶的混交林，

地形高差相对较大，为中高山—低山丘陵，沉积物沉积于中间的浅湖盆地中，气候温而湿润，相当于今日之中-北亚热带。渐新世早中期戴南组沉积时，孢粉组合反映当时地面植被为针叶落叶阔叶的混交林，针叶中以沼泽生的落羽杉占优势，说明存在沼泽平原，地形高差相对小，为丘陵、河、湖、沼泽的地貌，气候温和、湿润，相当于今日的北亚热带。渐新世早、中期三垛组沉积时，孢粉组合反映地面有两种情况：在较潮湿的地带为阔叶森林植物景观；在湖坪平原、向阳山坡和排水良好的地带为森林草原的植物景观，地形高差进一步缩小，形成了以平原丘陵为主的低海拔地形，气候则仍为北亚热带。

目前，国际上基于孢粉组合资料恢复古气候的研究已向定量化方向发展，大量古气候定量重建方法不断涌现出来，这些方法可以大致分为三类：指示种法、集合法、多元校正函数法（Birks *et al.*，2010；秦峰、赵艳，2013）。

指示种法还衍生出共生气候范围法，如共存因子分析法和分布区叠加分析法。共存因子法利用化石孢粉组合所有类群（或多数类群）的最近现存亲缘类群能够共同生存的气候范围，估计产生孢粉化石的古植物群生存时的气候范围。梁明媚等（梁明媚等，2001；Liang *et al.*, 2003）首次成功地运用共存分析法定量地恢复了山东山旺中新世古气候，得出古气候参数定量值：年平均温度 15.6~17.2 ℃，最热月份平均温度 24.7~27.8 ℃，最冷月份平均温度 5.0~6.6 ℃，温度年较差 20.5~25 ℃，平均相对湿度 72%~75%，年平均降雨量 1162~1308 mm，最湿月份平均降雨量 148~180 mm，最干月份平均降雨量 16~59 mm，最干及最湿月份降雨量的差值 81~153 mm，最热月份的平均降雨量 108~111 mm。山旺中新世时期的气候波动范围为：年平均温度波动 3 ℃左右，最冷月份平均温度波动 4 ℃左右，最热月份平均温度波动 1 ℃左右，年平均降雨量波动 100 mm 左右。总体反映出山旺中新世气候温暖潮湿，冬季凉爽，夏季炎热。

3. 生油岩系的确定

现代孢粉的热模拟试验表明，保存在沉积物中的孢子花粉，其外壁的孢粉素经热降解可以生烃，而且生烃量十分可观。大量资料表明，凡孢粉（此为广义的）丰富的地层，当其他条件合适时，一般均为良好的生油母岩。

经降解后的孢粉，生烃后在一定的温度、压力范围内仍保持原来的形态、结构。由于其体积微小，可以穿过岩石的空隙和原油一起运移，因而分析原油中的孢粉可以推知生油岩系的时代。

4. 生成油气成熟度的判断

孢子花粉作为生油母质要经受一定温度、压力的热变作用才能生成石油。在热变过程中孢粉素热解为烃类，化石孢粉中孢粉素的碳氢氧的比例发生变化，分子结构被改变，氢、氧含量相对降低，碳的含量相对增高，孢粉壁的颜色变深，透明度降低，并可能产生热力化学荧光。因此，我们可以利用孢粉的颜色、半透明度和热力化学荧光的产生与否来确定热变程度，帮助判断形成石油的可能性。

实验证明，热力化学荧光的出现往往与生油门限的界线一致，成熟的孢粉的颜色一般为橘黄—棕黄色，半透明度达 46%~60%。当孢粉颜色变为暗棕或棕黑色并失去半透明度时，只能生成干气，热变作用已强至超过生成油所需的程度。

第六章　沟鞭藻和疑源类

第一节　沟鞭藻概述

沟鞭藻（Dinoflagellates）是一类具双鞭毛和纵、横沟的单细胞微小有机体，属于沟鞭藻门甲藻纲。目前生物学家一般认为它是藻类，归入植物界，在藻类系统发生中它的位置靠近真核生物系统发生树的底部。可能是处于真核生物和原核生物之间的一类过渡生物。此类植物以形态和功能相异的两条鞭毛分别位于横沟和纵沟，细胞壁多具板片和板式特征以及细胞核的原始性与其他藻类区别。

沟鞭藻类是海洋微体浮游生物的重要组成之一，现生类型 175 属，约 2000 个海生种和 220 个淡水种。主要富集在水深 18~90 m，最适宜温度为 18~25 ℃，大多为自由生活，少数为底栖的寄生、共生或腐生性种类。

化石沟鞭藻系石化的沟鞭藻囊孢，主要见于海相地层。20 世纪 50 年代中期起，相继从白垩系至新近系发现了非海相沟鞭藻类。目前，大多数学者认为在海相地层中的化石沟鞭藻一般数量丰富、种类繁多，而非海相尤其淡水沉积中，往往数量稀少，且种类贫乏。

沟鞭藻类对环境反应十分敏感，是一种良好的指相化石，广泛用于恢复古地理和古沉积环境，包括生油环境。这类化石个体微小，数量众多，在地史上演化迅速，地理分布广泛，是确定地质时代、进行地层划分对比、甚至洲际地层划分对比的重要的浮游生物之一。尤其在中、新生代缺乏浮游有孔虫和钙质超微化石（颗石藻）的地层中，沟鞭藻类化石的存在就显得更为重要。

沟鞭藻细胞微小（20~250 μm），形态多变，有球形、卵形、菱形和鼎形等。这类单细胞生物（个别群体或丝状体）大多腹背扁平，具一顶角、两尾角和厚的细胞壁。细胞壁成分主要为纤维素，结构较复杂，通常由多角形板片构成，具规则的板片排列方式。运动型细胞具两条鞭毛，生于细胞腹面：一条带状，位于横沟中，称之为横鞭毛；另一条处于纵沟内并向后方伸展，称之为纵鞭毛（图 6-1）。细胞运动方式是沿其长轴作螺旋式前进。

大多数沟鞭藻类主要通过细胞分裂进行无性生殖。较复杂的生活史存在于能产生囊孢的许多自由生活的沟鞭藻内，这类沟鞭藻的生活史经历两个阶段（运动阶段、休眠囊孢阶段），三个时期（游动期、成囊期和脱囊期）（图 6-2）。通常夏季是沟鞭藻细胞的运动阶段，此阶段末开始成囊，囊孢形成于具壳壁的单细胞生物体内，壳壁分解腐烂后，囊孢进入底栖、休眠的冬季阶段（休眠囊孢阶段），这一阶段末囊孢萌发，脱囊形成新的游动的具壳壁的沟鞭藻细胞，而脱囊丢弃的囊孢壳可保存为化石。

囊孢是具有细胞壁的任何非游动细胞。有些囊孢壁是由纤维素组成的，是不能保存为化石的；另一些囊孢壁是由复杂的类似孢粉素（分子式为 $C_{90}H_{138}O_{20}$-$C_{90}H_{158}O_{44}$）的有机聚合物——甲藻孢素组成的，有抗酸碱的能力，可以保存为化石。因此囊孢是古生物学家研究的主要部分。

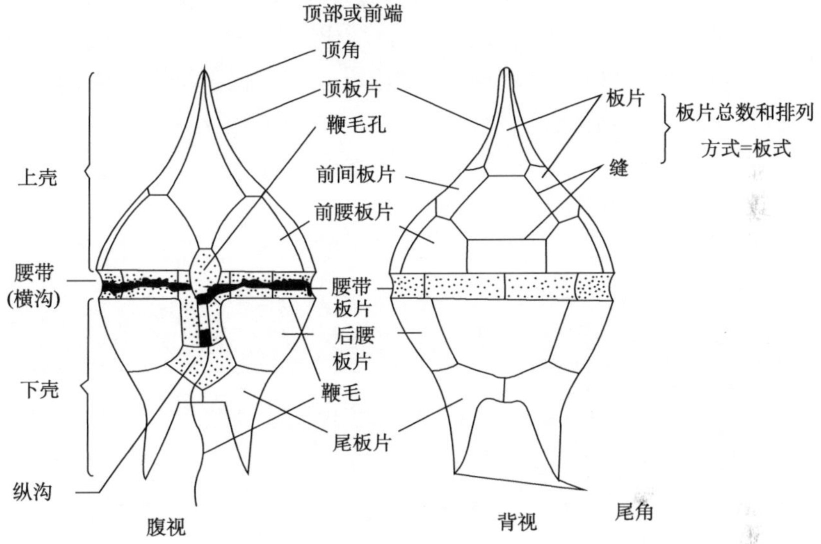

图 6-1 一种多甲藻目的沟鞭藻壳壁的主要特征（引自 Evitt，1985）

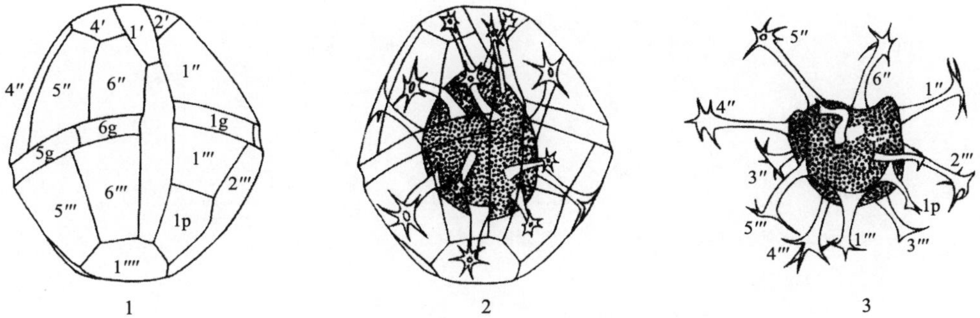

图 6-2 刺式沟鞭藻囊孢的形成过程（引自 Davey *et al.*，1966）

1. 可能的原先的沟鞭藻细胞板式；2. 在沟鞭藻细胞内形成的囊孢以及突起与细胞膜壁连接；

3. 遗弃的囊孢，具一顶古口

第二节　化石沟鞭藻类的形态结构

化石沟鞭藻类的形态结构与现生沟鞭藻类的基本相同，但作为囊孢形式出现的化石沟鞭藻类，其形态构造比现生沟鞭藻细胞要复杂得多，在 170 年的化石沟鞭藻类研究中已形成了一套独立的系统的形态构造术语，大体予以介绍。

在 20 世纪 70 年代中期以前，化石沟鞭藻类的形态描述通常采用现生沟鞭藻的部分术语和补充创立的一些化石专门名词。后来，一般在所采用的那些现生沟鞭藻术语前加上词头“反映”（para-）以表示化石特征，如反映板片、反映缝、反映板式、反映腰带（横沟）和反映纵沟等，以表示化石沟鞭藻囊孢和现生沟鞭藻细胞壳壁之间既有区别又有联系。有些术语，如沟鞭藻的顶、尾、背、腹面及左右方向等适用于囊孢和细胞壳壁两者（图 6-3），而囊孢、古口及复杂的突起等一系列构造名词术语皆为化石沟鞭藻类所特有。

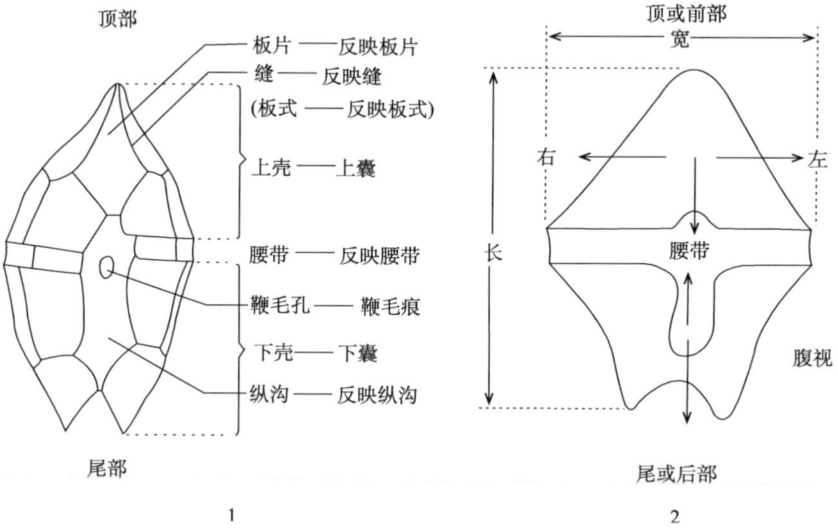

图 6-3　现生和化石沟鞭藻类的主要术语的对应关系（引自 Evitt，1985）

1. 表示游动沟鞭藻细胞壳壁和囊孢的主要术语关系；2. 表示壳壁和囊孢方向的术语（腹视）

1. 囊孢的一般特征及形态类型

化石囊孢几乎皆为沟鞭藻的休眠囊孢，是有性生殖的休眠合子。其囊壁成分完全不同于游动期沟鞭藻细胞的壳壁。后者为纤维素，不能保存为化石，休眠囊孢壁 （除钙质、硅质外）可以保存为化石。

化石囊孢有球形、卵形、椭球形、菱形、近矩形或鼎形等（图 6-4），以球形—椭球形的较常见。囊孢两侧对称或不对称，有腹、背之分，大多腹背较扁平，常沿腹背压扁，其轮廓为圆形、近圆形、卵形、长卵形、十字形、菱形至五边形等。通常将轮廓五边形，具一顶角和两层角的囊孢称为多甲藻形；将具一顶角、一（偶尔为两）尾角和一或两个后腰角的囊孢形态称之角藻形；将类似现生膝沟藻属的具壳细胞或囊孢称之膝沟藻形。

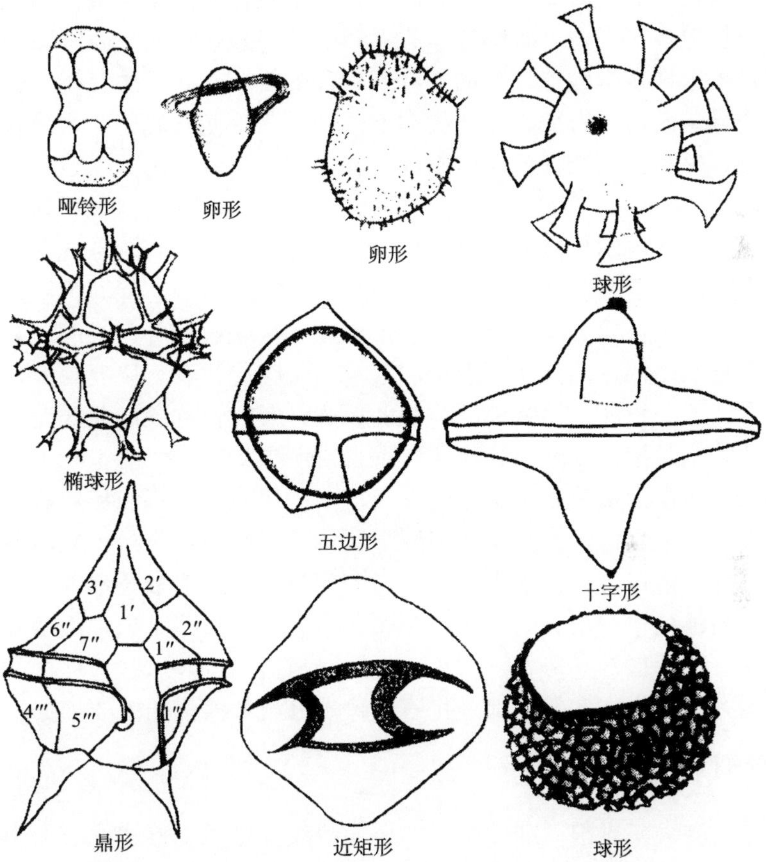

图 6-4　化石沟鞭藻类的形态（引自何承全等，2009）

化石囊孢的基本分区及其定向和现生沟鞭藻壳一致（图 6-3）。沿反映腰带的位置将囊孢分成上囊（孢）或上壳和下囊（孢）或下壳。它们还进一步分成若干次一级区，如顶区、前腰区、前间区、后腰区和尾区等，反映腰带所在的区称为腰区。上下囊（孢）等大或不等大，形状通常不同。上囊常具一个顶角（凸起或突起），古口位于上囊（多数在背面或顶部），罕见于腰区或尾区。下囊常具 1～2

个尾角（凸起或突起），反映纵沟位于腹面，通常限于下囊。

反映腰带与反映纵沟是化石沟鞭藻类和其他微体生物相区别的重要特征之一，反映腰带位于囊孢的赤道区，可偏前偏后，一般为环形，多在一个平面内；有时为螺旋形，其两端在腹面错开，错开的距离用反映腰带的宽度来表示；若右端在后，反映腰带为左旋；反之，称为右旋。右旋在现生种中是不常见的，在化石中迄今尚未见到。

反映纵沟位于囊孢腹面，与反映腰带大致垂直，多限于下囊，但也可向前伸达上囊，一般较浅平，也可有细脊作边界，但其界限往往比反映腰带的模糊。

板式是覆盖许多沟鞭藻细胞的纤维素板片的排列，是现生具甲（板片）沟鞭藻类的一个显著的重要特征。在此类沟鞭藻中，其细胞的壳壁由数块板片组成，这些板片的数目和排列在许多属内不同，其排列方式可以用数字、字母等符号表示为公式。

反映板式用于表示化石沟鞭藻类反映板片的排列。其表示方式和现生沟鞭藻的板式完全相同，但其表现形式比现生类群的要复杂得多。除囊孢壁被反映缝或隔片，或点线及刺行等分隔为若干多角形区域或反映板片外，收缩式囊孢的反映板片不能一目了然，多由突起所表示。通常一个突起代表一块反映板片，也有几枚突起组合代表一块的。由突起所反映的板式，有时也称突起公式。此外，在一些贴近式和腔式囊孢中反映板式往往仅由古口所指示。

古口通常是指沟鞭藻囊孢壁上的开口，由一块或一组反映板片脱落而成。它是沟鞭藻囊孢的脱囊口，在脱囊期间原生质体或子细胞从古口出来后便发育为新的运动型藻体。古口可以位于囊孢壁的任何部位，但绝大多数都是在上囊，腰区的以及下囊的都是十分罕见的。古口轮廓一般为多边形，是识别沟鞭藻囊孢及其反映板式的重要特征，其形状、大小、位置和口盖结构（这些特征都与反映板式和壁的结构有关）的许多差别都是化石沟鞭藻分类和演化的重要依据。

2. 囊孢壁的表面特征

纹饰是指沟鞭藻囊孢（或细胞）的表面雕纹，是用于描述化石沟鞭藻类（或细胞）的壁表面特征的。一般说来，原壁、内壁和外壁的内表面是平滑的，内壁的外表面平滑或仅有低至中等高的纹饰，而原壁或外壁的外表面平滑或具各种各样的纹饰，如点穴、孔、颗粒、瘤、皱、网、脊或隔片和凸起等。各类纹饰粗细、高低不一，有时分布并不均匀，如纹饰组合或纹饰群。一个化石标本上往往具有不止一类纹饰。

突起是由壁的外表面形成（延伸出）的一种构造，为圆柱状或刺状。突起简单、孤立分布，或复杂、相互联合。所谓的刺球类均具有突起。突起柄中空或实心，或近极中空（实心）而远极实心（中空），末端张开或封闭。通常在反映纵沟和腰带区的突起较小，而较独特的突起可能代表顶部或尾部。孤立的突起多种多样，如棒形、圆锥形、亚圆锥形、圆柱形、锐柱形、漏斗形、扩张形、管形、喇叭形、瓶形、球茎形等，呈直线、弧形或不规则弯曲生长（图 6-5），突起的远极扩大或变尖（简单、不分叉）或分枝，形成尖刺形、锐圆形、膨大形、乳头形、花头形、倒漏斗形、二裂的树枝状、指状、分枝状、二分枝状和三分枝状。突起的柄壁完整或窗孔状，末端边缘成锐刺边状、钝刺边状或齿边状等（图 6-6）。有时末端以横络或膜相联结，形成极复杂的结构（如网状、织网状等）或可单独地形成被层（壁）。

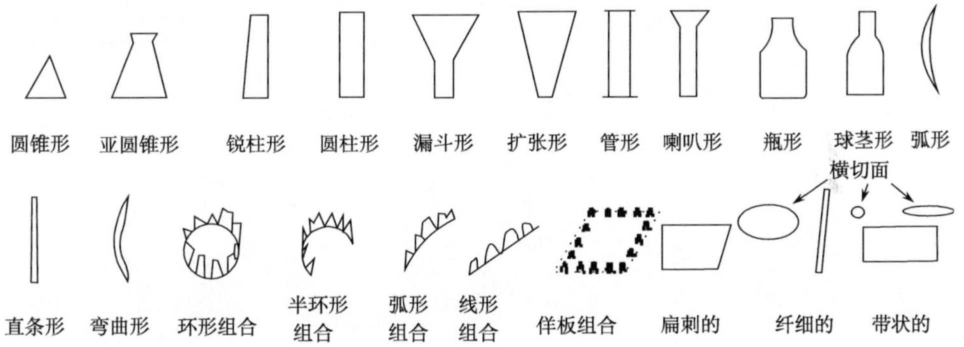

图 6-5　突起及其组合的形状名称（引自何承全等，2009）

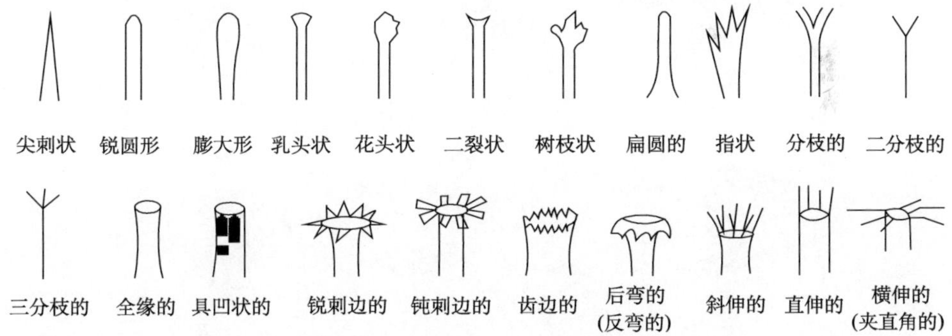

图 6-6　突起远极末端的形状（引自何承全等，2009）

根据反映板式的概念，若纹饰均匀或不规则地分布在囊孢壁上，而又无反映板式的显示，其分布方式称为非板状；反之，其分布显示反映板式的则称板状。在板状纹饰中，当纹饰显示出反映板片间的界线，即仅沿反映缝分布者，称反映缝式；分布在反映板片的中部或者多少远离反映缝线时，称板内式。在板内纹饰中最常见的是一枚突起代表一块反映板片，也有突起较多且成群分布者，每群代表一块反映板片，这类突起称为突起群。若相邻反映板片上的纹饰大致沿反映板片的界线平行分布并形成一些封闭的界线，称之板缘式。严格地说，板缘式纹饰限制在单块反映板片界线之内（图 6-7）。

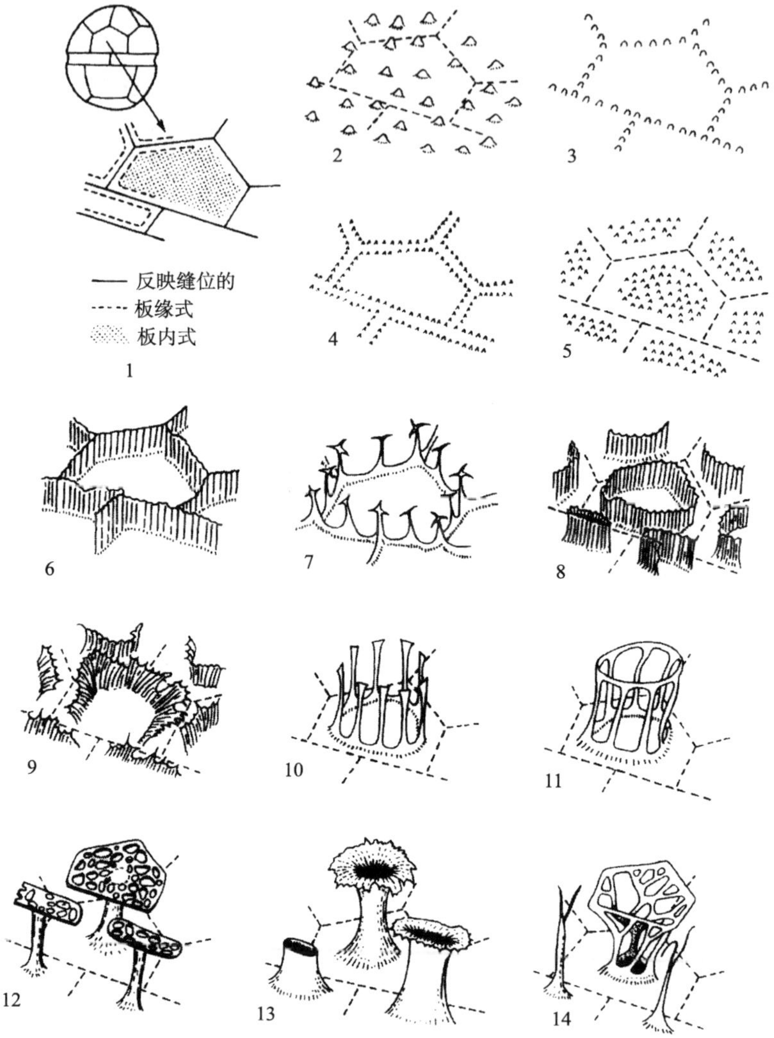

图 6-7　化石沟鞭藻类的纹饰分布方式（引自何承全等，2009）

1. 上面表示游动沟鞭藻细胞壳壁的背面观，下面表示它的囊孢的部分背面及反映缝式、板缘式和板内式纹饰的位置与板片的关系；2. 非板状纹饰；3. 反映缝式纹饰；4. 板缘式纹饰；5. 板内式纹饰；6. 反映缝式隔片；7. 角部和角间突起联合的反映缝位脊；8. 封闭的板缘隔片；9. 较大反映板片上的板缘位隔片在朝向腰带的一边缺失和不同的反映腰带突起；10. 具环形基部脊的板缘式-板内式突起群；11. 类似于图 10，但突起远极以环形横络相连；12~14. 单个板内突起；12. 实心突起，其末端扩大成穿孔状的被层（壁）；13. 中空管状突起；14. 主要板片上的复杂突起（或突起群）和较简单的腰带突起最简单和最明显的反映缝以脊或隔片表示。成行分布的颗粒、小刺或突起，具外腔的窄的外壁拱（隆）条以及局部内壁结构的变化也是反映缝的特征。这些特征可以单独出现，也可与脊或隔片联合出现。突起位于反映板片角部的称为角部式，沿三缝交会点之间的反映板片边分布的称为角间式。

第三节　沟鞭藻的分类及主要化石代表

1. 沟鞭藻的分类

目前，化石沟鞭藻类的分类最高只到科或亚目级，科或亚目以上分类采用现生类型的自然分类。亚目级的划分通常依据反映板式特征和古口类型。囊孢类型、反映板式、古口类型作为分科的主要基础，角的有无、数目和分布，反映腰带有无，纹饰分布及特殊纹饰面貌等对分科也有一定的作用。囊孢的形状、内体有无、反映板式特征（反映板片数目和排列的不同）、古口类型、纹饰类型及其分布特征等作为分属的根据。上述特征（除古口外）的细小变化（如反映板片形状、排列和表面雕纹的细节）、囊孢的总大小、形状及壁结构等经常是分种的依据。

值得提及的是，囊孢壁结构、表面纹饰和古口特征的变异性很大，应适当地降低这些特征在属和种分类中的重要性。同时，更要强调反映板式的全貌在分类中的重要性，包括反映纵沟的细节和单块反映板片的形状及其接触关系（Evitt，1985）。

Fensome 等（1993）吸取了几十年来前人对游动细胞和囊孢的对应关系研究的成就，提出了一个包括现生和化石沟鞭藻类的最新、最全面的分类（即：2 亚门 3 纲 5 亚纲 14 目 10 亚目 56 科 22 亚科），被认为是当代沟鞭藻分类的里程碑。本书以 Fensome 等的系统分类为基础，将中国化石沟鞭藻类系统地划归为拟真核甲藻亚门甲藻纲的 3 亚纲 4 目 5 亚目 11 科 15 亚科。

拟真核甲藻亚门 Dinokaryota Fensome *et al.*，1993
　甲藻纲 Dinophyceae Pascher，1914
　　裸沟藻亚纲 Gymnodiniphycidae Fensome *et al.*，1993
　　　褶盘藻目 Ptychodiscales Fensome *et al.*，1993
　　多甲藻亚纲 Peridiniphycidae Fensome *et al.*，1993
　　　膝沟藻目 Gonyaulacales Taylor，1980
　　　多甲藻目 Peridiniales Haeckel，1894
　　翅甲藻亚纲 Dinophysiphycidae Mohn，1984 ex Fensome *et al.*，1993
　　　拟小角藻目 Nannoceratopsiales Piel et Evitt，1980

2. 主要化石代表

褶盘藻目 Ptychodiscales Fensome *et al.*，1993

褶盘藻科 Ptychodiscaceae Willey et Hickson，1909

起皱沟裸藻属 *Dinogymnium rugosum* Zheng et Liu in Liu *et al.*，1992（图 6-8-1，2）

壳体长 18~25 μm，宽 14.5~22.5 μm。壳体轮廓椭圆形或近卵圆形，两极钝圆或微凹。反映腰带以赤道区两侧微凹所指示。原壁薄，表面光滑，具条状褶皱。在赤道区条状褶皱较长，纵向排列与壳体长轴方向近于平行；至两极区条状褶皱短，排列方向不一致。顶古口，多边形。口盖原位。产自辽宁盘山始新统沙河街组三段。

膝沟藻目 Gonyaulacales Taylor，1980

枝箱藻科 Cladopxaceae Stein，1883

上思微沟藻属 *Microdinium shangsicum* He，1984（图 6-8-3，4）

壳体小，轮廓近圆形。反映腰带宽（约 8 μm），环形，由若干反映板片组成，反映腰带边缘以低脊为界。上下壳近等大或下壳大于上壳。反映板片以低脊为标志，顶反映板片在有的标本上明显地为一块，有的似乎由两块组成（可能与标本保存情况有关）。壁薄，单层，表面近平滑—微粒状。反映纵沟宽，从下壳延伸到反映腰带之上不远的上壳。古口顶式，由顶反映板片分离而成，口盖联结。壳体长 40~45 μm，宽 38~42 μm；正模长 40 μm，宽 40 μm。产自广西上思，渐新统。

膝沟藻科 Gonyaulacaceae Lindernamn，1928

稀管藻属 *Oligosphaeridium* Davey et Williams，1966，emend. Davey，1982（图 6-8-5，6）

囊孢刺式，中央本体近球形，具 18~21 条中空圆柱形—管状的板内式突起；突起远极开张。反映腰带缺乏突起。具膝沟藻科的反映板式，古口顶式。分布于全球的晚侏罗世—始新世，常见于白垩纪。

舌藻属 *Lingulodinium* Wall，1967 emend. Wall et Dale in Wall *et al.*，1973（图 6-8-7，8）

囊孢刺式，非腔式，中央本体亚球形。具大量非板状突起，其远极封闭。古口简单，复合或联合式。分布于全球的晚白垩世—第四纪。

刺甲藻属 *Spiniferites* Mantell，1850，emend. Sarjeant，1970（图 6-8-9）

囊孢贴近收缩式—刺式。中央本体亚球形，仅在反映板片的角部或角部和角间具突起。突起基部以反映缝脊或隔片相连；角部突起远极三分叉，角间的二分叉，反映板式为膝沟藻科的。古口前腰式。广布于全球的（晚侏罗世？）早白垩世—全新世。

多刺甲藻属 *Sentusidinium* Sarjeant et Stover，1978（图 6-8-10，11）

囊孢贴近式—贴近收缩式，本体亚球形—椭球形。原壁具短的、一般均匀分布的非板状突出物，如粗糙的颗粒、小瘤、疣、棒或末端钝的、尖的、头状、分叉的刺。这些表面纹饰通常分离，但有些相邻突起在基部或许融合和（或）在其末端互相连接。突起的长度往往不到囊孢最短直径的 1/2，典型者不到 l/3。反映板式主要由（tA）型顶古口所表示。主古口缝常呈“Z”形。短的纵向副古口缝经常存在，其位置指示前腰反映板片之间前部的界线。口盖游离，其上无分化的反映板片界线。反映腰带有时由突起沿赤道排列指示，有时由纹饰的减少或缺乏表示，但这种标志常常不明显或不发育。囊孢的总直径一般小于 100 μm。分布于欧洲、非洲、澳大利亚、加拿大和中国等地的中侏罗世—渐新世，以中侏罗世—白垩纪较多。

科未定 Family Uncertain (Gonyaulacoideae)

繁棒藻属 *Cleistosphaeridium* Davey *et al.*，1966，emend. Eaton *et al.*，2001（图 6-9-1，2）

囊孢刺式，中央本体腹背轮廓亚圆形—圆多角形，通常显示明显的腹背压扁。突起一般多，实心和形状可变，但在某个特定的标本上是不变的，有些突起是斧头形。突起非板式，也许为板缘式，或许是由板缘基部脊联结部分或全部突起。古口顶式。分布于全球的侏罗纪—新生代。

角藻科 Ceratiaceae Willey et Hickson，1909

南球藻属 *Australisphaera* Davey，1978（图 6-9-3）

囊孢贴近式，透镜形或亚多角形，具一居中的（偶尔两个）尾角、两侧凸或侧角，次一级的突起或角也可能存在。原壁表面具低雕纹。古口顶式，tA 型。口盖游离，反映纵沟凹模糊显示。分布于中国松辽盆地、南非西南海区和英格兰的白垩系。

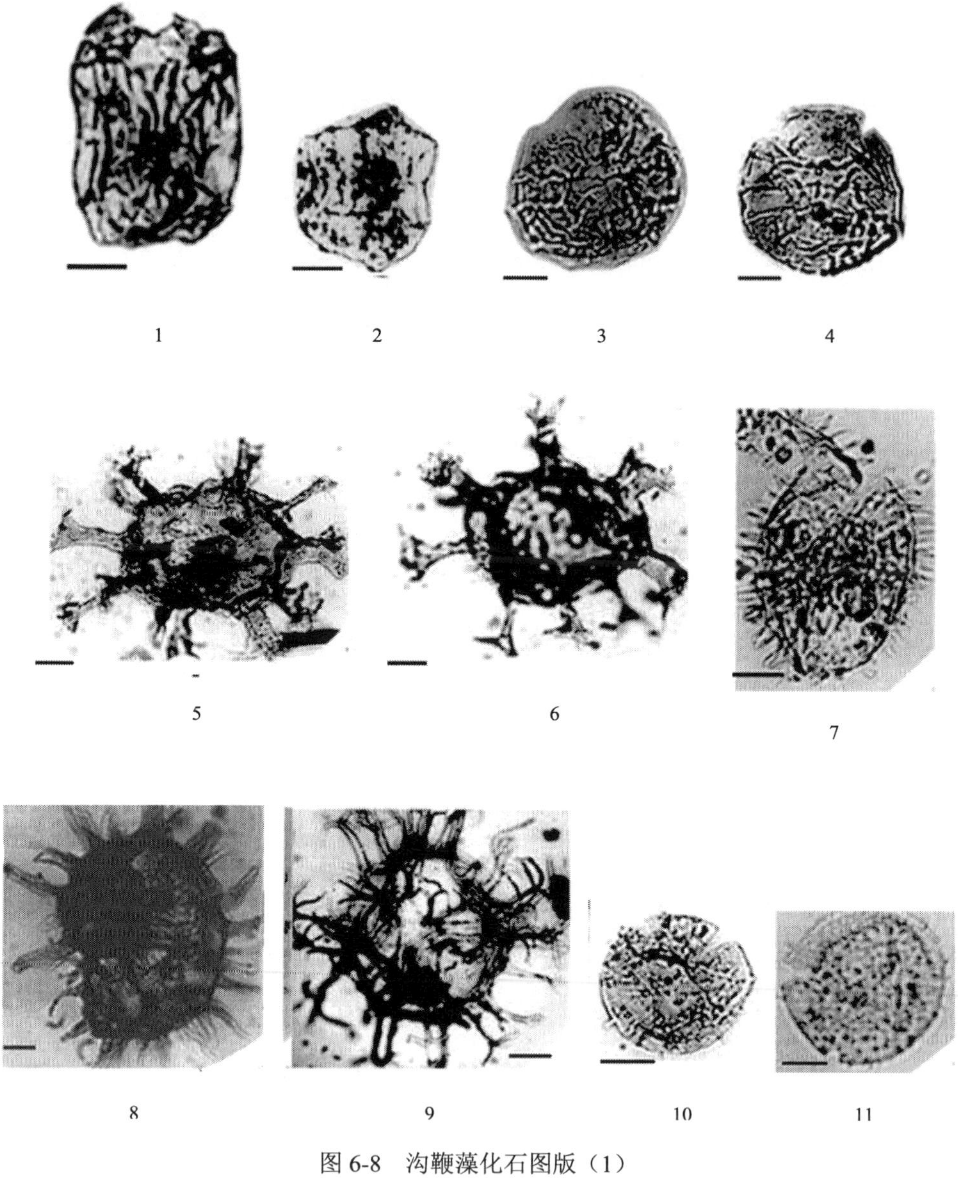

图 6-8　沟鞭藻化石图版（1）

1, 2. *Dinogymnium rugosum*；3, 4. *Microdinium shangsicum*；5, 6. *Oligosphaeridium complex*；7, 8. *Lingulodinium machaerophorum*；9. *Spiniferites ramosus*；10, 11. *Sentusidinium biornatum*；比例尺为 10 μm

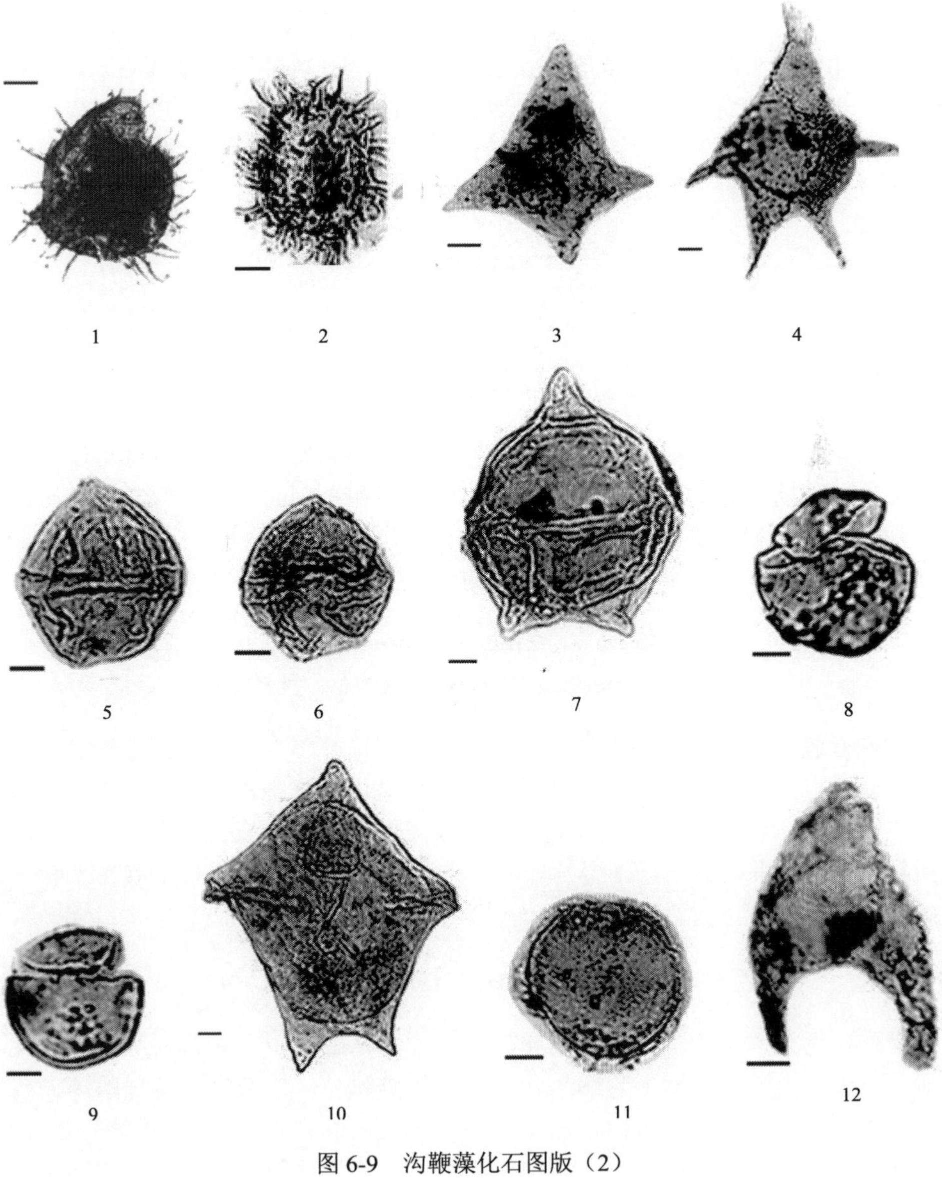

图 6-9　沟鞭藻化石图版（2）

1, 2. *Cleistosphaeridium baculatum*；3. *Australisphaera cruciata*；4. *Nenjiangella granulate*；5, 6. *Laciniadinium granulatum*；7. *Deflandrea amabilis*；8, 9. *Bosedinia elegans*；10. *Rhombodinium elegans*；11. *Cyclopsiella granulate*；12. *Nannoceratopsis pellucida*；比例尺为 10 μm

嫩江藻属 *Nenjiangella* Yuan et He，1999（图 6-9-4）

囊孢贴近式，非腔式，腹背压扁，本体轮廓五边形，具一顶角，两侧角和两尾角；顶角共 2 分枝；两侧角近等大，并具有一个（可能为后腰区的）延伸角。原壁薄，表面颗粒状或平滑。反映腰带和纵沟缺乏，反映板式仅以古口表示。古口顶式，tA 型，主古口缝“Z”形，副古口缝较发育，指示了 6 块前腰反映板片。口盖游离或原位保存。分布于中国松辽盆地南部的上白垩统。

多甲藻目 Peridiniales Haeckel，1894

多甲藻科 Peridiniaceae Ehrenberg，1831

门沟藻属 *Laciniadinium* McIntyre，1975（图 6-9-5，6）

囊孢贴近式，近球形—近双锥形。有或无顶角和尾角。壁除顶部可以存在两层之外是单层的，表面平滑或具低雕纹（如粒状和短刺）。反映腰带以低脊为界。反映板式以古口和反映腰带指示。古口联合式，口盖与反映腰带连生，简单，活板状。分布于加拿大、中国和澳大利亚的白垩纪—古近纪。

德弗兰藻属 *Deflandrea* Eisenack，1938，
emend.，Lentin et Williams，1976（图 6-9-7）

囊孢双腔式或周腔式，少数角腔式。压扁的多甲藻形—亚椭圆形轮廓，具一明显的或微弱的顶角和两尾角。外壁平滑或具退化的纹饰，纹饰排成板缘行或板内丛，彼此间隔以扩缝带。六边式的反映板式仅由古口，或古口和外壁纹饰的组合所指示，古口前间式，I / I 型，外古口指数＞0.5。广布于全球的晚白垩世—古近纪，以古近纪最丰富，极个别分子见于早中新世。

百色藻属 *Bosedinia* He，1984（图 6-9-8，9）

囊孢贴近式，轮廓圆三角形至卵形。无顶角，缺乏反映腰带和纵沟及板式。下囊一般大于上囊。原壁为紧贴的两层，表面具颗粒、皱或细瘤等低雕纹，或平滑，无刺状之类的突起。古口常位于囊孢最宽处，联合式，古口边缘平直，口盖粘连或脱落。分布于渤海沿岸地区，南海及其沿岸地区包括北部湾沿岸地区、马来盆地及广西百色盆地，新疆塔里木盆地和江苏北部等地区，时代为始新世—中中新世。

风筝藻属 *Rhombodinium* Gocht，1955（图 6-9-10）

囊孢贴近式、周腔式，扁平的多甲藻形，具一顶角、两侧角和两尾角，其中有的角或许退化或缺乏。外壁平滑或具低的浮雕状纹饰。反映板式四边式，通常仅由古口（偶尔也由反映腰带）指示。古口前间式，I/I 型。分布于欧洲、亚洲、新西兰和澳大利亚等地，见于始新世—渐新世。

可疑的沟鞭藻类（Questinable dinoflagellates）

小眼藻属 *Cyclopsiella* Drugg et Loeblich Jr.，1967（图 6-9-11）

囊孢小，扁平，轮廓椭圆形。刚好在顶部之下的一面有一小圆形开口。开口被一圆形塞子所封闭。分布于中国的始新统—渐新统，美国的渐新统，挪威的中新统下部。

拟小角藻目 Nannoceratopsiales Piel et Evitt，1980

拟小角藻科 Nannoceratopsiaceae Goeht，1970

拟小角藻属 *Nannoceratopsis* Deflandre，1939，emend. Evitt，1961（图 6-9-12）

囊孢贴近式，侧面压扁，通常具两个尾角，其中腹面角可以退化（减小）或不发育。上囊微小，下囊大，背、腹和尾面都窄，侧面宽。原壁表面平滑—负网状。反映腰带窄，颈状，环形。古口腰区式，C 型或 2C 型。分布于欧洲、北美、澳大利亚和中国的侏罗系。

第四节　沟鞭藻的起源、演化及地史分布

生物学家认为沟鞭藻类是一种很原始的真核生物（或称中核生物），在地史上应该有很长的演化历史，应存在于整个显生宙，甚至在晚前寒武纪或新元古代就出现了。从沟鞭藻类和疑源类的地层分布看，疑源类的衰退与沟鞭藻类的增长恰巧一致。因此，许多学者很早就认为疑源类和沟鞭藻类有密切关系，古生代或更早的绝大多数疑源类很可能都是沟鞭藻囊孢（Evitt，1963）。

根据化石资料，沟鞭藻类在地史上至少有三次主要的繁盛期：中、晚侏罗世，白垩纪中、晚期和古近纪，而在中侏罗世之前很少，古近纪以后也大大减少。这类浮游植物的许多种生存时限短暂，地理分布广泛，是确定地层的地质时代的良好标志。Williams（1977）在初步综合全球中、新生代海相沟鞭藻生物地层学的基础上，提出了 30 个共存延限带（concurrent range zones）及 12 个亚带。由于各地区环境的

不同，各地质时期海相地层发育的不连续性，导致不可能有一个统一的系统的沟鞭藻分带，所谓的全球中、新生代海相沟鞭藻分带，实际上都是综合的、相对的或区域性的。各地质时期沟鞭藻类生物地层学研究水平也不尽相同，从目前的资料看，古近纪沟鞭藻带的资料较系统。国际地质科学联合会地层分类小组委员会古近纪地层分会把古近系划分成 20 个化石沟鞭藻带，并同颗石藻、浮游有孔虫等化石带进行了对照（Cavelier and Pomerol，1983）。我国侏罗纪—古近纪海相及非海相沟鞭藻类资料较丰富，其生物群演化有些较清楚，其中黑龙江东北部中侏罗世—早白垩世地层可划分出 7 个沟鞭藻组合带，松辽盆地非海相白垩系可划分出 11 个微体浮游藻类组合带，渤海沿岸地区古近纪地层可划分出 5 个沟鞭藻组合带 13 个亚带，新疆塔里木盆地西部晚白垩世—古近纪沉积可划分出 12 个沟鞭藻组合带，青藏高原中部中、晚侏罗世海相地层也建立了 4 个沟鞭藻组合带。各主要地质时期的沟鞭藻类化石群演变趋势及沟鞭藻生物地层简介如下（何承全等，2009）。

我国晚二叠世至早三叠世地层中发现的 *Archaeodinium cingulatum*（Ouyang，1979），个体小，具明显的顶古口和由单条脊所指示的反映腰带，将其归属于沟鞭藻类似乎是没有多大疑问的（图 6-10），但也有人认为它是一种疑源类（Stover and Williams，1987）。

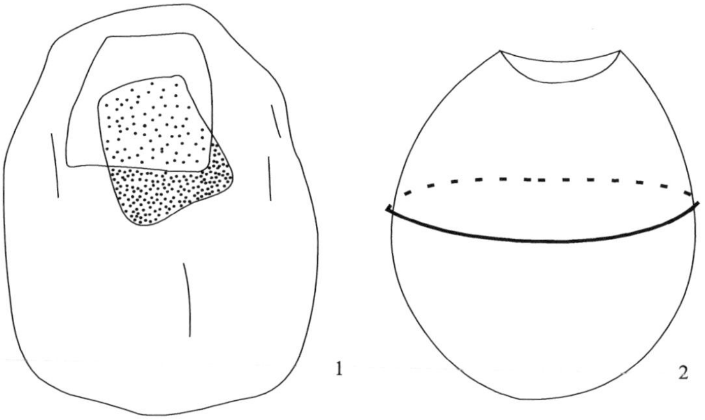

图 6-10　古生代沟鞭藻类

1. *Arpylorus antiquus*；2. *Archaeodinium cingulatum*

三叠纪发现的沟鞭藻类较丰富。最早的沟鞭藻类始于澳大利亚的中三叠世晚安尼期—拉丁期（Stover and Helby，1987）。上三叠统（卡尼阶—瑞替阶）的沟鞭藻类报道较多，于英格兰瑞替阶、奥地利、加拿大极区、美国阿拉斯加、澳大利亚和新西兰等地区相继发现。中、晚三叠世沟鞭藻类可分为两个化石带：（1）*Sahulidinium ottii* 带（上白尼阶—下拉丁阶）；（2）*Rhaetogonyaulax* 超带（卡尼阶—瑞替阶）。

侏罗纪沟鞭藻类获得了很大的发展，尤其在北方区是沟鞭藻类演化的一个爆发和较稳定的时期，形态多姿多彩（图 6-11），至末期迅速衰败。

侏罗纪沟鞭藻生物地层带如下：

（1）*Dapcodinium priscum* 带（赫塘阶—辛涅缪尔阶）。主要分布于欧洲，如丹麦、奥地利、葡萄牙等地。此带的沟鞭藻类稀少。

（2）*Nannoceratopsis gracilis* 带（普林斯巴阶—托阿尔阶）。这个带的地理分布较广泛，在俄罗斯西伯利亚、英格兰、丹麦、德国、加拿大等地皆有发现。

（3）*Pareodinia ceratophora* 超带（阿林阶至卡洛夫阶或下牛津阶）。中侏罗统几个沟鞭藻带的集合，广布于欧洲、加拿大、澳大利亚、以色列、中国青藏高原及东北绥滨等地区。膝沟藻类的囊孢占绝对优势，*Pareodinia* 的含量稳定，限于本超带的种多，又有大量新类型出现。

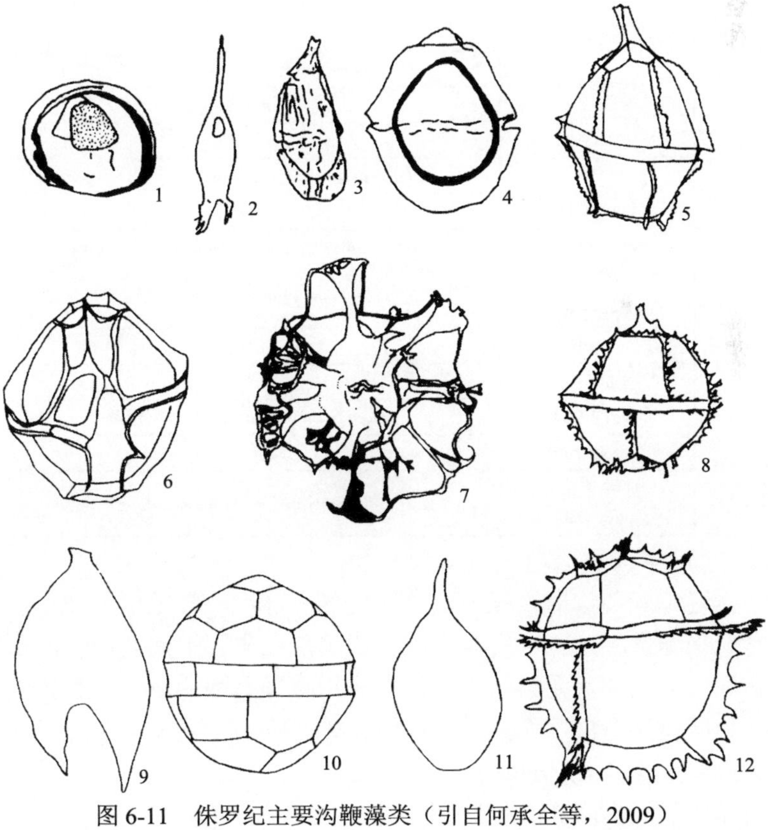

图 6-11　侏罗纪主要沟鞭藻类（引自何承全等，2009）

1. *Chytroeisphaeridia pericompsa*；2. *Broomea ramose*；3. *Belodinium dysculum*；4. *Scriniodinium crystallinum*；5. *Gonyaulacysta jurassica*；6. *Leptodinium subtile*；7. *Rigaudella aemula*；8. *Hystrchogonyaulax cladophora*；9. *Nannoceratopsis pellucida*；10. *Dapcodinium priscum*；11. *Pareodinia ceratophora*；12. *Ctenidodinium ornatum*

（4）*Gonyaulacysta jurassica* 超带（牛津阶—提塘阶）。代表晚侏罗世沉积，系我国黑龙江省东北部绥滨地区上侏罗统两个沟鞭藻组合带的集合，广布于利比亚、欧洲、加拿大北部极区、澳大利亚、中国青藏高原中部等地区。属种更加丰富多彩。

白垩纪是沟鞭藻在一个颇稳定格局内中等演化的时代。它以 *Operculodinium*、*Parabohaidina*、*Deflandrea*、*Palaeoperidinium* 等类群的出现，角藻类在早白垩世显著增加，在晚白垩世消失，以及芋头藻科等类群的绝灭为特征，早、晚白垩世沟鞭藻植物群特征殊异。

白垩纪沟鞭藻全球较为综合的化石带有 8 个。中国黑龙江绥滨—鸡西盆地贝里阿斯—巴雷姆期至少可分出 4 个组合带（表 6-1）。

表 6-1　黑龙江东部中侏罗世—早白垩世沟鞭藻组合带（自何承全等，2009 修改）

地层			组合带（高峰带）	地区
下白垩统	穆棱组	阿普特阶（Aptian）		鸡西盆地
		巴雷姆阶（Barremian）	*Cribroperidinium? parorthoceras*（高峰带）	
	城子河组		*Canningia reticulata*	
		欧特里夫阶（Hauterivian）	*Odontochitina operculata-Muderongia tetracantha*	
	滴道组	贝里阿斯阶—瓦兰今阶（Berriasian-Valanginian）	*Vesperopsis didaoensis-Lagenorhytis granorugosa*	绥滨
			Oligsphaeridium pulcherrimum（高峰带）	
上侏罗统	东荣组	提塘阶（Tithonian）	*Amphorula delicata*	
		钦莫利阶（Kimmeridgian）		
			Gonyaulacysta jurassica（高峰带）	
		牛津阶（Oxfordian）		
中侏罗统	绥滨组	卡洛夫阶（Callovian）	*Pareodinia ceratophora-Nannoceratopsis pellicida*	

大约在古近纪 65 Ma 时，虽然沟鞭藻种的分异度有较重要的波动，但从其演化趋势来看似乎异常稳定。尽管许多种首次出现在早、中始新世，但末现种的数量仍超过初现种的数量，尤其是在新近纪。沟鞭藻囊孢的演化似乎还受气候变化的影响和其他微体化石群，尤其是硅藻演化的影响。

在古新世，许多白垩纪的属种已消失，出现古近纪-新近纪的新形态类型。关于白垩纪-古近纪界线处的沟鞭藻类继承性（连续性）的讨论很多，一个明显控制这些解释的因素为所有的沟鞭藻是以成囊的类型为基础，推测这些囊孢是幸存于最不利的气候环境中。沟鞭藻类在白垩纪末期是否遭受了大规模的灭绝，这方面的迹象是不明显的。

古近纪是地史上沟鞭藻类的第三个繁盛时期。此时膝沟藻类通常占有明显的优势；德弗兰藻类和韦氏藻类广泛分布，尤其在局部的内浅海或半咸水环境中占统治地位，其中韦氏藻类的演化迅速，成为古近系划分对比的一个关键类群；角藻类缺乏。至新近纪分异度明显地下降。

新近纪沟鞭藻囊孢组合具有明显的现代面貌，原多甲藻类及膝沟藻科的收缩式和刺式的 *Spiniferites* 和 *Operculodinium* 属在浅海大陆架边缘环境中占优势。相似藻科（Congruentidiaceae）的分子在北极气候下，膝沟藻科的分子在温带和热带水中都是较多的。以 *Impagidinium* 和 *Nematosphaeropsis* 为代表的贴近式和刺式膝沟藻类在海洋组合中趋向占优势。大多数具顶古口的膝沟藻目的分子消失，它们包括空域藻科的属及 *Systematophora* 和 *Distatodinium*。

第五节　化石沟鞭藻类的应用

1. 指示沉积速率

把沟鞭藻囊孢作为一种沉积物质考虑时，囊孢的形状是重要的，如球形、伸长形和刺状囊孢的下沉速率或多或少是不同的。Sarjeant 等（1987）根据试验，认为刺提供浮力，尤其是在较大的囊孢中。在中、新生代，如果囊孢有一种增大的演变趋势，刺对维持漂浮是很有用的（刺有助于囊孢不迅速下沉）。

如果石化的囊孢有古口，说明囊孢已脱囊，内含有机体已释放并开始了新阶段的生活。如果化石囊孢没有古口（不含隐蔽型古口），说明囊孢未脱囊，或许是不良环境所致，包括沉积物堆积过快而来不及脱囊。据报道，我国东部古近纪断陷湖盆沉积速率高达 0.2~0.3 mm/a（傅家谟、盛国英，1986）。这或许能解释为什么我国渤海沿岸地区始新世沉积中的 *Bohaidina* 和 *Parabohaidina* 属的囊孢在有的样品中有古口，而在大多数层位中又缺乏古口的问题。因此，古口也是有用的古生态指示。

2. 古环境的灵敏指示

Dale（1983）认为化石沟鞭藻囊孢种群特征可以提供古生态信息，帮助人们认识古气候和古盐度变化。虽然仅有少数现生种成囊，但它们的分布为其囊孢的古生态学提供了重要的线索。

在我国东北松辽盆地白垩纪沟鞭藻类的演变明显地受古盐度变化的控制。早白垩世早期淡水或近淡水沟鞭藻组合以低分异度和壁薄的角藻类囊孢为主，如在沙河子组以 *Vesperopsis glabra* 占优势并有少量的 *V. granulata*，在营城组以 *Balmula granorugosa* 为主，在登娄库组四段以 *Vesperopsis zhaodongensis* 为代表。近海湖盆受海泛影响形成微咸水沟鞭藻与淡水绿藻共生的组合，以泉头组三段为代表，湖盆遭受海侵形成分异度较高和丰富的半咸水沟鞭藻组合。

化石沟鞭藻的形态构造和个体大小能为古环境分析提供信息。在暖海沉积中以收缩式囊孢占优势，属种的分异度高，而在较凉海水中以腔式囊孢占优势；形态复杂的沟鞭藻或者具复杂而密集突起的沟鞭藻囊孢代表较深海水环境，外壁平滑或具细小突起的囊孢指示近岸浅海环境。

3. 沟鞭藻类是石油的优质有机质来源

沟鞭藻类是海洋中一种重要的浮游藻类，是海洋中的原初生产力，富含类脂和脂肪，被认为是转化成石油的最好原始母质。其光合作用的产物几乎全部为脂肪，其脂肪（油滴）含量高达干藻重的 5%~36%（刘志礼等，1992），地史上的沟鞭藻类应为优良的油源物质，属 I 型藻质干酪根，具有最高的生油潜能和可能最低的生油门限温度。化石沟鞭藻类及疑源类在地层中的丰度也可直接反映干酪根类型的优劣或生油母质的好坏，对生油气的潜量也有明显的影响。若生油岩中沟鞭藻类少，甚至于缺乏此类化石和（或）疑源类，而陆源高等植物碎屑多，则往往属于 III 型腐殖干酪根，生油潜能较差。在我国渤海沿岸各油田中，一般来说，这类化石越丰富，则烃源岩的生油条件越好，石油的储量越大，高产油井越多，油田的产量也越高（何承全等，2009）。

化石沟鞭藻和生油岩系的地质时代、空间分布具有一致性（图 6-12）。

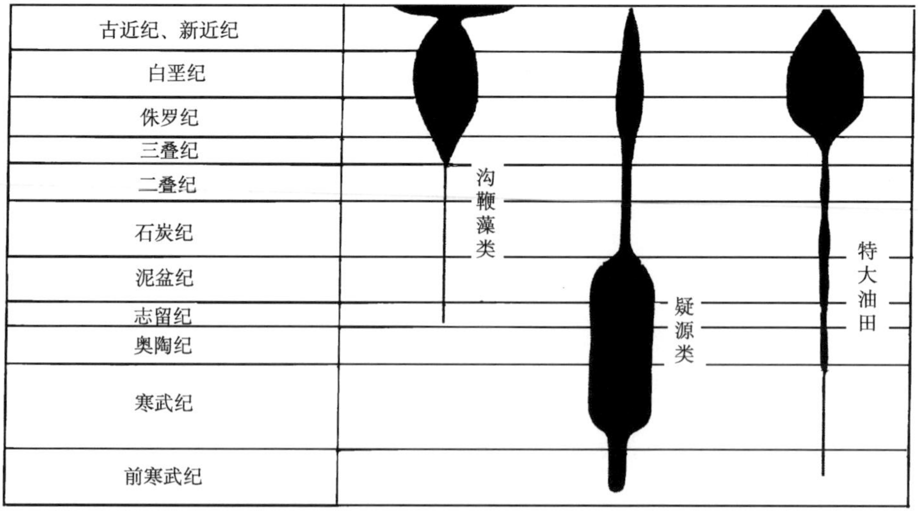

图 6-12 化石沟鞭藻类、疑源类及世界上特大油田的地质时代分布示意图（引自何承全等，2009）

第六节　疑　源　类

“Acritarcha”一词由 Evitt（1963）作为非正式术语提出，以收容在许多刺球类（hestrichospheres）转移归属甲藻以后所留下的类型。按其词意（akritos 意为不确定，混合，困惑；arche 意为开始，起源），中文译为“疑源类”。从字面而言，“疑源”意即亲属关系不明，如此岂不是凡生物亲缘关系不明的化石类型皆归放其中？为此，Evitt（1963）将“疑源类”定义为：“未知或可能多样生物亲缘关系的小型微体化石，由单一或多层有机成分的壁包封的中央腔组成；对称性、形状、结构和装饰多种多样，中央腔封闭或以孔、撕裂状不规则破裂、圆形开口（圆口）等多种方式与外部相通”。它们是一个未知或不确定生物亲缘关系的有机质壁微体化石类群，据目前研究获知，它们可能代表包括海生杂色藻、绿藻和单细胞原生物的化石化有机质壁囊胞，以及一些真菌孢型、高等生物的卵及其他非海相形态类型；此外，一些不能确定生物亲缘关系的定形、非定形集合体或多细胞微体化石也常归为疑源类。它们贯穿整个地质时期，在古生代中期呈现类型分异高峰，晚泥盆世后期明显衰减。由于疑源类代表了地质时期海洋食物链基础生物的化石证据，记录了生氧自养生物的历史，因此它们对研究不同地质时期大气圈的组成和生命的连续演化有着重要意义。它们在定量生物地层和古生物研究中有重要应用价值，同时对恢复不同地质时期的古地理和古环境也有不可低估的作用。

目前已知大多数疑源类是真核浮游植物，它们的有机质壁荚膜（又称膜壳或中央体）由纤维素和孢粉质两种形式的高分子聚合物构成，通常疑源类的形态学鉴别是着重于膜壳、壁的结构、附生物（突起等）、脱囊开口等的多样性或不同特征（图 6-13）。

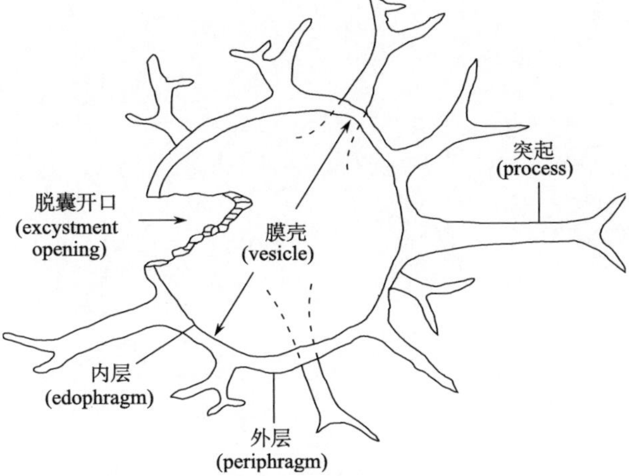

图 6-13　疑源类的重要形态特征（自何承全等，2009）

1. 膜壳

疑源类的膜壳中空，从小于 20 μm 至大于 250 μm，通常显生宙地层常见类型在 50~100 μm。前寒武纪简单的球形类型，直径从几微米至像 *Chuaria* 那样，达 0.5~5 mm。膜壳直径、突起长度和总体大小是描述疑源类的重要形态特征。在分类命名和描述中，大小通常以平均值表示（如膜壳直径或突起长度），或以平均值变化为横轴，以所测标本数为竖轴的直方图表示。

大多数疑源类的膜壳原本是球形，由于碎屑岩（页岩）成岩作用及物理挤压，一般呈扁平的平板状保存。仅在碳酸盐岩中或被硅、磷等渗透矿化情形下，能收集和见到呈三维保存的“立体”标本。除球形外，疑源类的形态多样（图 6-14），以地质时期中疑源类出现高峰的晚奥陶世为例，已知类型就有球形，椭球形，纺锤形，新月形，衬垫形，豆形，蛋形，枕垫形等。此外还有圆柱形，长颈瓶形，梨形及星形等。显然，疑源类的形状是对膜壳对称性的描绘，是膜壳轮廓的形状和膜壳壁上的突起及其他延伸物的相对布局的表现。

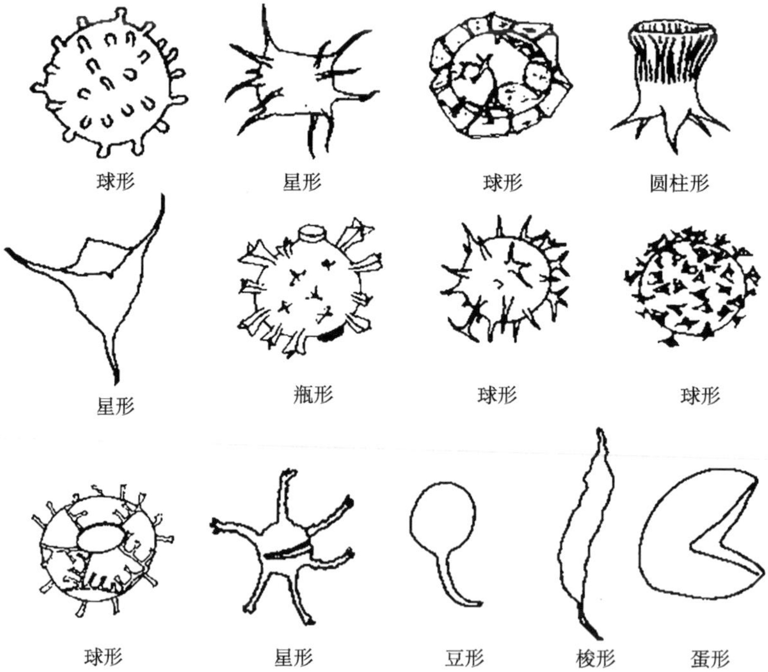

图 6-14　疑源类常见形态类型（自何承全等，2009）

2. 壁结构

外壁常由一层或二层构成，如为二层的，两层可连续接触或部分接触或完全分离形成两个同心状的腔式囊。外壁的厚度和致密度在不同属种不同，二层式的外层通常形成纹饰和突起。疑源类大致有两类，一类具厚的外壁（1~3.5 μm）和薄的突起，类似于绿藻；另一类外壁很薄但构造复杂类似于沟鞭藻。季莫菲也夫对原苏联下奥陶统圆货贝层中的疑源类进行化学分析的结果表明，成分中含有71.88%的碳，7.84%的氢，2.16%的氮及18.12%的氧和硫的化合物，不同类别的各成分比例可有一些变化（引自郝诒纯、茅绍智，1993）。

疑源类的膜壳表面，除部分光滑，无明显雕饰外，都显示不同大小及形态的雕饰。由于疑源类的雕饰与化石花粉粒、孢子及沟鞭藻的表面雕饰相似，因此，对疑源类壳壁表面雕饰的描述大多沿用以上微体化石类群业已建立的术语。其中许多术语与孢粉学的一般术语相同。

常见疑源类的壳壁表面雕饰类型：光滑、皱纹、粗糙、条纹、网状、丝状或纤毛状、颗粒、齿状或棘刺、疣、棒杆或基柱、棒瘤、鲛粒等（图 6-15）。

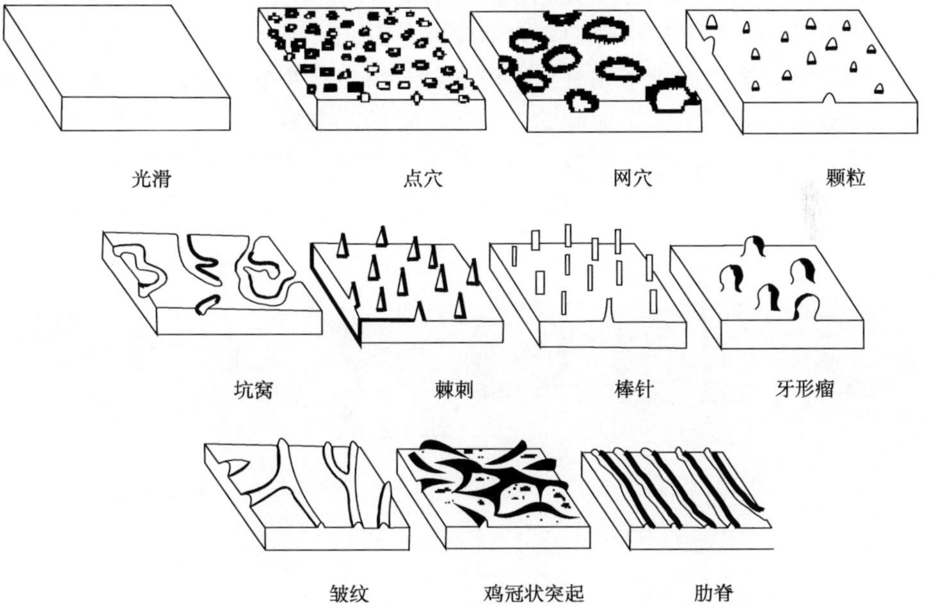

图 6-15　疑源类膜壳表面常见雕饰（引自郝诒纯、茅绍智，1993）

3. 突起

许多疑源类在其球形或椭球形的囊上分布着许多突起，这些突起有的均匀或随意地分布，有的限于赤道位置，有的分布于囊的一极或两极。突起的长度可变，从短刺状至超过，甚至若干倍大于囊的直径，如波罗的海白垩纪燧石层中保存一些卵形的疑源类，直径为 18~36 μm，所具的细丝状突起可长达 200 μm。相似的化石在德国下白垩统的瓦兰今阶，上白垩统的土伦阶和马斯特里赫特阶，以及法国和北美早白垩世的阿尔必阶或晚白垩世的赛诺曼阶至最顶部都有发现。

突起可以是简单实心呈线状或毛发状，也可以是亚锥状，甚至伸长，末端分叉并被横络所网结。有时突起自始至终都是空心的，并与囊内相通，有时则在近极基部发育一个实心的塞子使之与囊内相隔绝。有人认为实心的突起代表一种较为高级成熟的个体发育阶段，而空心的代表未成熟的阶段，但实心与空心突起不同时存在这一事实说明了突起的这一性质至少对某一特定类别是特征性的。

4. 开口

有些疑源类具开口，应为脱囊时原生质逸出的口，指示其为明确的藻类性质。开口有以下几种类型：圆形开口，可具囊盖，开口边缘可加厚，也可高出呈领子状；开裂、缝式开口为标本完好保存时在某一特定位置的开裂或缝，而非机械损伤所致，通常纵向裂缝多于横向的，两极对称的类型裂缝常沿赤道或中线分布；邮筒口式开口，由弧形裂缝形成，裂开的上边缘向外褶皱宛如帽沿或邮筒口，这种开口主要见于泥盆、志留和白垩纪的疑源类（图 6-16）。

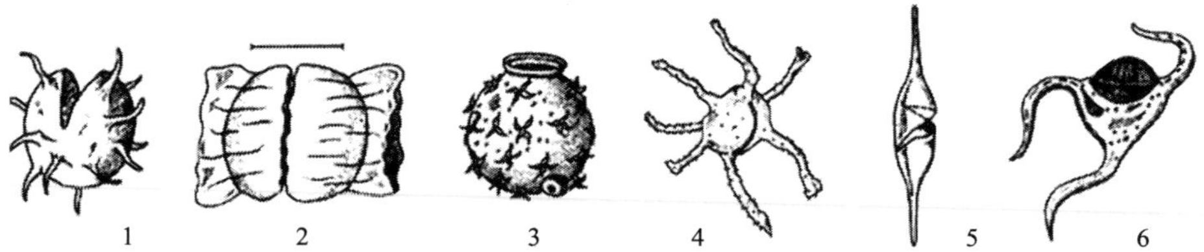

1　　2　　3　　4　　5　　6

图 6-16　疑源类的多样脱囊开口（引自 Mendelson，1992）

1. 部分裂开；2. 中裂；3. 带镶边圆口和塞状口盖；4. 具边饰的部分裂开；5. 轮旋缝；6. 外翻开口

5. 系统位置和分类

研究疑源类的学者一般可分为两派；一派把它看作相当多源的形态类别，其中既有植物又有动物，因而以人为的形态特征进行分类；另一派相信疑源类无疑起源于藻类，可能代表不同的藻类门和纲，其中可能包括金藻、沟鞭藻、绿藻、褐藻和别的绝灭的类别。Lister 据囊的特点，认为疑源类或许是某一和沟鞭藻有亲缘关系的绝灭类别的孢囊。早古生代的疑源类，在现代并无其类似的代表，Jux 对早古生代 *Baltisphaeridium* 的超微结构的研究说明疑源类更可能和绿藻有关，但不清楚是部分还是全部的疑源类和绿藻有关。虽然目前多数人承认疑源类更可能是藻类起源的，但究竟为何种藻类成员尚不清楚（引自郝诒纯、茅绍智，1993）。

疑源类采用完全的人为分类，遵循植物学命名规范进行命名。主要依据为囊的形状、外壁分层情况、突起的存在与否及其特点等。主要根据形状和轮廓把疑源类划分为 8 个群，群之下再根据其他特征划分亚群，亚群之下为形态属。1980 年 Tappan 归纳了目前所有已知能区分的类别（不同作者的）为 4 个群，21 个亚群和 1 个科（引自郝诒纯、茅绍智，1993）。较为常见和重要的亚类或亚群包括（图 6-17）：①棘面亚类（Acanthomorphitae），如 *Baltisphaeridium*；②多面亚类（Polygonomorphitae），如 *Veryhachium*；③球面亚类（Sphaeromorphitae），如 *Leiosphaeridia*；④梭形亚类（Netromorphitae），如 *Leiofusa*；⑤网面亚类（Herkomorphitae），如 *Cymatiosphaera*；⑥翼环亚类（Pteromorphitae），如 *Pterospermella*；⑦卵形亚类（Oomorphitae），如 *Ooides*。

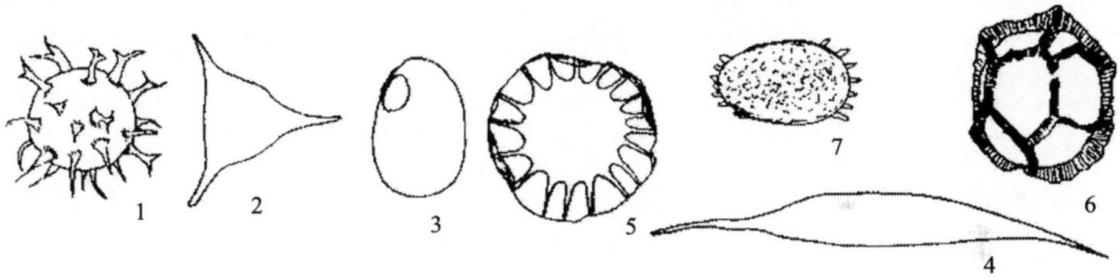

图 6-17　疑源类的常见类型（引自郝诒纯、茅绍智，1993）

1. 棘面亚类；2. 多面亚类；3. 球面亚类；4. 梭形亚类；5. 网面亚类；6. 翼环亚类；7. 卵形亚类

6. 地史分布

欧洲、北美、非洲、澳大利亚和我国前寒武系中都有疑源类发现，大都为形态简单的类型，如光滑的、小砾石状或表面网状的圆球体。前寒武纪最晚期和寒武纪早期为以光面球孢为优势的组合，还有少量 10~15 μm 的具短的实心刺的棘面亚类，至下寒武统最下部含三叶虫的地层中，这些刺状类型可达 30%，以后，个体变大并出现某些具空心管状突起的类型。近期从中国贵州瓮安地区震旦系陡山沱组磷块岩中发现微体动物化石和动物胚胎化石的报道（Chen *et al.*, 2014），引起国内外关注。陡山沱组和覆于其上的灯影组含有丰富的疑源类化石，陡山沱组中常见的大膜壳、具有明显棘刺或其他复杂装饰的疑源类，在灯影组已不复出现，而以无明显装饰的球形类型最多（尹磊明，2006）。

寒武纪、奥陶纪的疑源类在西欧如法国、英国和原苏联特别丰富，有时 1 g 岩石中可含 100000 个个体。奥陶纪的疑源类分异度高而稳定，包括了许多具大的圆形开口和短的复杂突起的类型，也有纺锤形和多面体形的类别。志留纪的化石在形态上比奥陶纪的更为多样，个体也大一些，很多具有长而复杂的突起和华丽多饰的外壁。在英国温洛克页岩中可达每克岩石 5000 个个体。泥盆纪开始时疑源类继续保持一定的分异度，到晚泥盆世开始衰退并导致分异度剧烈下降，有时光面球藻类可占 17%~55%。石炭纪比泥盆纪时的分异度又减少 10%，总的来说晚古生代的疑源类特别稀少，这和高等植物的发育有着密切的关系。古生代后，疑源类变得更为稀少和不重要，具刺类型个体变得很小，此时岩石中的有机微化石，主要成分为沟鞭藻、孢子和花粉。

7. 古生态

与疑源类共生的所有生物说明它具浮游的习性，而有机质化学成分的壁部说明它是植物而非动物，因而这是一类浮游植物，存在限于透光带。水体的盐度、温度、养料供给和浑浊度是控制疑源类生态的重要因素，在各个时期、不同地区控制着疑源类的分布。Cramer 认为控制疑源类组合分布的古温度因素主要是纬度，他把志留纪时已知产出疑源类的地方点于当时的大陆位置复原图上，发现不同温度控制的同时代组合的分布基本上平行于古纬度，当时的高纬度和低纬度地区的组合都较贫乏，分异度最高的组合在古纬度 30°~50° 的地方（引自郝诒纯、茅绍智，1993）。

某些特定形态的疑源类是特定环境的指示者。如据 Jacobson 研究，*Baltisphaeridium-Veryhachium-Polygonium* 是开阔海的代表。*Micrhystridium*（小刺藻）被认为喜爱近岸的，或许是浅水的环境。绿枝藻纲的塔斯马尼亚类和光面球藻类占优势的组合出现于接近陆地的地方，其中包括了半咸水盆地。以球形棘刺类的属占优势的组合被认为是沿海盆地环境的指示，而多面类（*Veryhachium*）和梭形类则被认为是开阔海环境的特征。单个种的种群似乎是近岸条件的指示，多样化、异质的组合存在于靠海的滨外地带。那些具有少而短的突起的种似乎能忍受湍流的条件，而那些具长而精致突起的种一般限于平静的沉积区。海侵时，组合的分异度增高，海退发生时，随着沉积物的变粗，分异度和含量都大大下降，海侵的早期阶段和海退时的组合都以球形棘刺类占优势（引自郝诒纯、茅绍智，1993）。

所有前寒武纪和早古生代的疑源类都是海相产出，晚二叠世以后它们可以出现于半咸水、淡水和超盐度的水体中，但一般不存在于代表高盐度的硬石膏和白云岩中。

第七章　微体化石的采样及处理方法

第一节　采　　样

由于微体化石肉眼一般看不见，所以要将埋藏它的沉积物一起采集，再经过实验室的处理，才能获得所需的化石标本。各类微体生物的生活环境、死后保存的硬体化学成分及物理性质、化石保存状况等方面均不相同，故采样前必须了解所研究的类别在各种沉积物中的产出频率，以提高采样工作的效率。有孔虫化石主要产于海相灰岩和碎屑岩，介形虫则在海、陆及过渡相的沉积物中广泛分布。牙形石在海相灰岩中最丰富，其次是页岩，砂岩中较少，按岩相类型分析，深水相较浅水相富集。硅藻在硅质泥岩、硅藻土中较多，泥岩和黏土岩中较少。孢子、花粉和沟鞭藻、疑源类等有机质微体化石一般在暗色（深灰色、黑灰色、黑色等）的泥质粉砂岩和粉砂质黏土中最为丰富，在色彩鲜艳明亮的粗碎屑岩和蒸发岩中最为贫乏。

样品可采自地表露头、钻井、海底和湖底的松散沉积物中。风化多节理裂隙及破碎的岩石，不仅其中的化石遭到破坏，水流还可把化石带走，因此，露头采样时力求新鲜，尽量不采风化破碎的岩石，必要时要挖探槽取样。野外将剖面清理出来后，应从老到新或从剖面下部往上逐层采集。钻井采样有岩心采样、岩屑采样和井壁取芯三种，以岩心采样为最佳而可靠，岩屑采样必须由熟悉工作区钻井剖面层序、有识别岩屑经验的人员承担。海底松散沉积物中采集第四纪有孔虫样品，必须使用活塞取芯器及各种采泥器取样。

采样间距根据工作目的和岩性特点而定，密至几厘米甚至连续采样，疏至数十米间隔。采样量取决于所采化石的类别和岩性。岩性均一变化不大的层段间距可加大，岩性变化大的地层可加密采样间距，岩性变化界面的上下或重要地质界线上下应加密采样。采样数量通常为处理化石时所需数量的 5~10 倍。通常，牙形石的样品要采 1~3 kg，有孔虫、介形虫等类别的采样重量为 500 g 左右，孢子花粉和沟鞭藻等类别的样品需采 50~200 g。

每个样品要有明确的层位和剖面位置，及时填写样品标签，注明每一样品的编号、采集地点、采集层位或采样深度、采集人及时间，并在记录本上相应层位记录编号。要防止不同样品间的混杂，必要时，在进行实验室处理前要用清水洗净岩样表面，干燥后再进行处理。获取立体化石大致要经过采样、碎样、散样、冲样、烘样、挑样（或富集）、制片等过程。

第二节 样 品 处 理

有孔虫，介形虫样品处理方法包括散样法、磨（切）片法和氢氟酸交代法，其中后两种方法可用于观察化石内部构造、壳壁成分和细微构造。

一、有孔虫、介形虫样品的处理方法

1. 散样法

1）散样

采用化学、物理或化学-物理方法令已固结成岩的样品松散开来称为散样。首先采用机械破碎将样品碎成 0.5~1 cm^3 大小的碎块。碎样时应沿层面敲打，最好用工作压力为 2 T/cm^2 的小型水压机。散样方法视岩样的胶结情况而定。对粉砂质泥岩、钙质泥岩及泥页岩等比较松软的岩样，在碎样后，将样品投入 15%的过氧化氢溶液中，以释放出氧气小泡使样品松散，反应结束后将泥质洗净即可；也可将碎样放在碳酸钠或碳酸钾溶液中于高压蒸锅内煮沸，促使样品分离。分散泥页岩和多孔隙的岩样多采用硫酸钠法。其方法为：将碎样放入烘箱中烘干，倒人烧杯中，再将煮沸的无水硫酸钠溶液注入于干燥的热样上至浸透为止（浸透程度以不放出气泡为准），过滤回收多余的溶液，然后将装样的烧杯倾斜放置在风凉的地方，硫酸钠冷却时的结晶力可使样品裂解。经过反复几次冷却和加热，样品就可散开，然后注入热水，煮沸 20~60 min 使晶体溶解，并将样品放入 200 目筛内水洗后即可。此法需注意两点：为防止加热煮沸时硫酸钠过饱和溶液突然涌出，最好把烧杯置于砂浴上加热；为避免硫酸钠冷却时产生体积膨胀的结晶力损坏烧杯，样品应偏置于烧杯的一侧。对灰岩、泥灰岩等固结坚硬的岩石，可将碎样投入 40~50 ℃的饱和芒硝溶液中，然后置冰箱内冷冻至−5 ℃，利用芒硝的结晶力使碎样松散。这一过程需反复进行，每次冷冻后过筛冲洗出已散开的部分。

当化石壳体很薄时，上述方法不能获得完好的化石。这时，将样品沿层面击成小块后，直接置于双目实体镜下检查，发现化石后，用解剖针或小刀剥离下来，即可获得完好的化石。

2）过筛

散样后需冲洗过筛，洗去样品中的泥砂或沾染的化学药剂。还可进一步用不同孔径的筛子过筛，目的是将尚未松散的碎块筛出和将样品分成不同的粒级，分别进行挑选。筛子的选择对样品处理的结果具有决定性的影响。如果孔径过大，则会将化石漏掉，据经验用 0.035 mm 或 0.052 mm 孔径的筛子可获得最佳效果。

3）选样

在光线清晰、视域宽广的双目实体镜下进行。将样品稀薄地散布在一块有白色方格线的黑玻璃板上进行逐个观察，一旦发现化石即用湿润的细毛笔将化石粘起并移入微体标本盒中，再用稀释的胶水使之固定，然后盖上活动盖片，以供鉴定。

为了提高选样效率，样品干后可先作初步分选，使化石富集，然后再在镜下挑选。常用的分选方法有离心旋转法和浮选法（郝诒纯等，1980）。

离心法是把样品置于带水的表面皿内旋转，较轻的化石聚集在外缘，再用水把化石冲到容器里。此法对比重与砂粒相当的化石无效，因此，通常只用于未被次生充填和重结晶的化石样的分选。

浮选法是利用重液或黏附作用使微体化石浮起，矿物颗粒沉下达到分选的目的。对分选现代和较新地层中的样品较为有效。一种是三溴甲烷法，三溴甲烷在20 ℃时的比重为2.89，与适量的丙酮或二甲替甲酰胺混合得比重为2.2~2.4的液体，注入盛有干样的烧杯中，大部分化石即可浮起，将浮有化石的表层液体过滤、洗净、烘干，即可进一步挑选。另一种是四氯化碳法，把比重为1.59的四氯化碳溶液用滴管滴入盛有干样的表面皿中，用量约为干样的2~3倍，然后将浮有化石的表层液体缓慢地倒至黑绸上晾干即可进一步选样。上述两种方法必须在通风橱中操作，以防中毒。重液可回收继续使用。

2. 磨（切）片法

磨制化石不同方向的切片。采用冷粉树胶埋藏磨片法，把切好的薄片埋在熔胶中，冷却后置于有抛光胶的玻璃板上研磨，随时在双目显微镜下观察，直到见到合适的切面为止。然后再熔化胶，翻转薄片，用同样方法操作，直到满意为止，最后，盖上盖玻片。

3. 氢氟酸交代法

氢氟酸交代法是研究时代较老的钙质有孔虫和介形虫内部构造行之有效的方法。置洗净的标本于一塑料容器中，注入标本体积2~3倍的稀氢氟酸（浓度10%），静置24 h左右，使全部碳酸钙转变为氟化钙（以不冒泡为准），然后细心洗去氢氟酸，即可得到透明或半透明的标本。操作要在通风橱中进行。

二、牙形石样品的处理方法

为了使牙形石在处理过程中减少破损，要尽量减少对样品的压碾、搅拌和筛洗的过程。碎样时最好顺层面破开，再碎至1 cm^3左右，每碎完一个样品，要清洗干净工具并吹干，避免样品间混染。

将灰岩样品大约500 g放入塑料桶中用10%的醋酸溶液或甲酸溶液浸泡，每隔 1~2 天将废液用橡胶软管从上部抽出，再沿桶壁缓缓注入同样浓度的新鲜醋酸溶液，反复几次，直至大部分样品溶解。大约 20 天左右才能使样品彻底溶解。用甲酸溶液溶解速度稍快。

用筛分套桶方法有利于酸解过程，一方面使酸解的细小残体从筛孔入桶底，另一方面减少牙形石的破损，如无套桶可用尼龙窗纱口袋悬于桶或烧杯内，使样品与酸充分接触，加速酸解过程。如果是较难溶解的泥灰岩或白云岩，可在水浴锅中适当加热，一般不超过 60 ℃。

从硅质岩中处理牙形石，用 20%的氢氟酸，2~3 h 换酸一次，如用 5%的氢氟酸则 12 h 换酸一次，可处理出较好的牙形石。软的页岩可直接用水煮，化作泥浆就可过筛。硬页岩碎样后可放入 15%次氯酸钠水溶液中，数周后即可过筛。

过筛时上面用 20 目筛子，下面用 120~150 目筛子，在水浴中轻轻过滤，下面筛上的残留物用水缓缓冲入蒸发皿或坩埚中，沉淀后倒掉多余的水，烘干，然后在双目实体镜下挑选。

三、硅藻样品的处理方法

（1）将样品放入 200 ml 的烧杯中，用 15%的过氧化氢 30~50 ml 浸泡，加热至沸腾，直至停止冒泡，目的为去除有机质。

（2）加入 36%的盐酸 20~30 ml 再煮沸，直至溶液呈黄绿色，目的为去除钙质。水洗数次至中性。若岩样过于坚硬，加盐酸无反应，可用 95%浓硫酸和 70%的硝酸处理。

（3）加入 0.01 N 的焦磷酸钠溶液使体积为 200 cm^3，并充分搅拌，放置数小时至上部溶液变清，倒掉上部清液留下沉淀物，如此反复 2~3 次。

（4）将沉淀物从烧杯转移至离心管中，再加入 0.01 N 的焦磷酸钠溶液，充分搅拌，置于离心机（1500 r/min）离心 2 min，倒掉上部清液。如此重复操作 5 次以上直至上部液体透明为止。倒掉上部清液，留下沉淀物和少量水，搅浑成悬浮液可制片观察。

四、孢粉、沟鞭藻、疑源类样品的分析方法

1. 分析方法

孢粉分析国内外采用的方法很多，不同岩性的处理方法也不尽相同，但各种方法的基本原理相同，具体方法和步骤大同小异。常用的方法为酸碱处理法。

（1）将样品表面杂质处理干净，在铜臼中砸碎，用 0.25~0.45 mm 孔径的筛子过筛，取筛下样品称重。使用样品重量视不同岩性而定，泥炭、煤取 10 g 即可；碳质页岩、黑色泥岩、暗色粉砂质泥岩等取 20~30 g；膏泥岩、石膏、灰岩等取 30~200 g。

（2）将样品放入烧杯，加入过量的 15%盐酸，可以适当加热，尽量彻底去除钙质。加入过滤水清洗 3~4 次，每次洗涤需沉淀 4 h 以上，将上部清水用软管吸出。含植物残体或炭质碎片，则加入 30%的硝酸，加热 1~3 min，进行氧化去除炭质；含硅质的岩样则需加入过量氢氟酸（37%）处理，可适当加热，或冷处理放置一昼夜，保证硅质矿物的溶解。然后加入过滤水清洗 3~4 次至中性。注意氢氟酸处理要将样品转入塑料烧杯中进行。

（3）为了溶解岩石中胶结物和腐殖质，经酸处理过的样品需再加入 5%~10%的氢氧化钠溶液，加热煮沸 2~3 min，冷却后加过滤水洗涤 3~4 次至中性。

（4）将碱处理过的样品转入 50 ml 离心管中离心 5 min，倒掉上部清水，放烘箱中低温烘至表面无水。加入比重 2.2~2.4 的重液，充分搅拌，自然沉淀 24 h（或离心 25~30 min），倒出上部含孢粉的重液，剩下的再加重液进行二次浮选。

（5）将含孢粉重液加入 3~4 倍体积的过滤水稀释搅拌，如有悬浮物滴入适量醋酸溶液即可消除，静置 12 h 以上，吸出上部稀释的重液回收，剩下的沉淀物富集。

（6）沉淀物转入离心管离心 5~10 min，倒出重液，加入过滤水清洗样品 3~4 次。吸出水分，滴入几滴甘油，即可制片观察。

（7）在重液浮选前后可用 10 μm 尼龙筛网在超声波清洗机中过筛，去除小于 10 μm 的杂质，如第四系海洋松散沉积物酸处理后过筛，即可直接进行观察。

2. 孢粉统计及资料整理

统计前可先把样品中的孢粉类型做初步的研究，绘出各类图形，对暂不能鉴定的孢粉可用符号表示，待统计后作进一步研究。鉴定时最好用活动片，便于观察孢粉的不同面，制作一张孢粉统计表，一般横坐标为采样剖面的样品编号，纵坐标为孢粉属种类型，用“正”字表示 5 个孢粉粒，新近纪及以前的样品，每块样品统计 250~400 粒，第四纪样品，每块样品统计 250~300 粒乔木花粉。

将一完整剖面样品统计鉴定好之后，根据统计表中各孢粉属种的数量，计算出各自在每块样品中的百分含量，同时制作出剖面的孢粉百分含量总表，简称孢粉谱。第四纪孢粉谱计算方法是，根据孢粉生态类型，划分乔木植物、灌木植物、草本植物与孢子植物三组，分别计算各组占孢粉总数的百分含量，然后计算各组内主要科属或种所占该组的百分含量。对于孢粉含量少，不能统计到 50 粒的样品，则不计算百分数。新近纪之前的样品通常按蕨类植物、裸子植物、被子植物三组计算百分比，之后再计算各组内科、属或种的百分比含量。

一个剖面样品全部计算百分含量后，系统地将孢粉谱中各成分的纵向变化，以各种图形表示在直角坐标图上，叫孢粉图式。可绘制孢粉图式的计算机软件有 CAD、Tilia、Grapher、CorelDRAW 等。常见的孢粉图式有百分含量曲线图式（图 7-1）和水平柱状图式（图 7-2）两种。

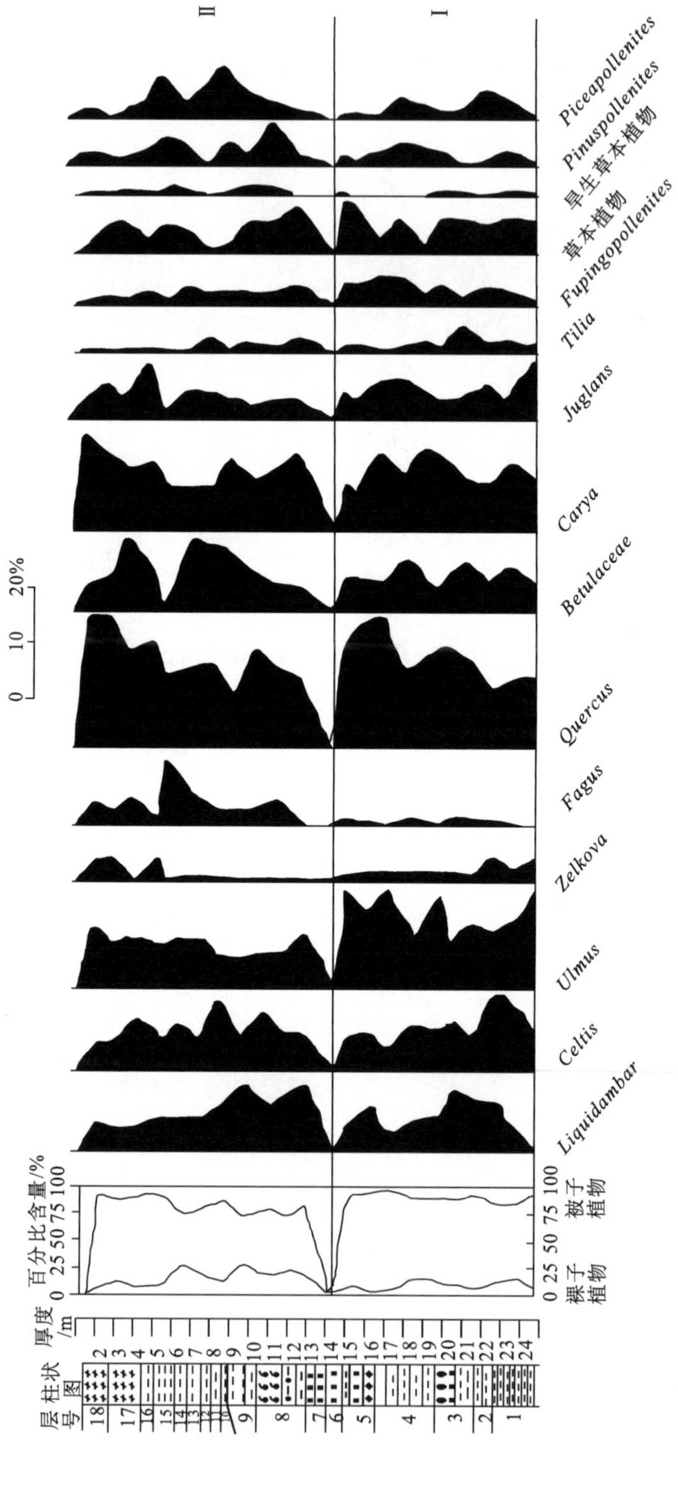

图 7-1　孢粉百分含量曲线图式（赵秀丽等，2010）

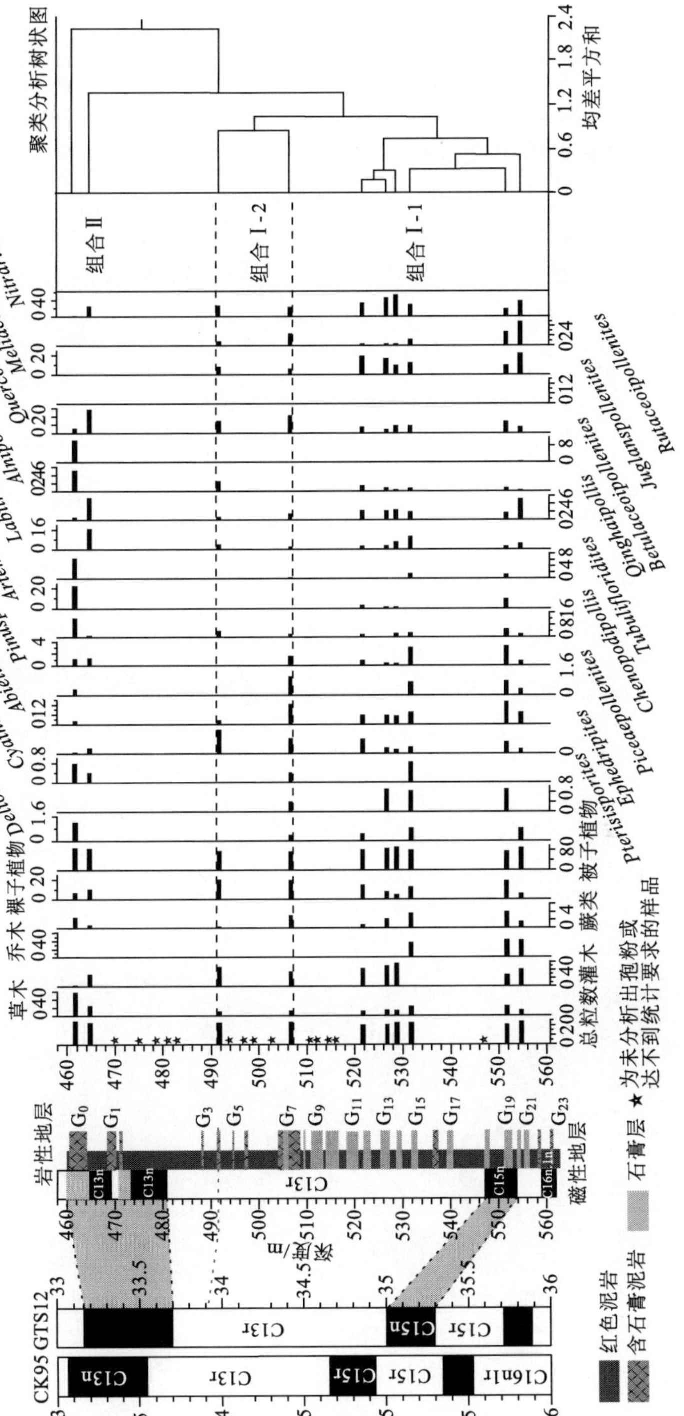

图 7-2　孢粉水平柱状图式（赵秀丽等，2015）

1）孢粉百分含量曲线图式

图式中横坐标表示孢粉主要属种的百分含量，纵坐标表示地层柱状图，左边标以深度及采样位置。根据其层位和百分含量，用不同符号标在坐标的相应位置上，然后将各点以线条联结起来（图 7-1）。

2）水平柱状图式

横座标示各组百分含量，纵向示地层剖面采样深度。各属、种百分含量用横向柱状图表示。一般应用于新生代以前的地层，样品间距较稀而难以相互连接时也可应用此图（图 7-2）。

参 考 文 献

鲍尔霍维金娜 H A. 1952a. 近年来苏联的古植物学和孢粉学.古生物学译报，第 2 期

鲍尔霍维金娜 H A. 1952b.中生代沉积层中的松柏目花粉及其在地层学上的意义，古生物学译报，第 1 期

鲍尔霍维金娜 H A. 1956. 苏联的孢子花粉分析. 古生物学译报，第 2 期

陈木宏. 2009. 中国新生代海洋微体古生物学研究现状与发展. 古生物学报, 48(3): 577–588

程兆第, 高亚辉, Dickman M. 1996. 硅藻彩色图集. 北京: 海洋出版社

邓文峰, 韦刚健, 李献华. 2005. 有孔虫的高精度 Mg/Ca 比值的 ICP-AES. 海洋地质与第四纪地质, 25 (2): 147–151

丁惠, 张锡麒. 1995. 微体古生物学简明教程. 徐州: 中国矿业大学出版社

方培岳, Helmut W, Atsushi M, 李罡. 2015. 有孔虫-大海里的小巨人. 自然杂志, 37 (2): 103–107

福迪 B. 1971. 藻类学. 罗迪安译. 上海: 上海科学技术出版社

傅家谟, 盛国英. 1986. 中国主要含油气盆地沉积类型的有机地球化学特征. 见: 中国科学院地球化学研究所有机地球化学与沉积有机地球化学研究室编. 有机地球化学论文集. 北京: 科学出版社. 1–17

郝诒纯, 茅绍智. 1993. 微体古生物学教程(第二版). 武汉: 中国地质大学出版社

郝诒纯, 裘松余, 林甲兴, 曾学鲁. 1980. 有孔虫. 北京: 科学出版社

何承全, 宋之琛, 祝幼华. 2009. 中国沟鞭藻类化石. 北京: 科学出版社

侯鸿飞, 周怀玲. 2008. 石炭纪维宪阶全球界线层型剖面和点位补遗. 地球学报, 29 (3): 318–32

侯祐堂, 陈德琼. 1962. 中国各门类化石. 中国的介形类化石. 北京: 科学出版社

侯祐堂, 陈德琼, 黄宝仁. 1963. 介形类化石. 北京: 科学出版社

侯祐堂, 陈德琼, 杨恒仁. 1982. 江苏地区白垩纪-第四纪介形类动物群. 北京: 地质出版社

侯祐堂, 勾韵娴, 陈德琼. 2002. 中国介形类化石(第一卷). 北京: 科学出版社

黄成彦, 姚以俭, 张若愚, 杨长珊, 毛毓华, 杨一揆, 罗明河, 曹贞源. 1993. 中国硅藻土及其应用. 北京: 科学出版社

黄清华, 徐静惠, 张艳芯. 1997. 松辽盆地嫩江组介形类毛孔显微构造特征研究. 大庆石油地质与开发, 16 (3): 30–32

霍世诚, 舒德干. 1985. 中国南部寒武纪高肌虫. 西安: 西北大学出版社

霍世诚, 舒德干, 赵靖舟. 1986. 寒武纪高肌虫的研究. 地质学报, 1: 18–29

金德祥, 陈全环, 黄凯歌. 1965. 中国海洋浮游硅藻类. 上海: 上海科学技术出版社

蓝东兆, 张维林, 陈承惠, 于永芬. 1993. 晚更新世以来台湾海峡西部的海侵及海平面变化. 海洋学报, 15 (4): 77–84

李建如. 2005. 有孔虫壳体的 Mg/Ca 比值在古环境研究中的应用. 地球科学进展, 20 (8):

815–822

李守军, 赵秀丽, 殷天涛, 原丽媛, 贺淼, 徐凤琳, 陈茹, 黄彭彭. 2013. 山东彭庄早、中二叠世孢粉组合特征. 地质学报, 87 (12): 1820–1825

李祖望. 1987. 甘肃靖远下石炭统臭牛沟组介形类记述. 微体古生物学报, 4 (3): 313-328

梁明媚, 王宇飞, 李承森. 2001. 山旺中新世植被演替及古气候定量研究. 古地理学报, 3 (3): 11–20

刘浩, 王永标, 袁爱华, 杨浩, 宋海军, 张素新. 2010. 湖北崇阳地区二叠纪-三叠纪之交的介形虫化石及其对灭绝事件的响应. 中国科学: 地球科学, 40 (5): 574–582

刘志礼, 刘雪娴, 郑岳芳. 1992. 下辽河拗陷早第三纪沟鞭藻类及其他藻类. 南京: 南京大学出版社

庞其清, 谷振飞. 2011. 河北泥河湾盆地晚新生代介形类生物地层. 微体古生物学报, 28 (1): 55–97

秦锋, 赵艳. 2013. 基于孢粉组合定量重建古气候的方法在中国的运用及思考. 第四纪研究, 33 (6): 1054–1068

裘松余. 1990. 塔里木盆地中中新世有孔虫群及其生态和生油性分析. 石油实验地质, 12 (1): 87–97

沈阳, 王训练. 2014. 全球石炭系维宪阶有孔虫生物地层研究现状. 地学前缘, 21 (2): 251–264

施从广. 1987. 晋东南地区太原组介形类化石. 南京: 南京大学出版社

施雅风, 汤懋苍, 马玉贞. 1998. 青藏高原二期隆升与亚洲季风孕育关系探讨. 中国科学(D 辑), 28 (3): 263–271

宋之琛等. 1965. 孢子花粉分析. 北京: 科学出版社

宋之琛, 郑亚惠, 李曼英, 张一勇, 王伟铭, 王大宁, 赵传本, 周山富, 朱宗浩, 赵英娘. 1999. 中国孢粉化石(第一卷). 晚白垩世和第三纪孢粉. 北京: 科学出版社

青海石油管理局勘探开发研究院, 中国科学院南京地质古生物研究所. 1988. 柴达木盆地第三纪介形类动物群. 南京: 南京大学出版社

天津地质矿产研究所. 1984. 华北地区古生物图册(三)微体古生物分册. 北京: 地质出版社

汪品先, 闵秋宝, 卞云华, 章纪军. 1980. 东海表层沉积中有孔虫、介形虫组合分布的初步研究. 见: 海洋微体古生物论文集. 北京: 海洋出版社

汪品先, 闵秋宝, 卞云华, 成鑫荣. 1981. 我国东部第四纪海侵地层的初步研究. 地质学报, 55 (1): 1–13

汪品先, 章纪军, 赵泉鸿, 闵秋宝, 卞云华, 郑连福, 成鑫荣, 陈荣华. 1988. 东海底质中的有孔虫和介形虫. 北京: 海洋出版社

王成源. 1987. 牙形刺. 北京: 科学出版社

王伏雄, 钱南芬, 张玉龙, 杨慧秋. 1995. 中国植物花粉形态（第二版）. 北京: 科学出版社

王开发, 王宪曾. 1983. 孢粉学概论. 北京: 北京大学出版社

王开发, 蒋辉, 王永吉. 1985. 中太平洋北部第四系硅藻组合及其地质意义, 海洋地质与第四纪地质, 5 (2): 73–82

王明镇, 张锡麒, 赵秀丽. 2003. 鲁西地区早二叠世早、中期孢粉组合特征. 山东科技大学学报, 22 (2): 1–6

王明镇, 张锡麒, 赵秀丽. 2004. 鲁西地区二叠系上下石盒子组孢粉组合及其分界. 古生物学报, 43 (3): 349–365

王绍鸿. 1979. 莱州湾西岸晚第四纪海相地层及其沉积环境的初步研究. 海洋与湖沼, 10 (1): 9–22

王绍鸿. 1985. 黄河三角洲沾 4 孔的有孔虫层. 见: 微体古生物学论文选集. 北京: 科学出版社. 4–37

王伟铭, 舒军武, 邓涛. 2009. 中国新近纪孢粉植物群的区域定位与环境响应. 古生物学报, 48 (2): 175–184

王宪曾, 周山富, 徐淑娟. 1979. 江苏北部早第三纪晚期孢粉植物群及其古气候、古地理意义. 植物学报. 1979, 21 (2): 149–156

王亚琼, 沙金庚. 2009. 介形类的形态学及其环境、功能和分类学意义. 微体古生物学报, 26 (3): 283–290

魏沐潮. 1990. 微体古生物学简明教程. 北京: 地质出版社

小久保清治. 1960. 浮游硅藻类. 东京：恒星社厚生阁. 1-340

颜铁增, 何圣策, 尹磊明, 泰祥熙, 张志芳. 2011. 浙江早古生代孢粉型化石的研究. 地层学杂志, 35 (1): 19-30

杨藩, 孙镇城, 张永华等. 2002. 青海柴达木盆地第四纪介形类属 *Ilyocypris* 壳面瘤状装饰的分类意义. 微体古生物学报, 19 (1): 15–32

杨怀仁, 王建. 1990. 黄河三角洲地区第四纪海进与岸线变迁. 海洋地质与第四纪地质, 10 (3): 1-14.

叶得泉, 张莹, 1985a. 松辽盆地白垩系嫩江组介形类化石带的划分及其沉积特征. 微体古生物学报, 2 (3): 209–218

叶得泉, 张莹. 1985b. 松辽盆地泰康地区高台子油层介形类化石的古生态及其沉积环境的探讨. 古生物学报, 24 (5): 477–483

尹磊明. 2006. 中国疑源类化石. 北京: 科学出版社

袁凤细, 郝诒纯. 1988. 鄂尔多斯盆地西缘中石炭世介形类. 微体古生物学报, 5 (1): 77–84

张锡麒, 王明镇, 赵秀丽. 2005. 波环孢属(*Sinulatisporites*)在华北地区的时空分布及其地层学意义. 古生物学报, 44 (2): 306–313

赵秀丽, 李守军, 张锡麒. 2006. 山东济阳坳陷二叠纪孢粉组合. 微体古生物学报, 23 (2): 165–174

赵秀丽, 张锡麒, 王明镇, 李守军. 2007. 山东兖州东滩早二叠世孢粉组合. 地质学报, 81 (1): 9–15

赵秀丽, 王明镇, 宋香锁. 2010. 临朐中新世山旺组孢粉植物群和古气候研究. 山东科技大学学报(自然科学版), 29 (3): 1–8

赵秀丽, 张春霞, 吴海斌, 任祥斌, 常琳, 郭正堂. 2015. 西宁盆地始新世 / 渐新世过渡期孢粉植物群特征及其意义. 第四纪研究, 35 (6): 1489–1499

郑执中, 郑守仪. 1962. 黄海和东海浮游有孔虫生态的研究. 海洋与湖沼, 4 (1-2): 6–85

支崇远. 2005. 硅藻与环境: 东海南部陆缘硅藻与古环境. 北京: 海洋出版社

中华人民共和国石油勘探公司南海分公司. 1981. 南海北部大陆架第三纪古生物图册. 广州: 广东科技出版社. 18

周昆叔, 严富华, 叶永英, 梁秀龙. 1984. 长白山北坡各植被带表土孢粉组合. 见: 中国科学院地质研究所孢粉分析组, 同济大学海洋地质系孢粉分析室著. 第四纪孢粉分析与古环境. 北京: 科学出版社. 115–122

朱怀诚. 2001. 中国石炭系孢粉组合带序列. 微体古生物学报, 18 (1): 48–54

Anadón P, Gliozzi E , Mazzini I . 2002. Paleoenvironmental reconstruction of marginal marine environments from combined paleoecological and geochemical analyses on ostracods. In: Holmes J, Chivas A (eds.)The Ostracoda: Applications in Quaternary Research, Geophysical Monograph, 131: 227–247

Barron J A, Baldauf J G. 1986. Diatom stratigraphy of the lower Pliocene part of the sisquocfroation, flarris Grade Section Califonia. Microphaleontology, 32 (4): 357–371

Bemis B E, Spero H J, Bijma J, Lea D W. 1998. Reevaluation of the oxygen isotopic composition of planktonic foraminifera: Experimentalresults and revised paleotemperature equations. Paleoceanography, 13 (2): 150–160

Bengtson S. 1976. The structure of some Middle Cambrian conodonts and the early evolution of conodont structure and function. Lethaia, 9: 185–206

Birks H J B, Heiri O, Seppä H, Bjune A E. 2010. Strengths and weaknesses of quantitative climate reconstructions based on Late-Quaternary biological proxies. The Open Ecology Journal, 3: 68–110

Brasier M D. 1980. Microfossils. Guildford, London, Woceste: Billing & Sone Ltd

Broodbakker N W. 1983. Amsterdam expeditions to the West Indian islands, report 25. The genus *Hemicypris* (Crustacea, Ostracoda)in the West Indies. Bijdragen totde Dierkunde, 53: 135–157

Burckle L H. 1977. Pliocene and Pleistocene diatom datum levels from the Equatorial Pacific. Quat. Res., V.7: 330–340

Burckle L H, Akiba F. 1978. Implications of late Neogene fresh-water sediment in the Sea of Japan. Geology, 6: 123–127

Carbonel P, 1982. Les Ostracodes, traceurs des variations hydrologiques dans des systémes de transition eaux douces eaux salées. Mémoires de la Sociètè Géologique de France, N. S. , 144: 117–128

Cavelier C, Pomerol C. 1983. Paleogene stratigraphical correlation scale. The International Subcommission on Paleogene stratigraphy, Commission on Stratigraphy, International Union of Geological Sciences

Chen L, Xiao S, Pang K, Zhou C, Yuan X. 2014. Cell differentiation and germ-soma separation in Ediacaran animal embryo-like fossils. Nature, 516 (7530): 238–241

Clark D L. 1981. Conodonta. In: Moore R C, Robison R A (ed.)Treatise on Invertebrate Paleontology. Part W, Miscellacea, Supplement 2. w. 3–180. Boulder, Colorado, Lawrence Kansas: The Geological Society of America, INC. and The University of Kansas

Dale B. 1983. Dinoflagellate resting cyst: "benthic plankton". In: Fryxell G A (ed.)Survival Strategies of the Algae. Cambridge:Cambridge Univ Press. 69–136

Davey R J, Downie C, Sarjeant W A S, Williams G L. 1966. Studies on Mesozoic and Cainozoic Dinoflagellate. Cyst Bull Brit Mus (Nat Hist) Geol, Suppl 3: 1–248, 26pls

Erdtman G. 1962. 花粉形态与植物分类. 北京: 科学出版社

Erdtman G. 1978. 孢粉学手册. 张金谈等译. 北京: 科学出版社

Evitt W R. 1963. A Discussion and proposal concerning fossils dinoflagellates, hystrichospheres and acritarchs, Ⅰ, Ⅱ. Proc Nat A and Sci, 49 (2-3): 158-164, 298–302

Fensome R A, Taylor F J R, Norris G, Sarjeant W A S, Wharton D I, Williams G L. 1993. A classification of living and fossil dinoflagellates. Micropaleont Spec Publ, 7: 1–351

Frenzel P, Boomer I. 2005. The use of ostracods from marginal marine, brackish waters as bioindicators of modern and Quaternary environmental change. Palaeogeography, Palaeoclimatology, Palaeoecology, 225: 68–92

Gliozzi E, Mazzini I. 1998. Palaeoenvironmental analysis of Early Pleistocene brackish marshes in the Rieti and Tiberino intrapenninic basins (Latium and Umbria, Italy)using ostracods (Crustacea). Palaeogeography, Palaeoclimatology, Palaeoecology, 140: 325–333

Gregory W. 1855. On a post-tertiary lacustrine sand containing diatomaceous exuviae from Glenshira near Inverary. Q. J. Microsc. Science, 3: 30–43

Hass W H . 1962. Conodonts. In: Moore R C (ed.)Treatise on Invertebrate Paleontology, Part W, Miscellanea, w. 3-w. 69, text-fig. l–42. New York, Lawrence: Geological Society of America and University of Kansas

Hustedt Fr. 1930a. Die Kieselagen Deutschlands,Osterreichs Und Der Schweiz. In Rabenhorst, Kryptogamen-Flora. Teil. 1–3, Reprint 1977, Otto Koeltz Science Publishers, West Germany

Hustedt Fr. 1930b. Bacillariophyta, In Paschor, Susswasser-Flora Von Mitteleuropas, Helt. X, Jona, Reprint 1976, Otto Koeltz Science Publishers, West Germany

Kennedy W J, Gale A S, Lees J A,Caron M. 2004. The global boundarystratotype section and point (GSSP)for the base of the cenomanianstage, mont risou, hautes-alpes, France. Episodes-Newsmagazine of the International Union of Geological Sciences, 27 (1): 21–32

Lea D W, Pak D K, Spero H J. 2000. Climate impact of late Quaternary Equatorial Pacific sea surface temperature variations. Science, 289 (5485): 1719–1724

Liang M M, Bruch A A, Collinson M E, Mosbrugger V, Li C, Sun Q, Hilton J. 2003. Testing the climatic estimates from different palaeobotanical methods: An example from the Middle Miocene Shanwang flora of China. Palaeogeography, Palaeoclimatology, Palaeoecology, 198 (3-4): 279–301

Lindstrom M. 1964. Conodonts. Amsterdam: Elsevier Publishing Co.

Lindstrom M. 1970. A suprageneric taxonomy of the conodonts. Lethaia, 3: 427–445, figs. 1–8

Lindstrom M. 1971. Lower Ordovician conodonts of Europe. Geol. Soc. Amer. Mem. 127: 21–61

Lowe R L. 1974. Environmental Requirements and Pollution Tolerance of Freshwater Diatoms.

Cincinnati, Ohio: US Environmental protection Agency, EPA-670/4-74-005

Moore R C. 1961. Treatise on Invertebrate Paleontology, Part Q, Arthropoda 3, Crustaceae. Lawrence, Kansas: Geo. Soc. Amer. and Univ. Kansas Press

Neustrueva I Y. 1971. Surla paléoécologie des ostracodes d'eau docue du Permien supérieur et du Trias inférieur du Bassin houiller de Kouzntsk. Paléoécologie des ost racodes. Bull. Cent. Rech. Pau-SNPA, 5 (Suppl.): 747–754

Nicoll R S, Druce E C. 1979. Conodont from the Fairfield Gpoup, Canning Basin, Western, Australia. Bureau of Mineral resources, Geology and Geophysics Bulletin, 190: 1-31, pls. 1-28

Okeden F. 1855. On the deep diatomaceous deposits of the mud of Milford Haven ad other localities. Q. J. Microsc. Science, 3: 25–30

Ouyang S. 1979. Notes on some new miospore genera from Permo-Carboniferous strata of China. Nanjing: Paper for 9th Int Cong Carboniferous Stratigr Geol. Urbana U. S. A.

Peypouquet J P. 1977. Les ostracodes et laconnaissance des paléomilieux profonds. Application au Cénozoique de l' Atlantique nord-oriental. Thesis. Univ. Bordeaux I, pp. 433

Pfaumann U, Jian Z. 1999. Modern distribution patterns of planktonic foraminifera in the South China Sea and western Pacific: A newtransfer technique to estimate regional sea-surface temperatures. Marine Geology, 156 (1/4): 41–83

Potonie R, Kremp G O. 1955. Die sporae dispersae des Ruhrkarbons ihre Morphographie und Stratigraphie mit Ausblichen auf Arten anderer Gebiete Zeitabschnitte, Palaeontographica, 1955-56, 98B, 1-136; 99b, 85-191; 100B, 65–121

Raymond P E. 1935. Leanchoilia and other Mid-Cambrian Arthropoda. Bull. Mus. Comp. Zool. Harvard, 46(6): 203–230

Rosenfeld A, Vesper B. 1975. The variability of the sievepores in recent and fossil species of *Cyprideis torosa* (Jones, 1850)as an indicator for salinity and palaeosalinity. In: Löffler H, Danielopol D (eds.)Aspects of Ecology and Zoogeography of Recent and Fossil Ostracoda. Junk, The Hague, 55–67

Sarjeant W A S, Lacalli T, Gaine G. 1987. The cysts and skeletal elements of dinoflagellates: speculations on the ecological causes for their morphology and development. Micropaleontology, 33: 1–36

Stoermer E F , Smol J P. 1999. The Diatoms-Application for the Envionmental and Earth Sciences, Cambridge University, United Kingdom

Stover L E, Helby R. 1987. Some Australian Mesozoic microplankton index species. In: Jell P A (ed.)Studies in Australian Mesozoic Palynology. Mem Aes Australia Palaeontols, 4: 101–134

Stover L E, Williams G L. 1987. Analyses of Mesozoic and Cenozoic organic-walled dinoflagellates 1977-1985. Amer Ass Stratigr Palynol, Contrib Ser, 18: 1–244

Sweet W C. 1988. The Conodonta-Morphology, Taxonomy, Paleoecology, and Evolutionary History of a Long-Extinct Animal Phylum. Oxford Monographs on Geology and Geophysics No.10

Sweet W C, Bergstrom S. 1971. Symposium on Conodont Biostratigraphy. Geol. Soc. America Mem. 127

Sylvester-Bradley P C. 1961. Order Myodocopida Sars. In: Moore R C (ed.): Treatise on Invertebrate Paleontology, Part Q, Arthropoda. 3. Crustacea, Ostracoda. Geological Society America and University of Kansas Press. 387–408

Szczechura J, 1971. Seasonal changes in a reared fresh water species, *Cyrinotus* (*Heterocypris*)*incongruens* (Ostracoda), and their importance in the interpretation of variability in fossil ost racodes. Paléoécologie des Ostracodes. Bull. Cent. Rech. Pau-SNPA, 5 (Sup pl.): 191–205

Wang W M. 2006. Correlation of pollen sequences in the Neogene palynofloristic regions of China. Palaeoworld, 15: 77–99

Williams G L. 1977. Dinocysts: their classification, biostratigraphy and Palaeoecology. In: Ramsay A T S (ed.)Oceanic Micropaleontology, 2. London: Academic Press. 1231–1326

Наумова С Н. 1937. Споры и пыльцы углей СССР. Тр. XVⅠⅠ Междунар. Геол. конгр., т. 1.

Гричук В П, Заклинская Е Д. 1948. Анализ ископаемых пыльцы и спор и его примененне в палеографии. Географиздат

Заклинская. 1965. 孢子花粉分析概论. 林澂等译. 北京: 中国工业出版社